民族文字出版专项资金资助项目

新型职业农牧民培育工程教材

中藏药材
种植技术

ཀྲུང་བོད་སྒོ་སྨན་འདེབས་འཛུགས་ལག་རྩལ།

农牧区惠民种植养殖实用技术丛书（汉藏对照）

《中藏药材种植技术》编委会　编

青海人民出版社

图书在版编目(CIP)数据

中藏药材种植技术 ：汉藏对照／《中藏药材种植技术》编委会编；尕项措译. -- 西宁 ：青海人民出版社，2016.12(2018.8 重印)
(农牧区惠民种植养殖实用技术丛书)
ISBN 978-7-225-05277-9

Ⅰ.①中… Ⅱ.①中… ②尕… Ⅲ.①药用植物—栽培技术—汉、藏 Ⅳ.①S567

中国版本图书馆 CIP 数据核字（2016）第 322474 号

农牧区惠民种植养殖实用技术丛书
中藏药材种植技术(汉藏对照)
《中藏药材种植技术》编委会 编
尕项措 译

出 版 人 樊原成
出版发行 青海人民出版社有限责任公司
西宁市五四西路 71 号 邮政编码:810023 电话:(0971)6143426(总编室)
发行热线 (0971)6143516/6137730
网 址 http://www.qhrmcbs.com
印 刷 青海西宁印刷厂
经 销 新华书店
开 本 890mm×1240mm 1/32
印 张 8.375
字 数 215 千
版 次 2016 年 12 月第 1 版 2018 年 8 月第 2 次印刷
书 号 ISBN 978-7-225-05277-9
定 价 26.00 元

《中藏药材种植技术》编委会

主　　任：张黄元

主　　编：刘佛珍

编写人员：杨守林　李全彦　吴家辉　戴品鑫

　　　　　殷占文　李明录　李红艳　乔凤花

审　　稿：姚元福

策　　划：熊进宁　毛建梅　马　倩

翻　　译：尕项措

《ཀྲུང་བོད་སྔོ་སྨན་འདེབས་འཛུགས་ལག་རྩལ》

རྩོམ་སྒྲིག་ཨུ་ཡོན་ལྷན་ཁང་།

ཀྲུའུ་རིན། ཀྲང་རྟོང་ཡོན།

རྩོམ་སྒྲིག་མི་སྣ། དབྱང་རྫིའུ་ལིན། ལི་ཆེན་ཡན། ཞུའུ་ཙ་ཧྲུའེ། ཏའི་ཤིང་ཞིང་།
དཔྱིན་ཀྲན་ཕྲུན། ལི་མིང་སོའུ། ལི་རྟོང་ཡན། ཚའོ་ཧྲང་ཧྭ།

ཞུ་དག་མི་སྣ། ཡའོ་ཡོན་ཧྲུ།

རྩིས་འགོད། ཞང་ཡོན་ཧྲུ། མའོ་ཙན་མེ། སྣ་ཚན།

ཡིག་སྒྱུར་པ། སྐལ་དབང་མཚོ།

前　言

青海省地处我国青藏高原，地域辽阔，气候寒冷，日照时间长，太阳辐射强，昼夜温差大，植物光合效率高，病虫害较轻，人为污染少，是联合国教科文组织认定的“世界四大无公害超净区”之一。由于自然条件特殊，生态环境多样，适宜高寒气候的名贵药材和不同植物种群繁衍生息，形成了丰富的中藏药材资源优势。据中国药用植物资源普查资料显示，青海省拥有药用植物1 461种，其中一些特产和地产药材如大黄、冬虫夏草、麻黄、贝母、藏茵陈、秦艽、红景天等已驰名中外。

中央青海省委、省人民政府明确提出要把资源战略作为发展青海地方经济的基本指导思想。为了进一步贯彻实施青海省委、省政府资源战略决策，青海省农牧厅积极组织有关专家和技术人员，结合阳光工程、职业农民培训工程和绿色证书工程，编写了《中藏药材种植技术》一书。全书共分为三章二十一节，从植物形态、生物学特性、栽培方法、病虫害防治等方面进行了详细论述。本着立足当地资源、突出中藏药特色、力拓市场前景的原则，使资源优势尽快转化为经济优势，增加农牧民收入，保持生态环境的良性循环。旨在培养农牧民由传统农业向现代农业跨越转型，增强劳动技能，提高农牧民整体素质，学技术、懂技术、用技术，使中藏药材种植达到规模化，生产达到规范化，质量达到标准化。

中藏药材种植要以市场为导向，及时了解信息，掌握市场动态，不能违背市场经济运行规律，盲目种植。要根据生产各环节的技术要素，严格掌握、灵活应用，提高农牧民的创新意识和能力。

在本书的编写过程中还得到了青海省农牧厅有关领导和专家的大力支持，并提出了许多宝贵的修改意见。特别是西宁卫生职业技术学校校长杨守林的精心组织，周密安排，付出了辛勤的劳动，在此一并表示衷心的感谢。由于编写时间仓促、编者学识有限，疏漏之处在所难免，敬请专家、同仁批评指正。

编　者

2014 年 4 月

གླེང་གཞི།

མཚོ་སྔོན་ཞིང་ཆེན་ནི་རང་རྒྱལ་གྱི་མདོ་དབུས་མཐོ་སྒང་དུ་ཆགས་ཤིང་། ས་རྒྱ་ཆེ་ཞིང་གནམ་གཤིས་གྲང་ངར་ཆེ་བ་དང་། ཉི་འོད་འཕོག་ཡུན་རིང་བ། ཉི་འོད་ཀྱི་འཕྲོ་འགྱེད་དྲག་པ། ཉིན་དཀར་དང་དགོང་མོའི་དྲོད་ཚད་ལ་བར་ཁྱད་ཆེ་བ། རྩི་ཤིང་གི་འོད་སྦྱོར་ཕན་ནུས་མཐོ་བ། ནད་འབུའི་གནོད་པ་དང་མིས་བཟོས་བརྫད་སྐྱོན་ཆུང་བ་སོགས་ཀྱི་ཁྱད་ཆོས་ལྡན་པས། མཉམ་འབྲེལ་རྒྱལ་ཁབ་སློབ་གསོ་ཚན་རིག་རིག་གནས་རྩ་འཛུགས་ཀྱིས“སའི་གོ་ལའི་སྟེང་གི་གཙང་ཞིང་གནོད་མེད་ཅན་གྱི་ས་ཁུལ་བཞིའི”གྲས་སུ་ངོས་འཛིན་བྱས་ཡོད། གནས་འདིའི་ཁྱད་པར་ཅན་གྱི་རང་བྱུང་གི་ཆ་རྐྱེན་དང་སྣ་མང་བའི་སྐྱེ་ཁམས་ཁོར་ཡུག་གི་རྐྱེན་གྱིས། མཐོ་སྒང་གི་གྲང་ངར་ཅན་གྱི་གནམ་གཤིས་དང་འཚམ་པའི་མིང་གྲགས་ཅན་གྱི་རྩྭ་སྨན་དང་སྐྱེ་དངོས་ཁྱུ་ཚོགས་རིགས་སྣ་མི་འདྲ་བ་མང་པོ་སྐྱེས་ཤིང་འཕེལ་བར་གྱུར་ནས། ཕུན་སུམ་ཚོགས་པའི་ཀྲུང་བོད་རྩྭ་སྨན་ཐོན་ཁུངས་ལེགས་པའི་དགེ་མཚན་ཞིག་རང་བཞིན་གྱིས་གྲུབ་ཡོད། ཀྲུང་གོ་སྨན་བཀོལ་སྐྱེ་དངོས་ཐོན་ཁུངས་ཡོངས་ཁྱབ་ཞིབ་བཤེར་གྱི་རྒྱུ་ཆ་ལས་གསལ་བ་ལྟར་ན། མཚོ་སྔོན་ཞིང་ཆེན་དུ་སྨན་བཀོལ་སྐྱེ་དངོས་རིགས 1461ཙམ་ཡོད་པ་དང་། དེ་དག་ལས་ཁྱད་ཐོན་དངོས་རྫས་དང་རྩྭ་སྨན་དཔེར་ན་ལྕུམ་རྩྭ་དང་། དབྱར་རྩྭ་དགུན་འབུ། མཚེ་ལྕུམ། སྙི་བ། ཙང་ཡུན་ཁྲིན(藏茵陈)། ཀྱི་ལྕེ། ཧོང་ཅིན་ཐེན(红景天)སོགས་ནི་མཚན་སྙན་ཀྲུང་ཕྱིའི་བར་དུ་ཁྱབ་ཡོད།

ཀྲུང་དབྱང་མཚོ་སྔོན་ཞིང་ཆེན་གྱི་ཞིང་ཨུ་དང་ཞིང་ཆེན་མི་དམངས་སྲིད་

གཞུང་གིས་གསལ་ཞིང་དག་པའི་སྒོ་ནས་ཐོན་ཁུངས་འཐབ་ཧྲུས་དེ་མཚོ་སྔོན་ས་ཁུལ་གྱི་དཔལ་འབྱོར་འཕེལ་རྒྱས་ཀྱི་གཞི་རྩའི་བསམ་བློའི་མཛུབ་སྟོན་དུ་བྱེད་པའི་ལྟ་བ་བཏོན་ཡོད། གོམ་གང་མདུན་སྤོས་སྒོས་མཚོ་སྔོན་ཞིང་ཆེན་གྱི་ཞིང་ཞུ་དང་ཞིང་ཆེན་མི་དམངས་སྲིད་གཞུང་གི་ཐོན་ཁུངས་འཐབ་ཧྲུས་ཧྲུས་གཞི་ལག་བསྟར་ནན་ཏན་བྱ་ཕྱིར། མཚོ་སྔོན་ཞིང་ཆེན་ཞིང་ཕྱུགས་ལས་ཐེན་གྱིས་ཧུར་ཐག་གིས་ཆེད་མཁས་པ་དང་ལག་རྩལ་མི་སྣ་རྩ་འཛུགས་བྱས་ནས། ཉེ་འོད་ལས་གཞི་དང་། ལས་རིགས་ཞིང་བའི་གསོ་སྐྱོང་ལས་གཞི། བདེ་འཛུགས་དཔང་ཡིག་ལས་གཞི་བཅས་དང་ཟུང་འབྲེལ་བྱས་ཏེ། 《ཀྲུང་བོད་སྔོ་སྨན་འདེབས་འཛུགས་ལག་རྩལ》ཞེས་པའི་དཔེ་དེབ་འདི་བསྒྲིགས་པ་ཡིན། དེབ་འདིར་ཚན་བསྡོམས་ལེའུ་གསུམ་དང་ས་བཅད་ཉེར་གཅིག་ཡོད་ལ། སྐྱེ་དངོས་ཀྱི་རྣམ་པ་དང་། སྐྱེ་དངོས་རིག་པའི་ཁྱད་གཤིས། འདེབས་འཛུགས་བྱེད་ཐབས། ནད་འབུའི་གནོད་འཚེ་སྔོན་འགོག་སོགས་ཀྱི་ཐད་ནས་ཞིབ་ཏུ་འགྲེལ་བརྗོད་བྱས་ཡོད། རང་ས་གནས་ཀྱི་ཐོན་ཁུངས་ལ་རྐང་རྗེན་འཆའ་བ་དང་། ཀྲུང་བོད་སྔོ་སྨན་གྱི་ཁྱད་ཆོས་འབུར་དུ་ཐོན་པ། ཚོང་རའི་མདུན་ལྟོངས་ལེགས་པོ་གསར་འབྱེད་བྱེད་པའི་རྩ་དོན་སྟོན་དུ་འགྲོ་བ་གཞིར་བྱས། ཐོན་ཁུངས་ཀྱི་དགེ་མཚན་དེ་མགྱོགས་མྱུར་ངང་དཔལ་འབྱོར་གྱི་དགེ་མཚན་དུ་སྒྱུར་བ་དང་། ཞིང་འབྲོག་མང་ཚོགས་ཀྱི་ཡོང་འབབ་ཇེ་མང་དུ་གཏོང་བ། སྐྱེ་ཁམས་འཁོར་ཡུག་གི་འཁོར་རྒྱུག་ལེགས་པོ་སྲུང་འཛིན་བྱེད་པ་བཅས་ཀྱི་བླང་བྱ་ལེགས་འགྲུབ་བྱ་དགོས། འདིའི་དམིགས་ཡུལ་ནི་ཞིང་འབྲོག་མང་ཚོགས་ལ་གསོ་སྐྱོང་བསླབ་ནས་སྲོལ་རྒྱུན་གྱི་ཞིང་ལས་དེ་དེང་རབས་ཅན་གྱི་ཞིང་ལས་སུ་འཕོ་སྒྱུར་བྱས་ཏེ། ལས་ཀའི་རྩལ་ནུས་ཇེ་ལེགས་དང་། ཞིང་འབྲོག་མང་ཚོགས་ཀྱི་སྤྱིའི་བྱང་ཚད་མཐོར་འདེགས། ལག་རྩལ་སྦྱོང་བ་དང་། རྟོགས་པ། བཀོལ་བ་བཅས་བྱས་ནས། ཀྲུང་བོད་སྔོ་སྨན་འདེབས་

འཛུགས་དེ་གཞི་ཁྱོན་ཅན་དང་། ཐོན་སྐྱེད་ཚད་ལྡན་ཅན། སྤུས་ཀ་ཚད་གཞི་ཅན་བཅས་ཀྱི་ཚད་དུ་བསླེབ་པར་བྱེད་དགོས།

ཀྲུང་བོད་སྔོ་སྨན་འདེབས་འཛུགས་དེ་ཚོང་རའི་ཕྱོགས་སྟོན་གཞིར་བཟུང་ནས། འཕྲལ་དུ་ཆ་འཕྲིན་ལ་རྒྱུས་ལོན་དང་ཚོང་རའི་འཕེལ་ཕྱོགས་ཐོག་ཏུ་ཆུད་པར་བྱེད་པ་ལས། ཚོང་རའི་དཔལ་འབྱོར་གྱི་འཁོར་རྒྱུག་ཆོས་ཉིད་དང་འགལ་ཏེ་མུན་འཐོམ་གྱི་སྒོ་ནས་འདེབས་འཛུགས་བྱ་མི་རུང་། དེ་ཡང་ཐོན་སྐྱེད་དུས་རིམ་སོ་སོའི་ལག་རྩལ་རྒྱུ་རྐྱེན་གཞིར་བཟུང་ནས། གཟབ་ནན་གྱིས་ཐོག་ཏུ་ཆུད་པ་དང་གང་ལ་གང་འཚམ་བཀོལ་སྤྱོད་བྱེད་པ་བཅས་བྱས་ནས། ཞིང་འབྲོག་མང་ཚོགས་ཀྱི་གསར་སྐྲུན་གྱི་འདུ་ཤེས་དང་ནུས་པ་མཐོར་འདེགས་བྱེད་དགོས།

དེབ་འདི་རྩོམ་འབྲི་བྱེད་པའི་གོ་རིམ་ཁྲོད་མཚོ་སྔོན་ཞིང་ཆེན་ཞིང་ཕྱུགས་ཐེན་གྱི་འབྲེལ་ཡོད་མགོ་ཁྲིད་དང་ཆེད་མཁས་པས་རྒྱབ་སྐྱོར་དཔེ་མེད་བྱས་པ་མ་ཟད། རིན་ཐང་བྲལ་བའི་བཟོ་བཅོས་ཀྱི་བསམ་འཆར་མང་པོ་བཏོན་པ་དང་། ལྷག་པར་དུ་ཟི་ལིང་འཕྲོད་བསྟེན་ལས་རིགས་ལག་རྩལ་སློབ་གྲྭའི་སློབ་གཙོ་དབྱང་རྩེ་ལིན་གྱིས་བློ་ཞིབ་མོས་རྩ་འཛུགས་དང་བཀོད་སྒྲིག་ལེགས་པོ་བྱས་ཏེ་ལས་གཞི་འདི་ལེགས་འགྲུབ་ཡོང་བར་ནུས་པ་མི་དམན་པ་བཏོན་བྱུང་བས། འདིར་ཆབས་ཅིག་ཏུ་སྙིང་ཐོག་རུས་པའི་གཏིང་ནས་བཀའ་དྲིན་ཞུས་པ་ཡིན། རྩོམ་འབྲིའི་དུས་ཚོད་ཐུང་དྲག་པ་དང་སྒྲིག་མཁན་རྣམས་ཀྱི་ཤེས་རྒྱ་དམན་ཕྱིར། མ་འདང་ས་དང་ནོར་འཁྲུལ་ཁ་ཤས་མི་འབྱུང་རང་འབྱུང་ཆགས་པས་ན། ཆེས་མཁས་པ་དང་ལས་རིགས་གཅིག་པའི་གྲོགས་ཤེས་ལྡན་པ་དག་གིས་དག་བཅོས་ཀྱི་བསམ་འཆར་སྩོལ་བའི་རེ་བ་སྙིང་ནས་ཞུའོ།།

སྒྲིག་མཁན་གྱིས།

2014ལོའི་ཟླ 4པར།

目　录

དཀར་ཆག

第一章　根及根茎类中藏药材栽培

第一节　甘　　草

甘草为豆科甘草属植物，又名乌拉尔甘草、甜草根、甜根子、甜甘草等。药用其根，能补脾益气，清热解毒，和中缓急，止痛，祛痰止咳，调和药性；用于脾胃虚弱、食少便溏、胃痛、腹泻、胃及十二指肠溃疡、倦怠乏力、心悸气短、咳嗽、支气管炎、咽喉肿痛、痈肿疮毒等症。甘草还有抗醇及解痉作用。药理研究表明，甘草含有100多种化学成分，其中甘草甜素对某些药物中毒（如水分氟氯醛、士的宁、巴比妥等）、食物中毒（如河豚等）、体内代谢产物中毒及细菌毒素均有一定解毒能力，也有抗炎和抗过敏作用；甘草次酸有抗白血病作用。实验表明，对白喉杆菌、金黄色葡萄球菌和结核杆菌有抑制作用。甘草甜素及甘草次酸有肾上腺皮质激素作用，但长期饮用可导致水肿及血压升高。甘草广泛用于啤酒、油墨、农药、印染、香烟配料、饮料、食品、化妆品、国防工业等领域。主产于内蒙古、新疆、甘肃等地区，并在东北三省、河北、青海、宁夏、山西、陕西等省区也有大面积种植。

一、植物形态

多年生直立草本，根和根状茎粗壮，红棕色；枝梢曲折，被白色柔毛和刺毛状腺体。奇数羽状复叶互生，有小叶 7～17 片，稍疏离、具短柄，小叶倒卵形或阔卵形，长 2～5 厘米，宽 1～3 厘米，顶端钝或渐尖，基部近圆形，两面被短柔毛和腺体。夏季开花，总状花序腋生，通常比叶短，密花。花萼钟状，外面被短柔毛和刺毛状腺体；花冠深紫色，蝶形，长 1.4～2.5 厘米，荚果线形，呈镰刀状或环状弯曲，密生刺毛状腺体；种子每荚 6～8 粒，暗紫色，圆形或肾形，长约 3 毫米。花期 6～8 月，果期 7～10月。

二、生物学特性

甘草为耐旱植物，对土壤适应性强，盐碱地、光板地、二潮地等均可种植。属强阳性植物，需充足的光照，长期遮阴会导致植株细弱而死亡。甘草最喜欢钙质土，是钙土的指示植物。在多雨地或土质较黏的土壤和排水不良的地方不宜种植，易烂根或根短，支根和毛根较多。

三、种植技术

甘草种植可选择土层深厚、疏松、排水良好的河岸沙地、向阳坡地或荒原。前茬作物以小麦、玉米、油菜等为好。要求土壤 pH 值为 8 的微碱性土为宜。每公顷施农家肥 45 000～60 000 千克，过磷酸钙 50 千克，深翻土壤 30～40 厘米，整平耙细。栽种苗是上年育的苗，第二年移到大田。栽时用犁开沟，沟深 15～25 厘米，犁间距 25～30 厘米，将甘草苗平放在沟内，苗头与苗头间距为 20～25 厘米，然后翻土整平。

（一）田间管理

1. 间苗：在直播田中，当幼苗长至 2～3 片真叶时即可间苗。拔除弱苗、病苗，留取壮苗、大苗，当年苗株距为 10～15

厘米为宜。第二年再次去杂，株距最终达到20～25厘米即可。

2. 排灌水：甘草为旱生植物，但苗期仍需要一定量的水，以保持土壤湿润。如出苗前后久旱无雨水，应及时灌水，以避免出苗的幼嫩芽萎焉；为保证大田苗全苗壮，浇地时要浇透，有利于主根向下生长。雨季要注意排水，减少土壤水分，降低地下水位。

3. 中耕：甘草苗期生长缓慢，杂草对其生长影响较大，应结合中耕及时去除杂草，当年除草2～3次。植株长大以后，杂草变少，注意人工拔除大草，不宜锄地，以免损伤从根茎前发出的新株。

4. 追肥：甘草具根瘤，有固氮作用，一般不追氮肥，以追磷钾肥为主。在生长期间可追过磷酸钙每公顷450千克，硫酸钾225千克。秋末甘草地上部分枯萎后，可每公顷追施农家肥22 500～30 000千克，可覆盖地面，以增加地温和土壤肥力。

5. 加碱：在酸性或中性土壤中，于春秋季节，可适当撒一些生石灰，以符合甘草喜碱的生长特性，促进根系的生长。

（二）病虫害及其防治

1. 病害防治

（1）锈病：危害茎叶，形成黄褐色夏孢子堆，后期为黑褐色冬孢子堆，致使叶茎脱落。

防治方法：发病初期用25%粉锈宁可湿性粉剂1 000倍液喷雾，7～10天喷1次，共2～3次。

（2）白粉病：发生于雨季潮湿季节或通风不良的环境，后期危害严重，最终致使叶茎焦枯死亡。

防治方法：用50%甲基托布津可湿性粉剂1 000倍液喷雾，7～10天喷1次，连续1～2次。

2. 虫害防治

（1）甘草种子小蜂　是一种广肩蜂，成虫在成果期的种皮上产卵，幼虫孵化后蛀食种子，并在种子内化蛹，成虫羽化后，咬破种皮逃离出壳，种子被蛀空。

防治方法：在成果期用40%乐果乳油1 000倍液喷雾2~3次。

（2）蚜虫：危害嫩枝、叶、花、果，严重时叶片发黄脱落。

防治方法：用40乐果乳油1 000~1 500倍液喷雾，每10~15天喷1次，连续2~3次。

（3）红蜘蛛：于高温干旱时易发生，在叶背吸食汁液，发生初期叶面出现黄白色小点，叶背可见蜘蛛网，后期叶片皱缩，出现红色小点，严重时全叶枯死。

防治方法：用40%乐果乳油2 000倍液喷雾，每7天喷1次，连喷2~3次。

四、留种技术

采用种子繁殖和根茎繁殖两种繁殖方法。

（一）种子繁殖

甘草因种子种皮坚实，不透水，发芽困难，在播种前进行种子处理。

1．增温复浸法：将种子放入60℃温水中浸泡6~8小时，此时大部分种子吸水饱满，与未吸收水的种子（未浸开的坚实种子）分离成两层，未浸开的种子在下，浸开的种子在上，但不浮于水面，可随倒水将浸开的种子漂出，反复几次直到把浸开的种子全部漂出使用。再将未开的种子放入100℃开水中浸10~20秒，捞出，立即放入凉水中，使种皮收到热冷刺激，尔后再放入60℃温水中浸泡3~5小时，此种子已处理好，与漂出的种子混合在一起，用清水漂洗掉黏液，即可做播种用种。增温复浸法处理的甘草种子发芽率91.3%，出苗率达90%。

2．硫酸处理法：取纯净的种子1千克，用80%硫酸溶液20~30毫升搅拌均匀，经4~7小时用清水冲洗干净即可。但经过处理的种子必须晒干再用。

3. 碾破种皮法：将甘草种子放入碾盘上，厚3厘米，随碾随翻动种子。碾时要注意甘草种子种皮的变化，当碾至种皮呈黄白色时即可；然后将碾过的种子放入40℃温水中浸泡2～4小时捞出，用清水冲洗掉黏液，即可播种，出苗率达85%。

4. 播种：春播在3～4月份，秋播在8～9月份。条播者，可按行距50厘米开沟，育苗移栽按行距20～25厘米开沟，沟深3厘米，将种子撒入沟内，然后覆土。穴播者，如直播按行株距50厘米×25厘米开穴；育苗移栽按行株距25厘米×20厘米开穴，然后覆土。常用的是起垄播种，垄宽1.2米，高10～15厘米，垄距30厘米，将垄面整平后撒入种子，用铁网筛将土筛入垄面，土厚1～2厘米，每公顷用种量120～150千克。

（二）根茎繁殖

甘草地下茎有明显的节，每个节均可形成地上苗和地下根。将较细的地下茎从母株上切断，切成20厘米左右的段，每段上保留1～2个芽，开沟或挖穴栽植，沟穴深30厘米，埋条后不要马上浇水，等苗将出土时再浇水。

五、采收与加工

（一）采收季节

甘草中的主要成分是甘草酸和甘草次酸。甘草酸含量以春季最高，秋季最低，而夏季正是甘草的生长旺季，甘草酸含量也较低，故不能在夏季采挖。甘草的最佳采收期应在初春解冻之后，发芽之前。人工栽培的三年生甘草采挖供药为好。采收时应顺着根系生长的方向深挖，尽量不刨断，不伤根皮，挖出后抖净泥土，不得用水洗，去掉芦头。

（二）初加工方法

将采挖出的甘草按主根、侧根、支叉分开剪下晾晒，半干时按不同径级捆成小捆，晒至全干，即成甘草成品。

第二节 大　黄

大黄为蓼科大黄属植物，以其根及根茎供药用，别名将军、香大黄、马蹄黄、南大黄等。其药理作用十分广泛，对人体有多方面的生化作用。大黄的主要成分含蒽醌类衍生物，大黄酸、大黄素、大黄酚、芦荟大黄素、大黄甲醚葡萄糖苷等。具有泻下、泻实热，下积滞，行瘀解毒的功能；主治便秘、湿热黄疸、急性阑尾炎、肠梗阻、痈疖疔疮、化脓性皮肤病、烧烫伤等症。近年来，我国医药学家对大黄的研究有新的突破，发现大黄还能治疗急腹症、上消化道出血、高血脂、细菌和病菌性感染、肝炎、肾功能不全、脉管炎等症，受到国内外医药科学家的关注。大黄是我国传统出口药材，驰名中外。主产于青海、甘肃、四川等省，各地均有引种栽培。

一、植物形态

为多年生高大草本。株高 1.5 ~ 2 米，根状茎及根部肥厚。茎直立，上部分枝，具稀疏的短柔毛。基生叶，具粗壮的长柄，叶片近圆形，掌状形浅裂或深裂，叶基心形，主脉 5 条，上面无毛，下面被毛；茎生叶较小，柄短，叶鞘筒状，被短毛，圆锥花序，大型，花小，数朵呈簇，红紫色或黄白色。瘦果有 3 棱，棱上有黑褐色的翅。花期 6 ~ 7 月，果期 7 ~ 8 月。

二、生物学特性

喜高寒、湿润、凉爽气候，怕高温。大黄系深根作物，要求土层深厚，富含腐殖质而排水良好，pH 值 6.5 ~ 7.5 的砂壤土。凡土壤黏重或过酸根茎生长不良，产量不高。若土壤过于疏松或排水不良的低洼地，则多分枝，品质不好，均不宜栽培，忌连作。

三、种植技术

（一）选地整地

栽培地应选土质疏松、土层深厚、排水良好的壤土或砂壤土。然后深翻土壤30厘米以上，结合整地，每公顷施入腐熟农家肥37 500~45 000千克，翻入土中作基肥。最后作畦或不作畦，开好排水沟栽种。

（二）移栽

当年秋季播种的于翌年9~10月秋后移栽；当年春播的于翌年3~4月上旬移栽。以秋季移栽为好，幼苗生长健壮。栽前，选根茎有中指粗的壮苗，剪去主根下部细长的部分以及主根上的侧根。按株行距50厘米×70厘米挖穴，穴深一般20~30厘米，具体根据苗的长短而定。然后覆土压严。秋栽覆土要厚，应高出芽嘴5~7厘米以上，免遭冻害；春栽可适当浅覆土，使苗叶露出地面即可。大黄移栽后的第一年，可在行间种大豆或玉米等作物。

（三）田间管理

1. 中耕除草：一般栽后当年（秋栽的于第二年）苗小而株行距大，杂草容易滋生，要每隔两个月左右拔草1次。第二年（秋栽的于第三年）于返青后第一次中耕除草，隔三个月左右再进行1次。第三年（秋栽的于第四年）只在春季中耕除草1次，以后植株高大封行，不再中耕除草。

2. 追肥培土：大黄较喜肥。多施肥不但是增产的措施之一，而且还可以提高药材质量，一般每年追肥1~2次。以农家肥为好，每公顷施30 000~45 000千克。因大黄需磷、钾较多，每公顷追施过磷酸钙450千克，硫酸钾225千克。施肥时，挖开根部四周的泥土，尽量不要伤及根部，将已备的肥料混合撒于沟内，用原土封盖。大黄的根茎在膨大伸长时，会露出地面。因此，在中耕除草追肥时，应培土于植株根部，形成丘堆，以利根茎的生长。

3. 摘薹：大黄移栽后的3~4年，于每年5~6月抽薹开花，要消耗大量养分，除要留种的植株之外，应全部及时摘掉花薹，使养分集中输送到地下根茎部，这样既能增产，也是提高药材质量的关键。

四、病虫害及其防治

（一）主要病害及防治方法

1. 大黄根腐病：为大黄毁灭性病害，常在收获的当年7~8月高温多湿季节时发病，连作地更为严重。发病后，根茎初为湿润性不规则的褐色斑点，后迅速扩大，侵入根茎组织内部，并向四周蔓延腐烂，最后使全根变黑。地上的茎叶先从叶柄基部开始出现水浸状棕褐色病斑，后逐渐蔓延扩大，最后全株死亡。

防治方法：实行轮作。宜与马铃薯、豆类、蔬菜等轮作4~5年后才能复种；及时疏沟排水，降低田间湿度；发现病株及时拔除，烧毁深埋，用5%石灰乳灌病穴；发病时用药材根腐灵800~1 000倍液灌根，每7~10天灌1次，连续2~3次；清洁田园，将枯枝残叶和杂草集中烧毁，消灭越冬病源。

2. 大黄霜霉病：于4月中下旬发病，在高温多湿条件下发病严重。患病植株的叶片上出现呈多角形或不规则状病斑，黄绿色，无边缘，叶背面生有灰紫色的霜霉状物，致使叶片枯黄而死。

防治方法：发现病株后，可连土移出深埋，并在穴内撒生石灰消毒；实行轮作，避免造成留在地里的病叶浸染；在发病前或发病时用58%瑞毒霉锰锌600~700倍液，或75%百菌清800倍液或25%甲霜灵600倍液喷雾，每10天喷1次，共喷2~3次。

3. 大黄叶斑病：6月下旬发病，7~8月危害严重。危害叶片，叶部初期出现黄色不规则状斑点，后扩大蔓延，使植株枯萎死亡。

防治方法：收获后彻底清理枯枝残体，集中烧毁；严格实行轮作，不宜重茬；发病初期用50%托布津1 000倍液喷雾，每10天一次，连喷2~3次；发病严重时，喷50%多菌灵500~1 000倍液或托布津800倍液，7~10天一次，连喷2~3次。

4. 大黄轮纹病：幼苗出土收获前均能发生。受害叶片出现近圆点形的病斑，红褐色，具有同心轮纹，边缘不明显，内密出黑褐色小点，严重时使叶片枯死。

防治方法：秋季和早春彻底清除地面残病叶，并集中烧毁；发病期选用50%代森锰锌500倍液，或50%多菌灵500倍液喷雾两次。

（二）主要虫害及防治方法

1. 金龟子（即蛴螬的成虫）：夏季发生，危害叶片及根茎，造成大片缺苗断垄，严重影响产量和质量。

防治方法：秋冬季节深耕土壤，避免与幼虫嗜食的作物连作或套种；施用的有机肥料要充分腐熟，防治成虫产卵；耕地时顺犁沟人工拣除；用40%乐果乳油1 000倍液喷雾或40%乐斯本乳油500毫升拌入细土，顺犁沟施入。

2. 地老虎：常发生在苗期7月下旬至10月上旬均可危害，以幼虫咬食叶片，8月严重时叶片被食光，只剩下主脉。

防治方法：在傍晚前后喷药防治，可选用2.5%功夫乳油3 000倍液或40%氯氰菊酯乳油1 000倍液喷雾，10天喷1次，连续2~3次。

五、留种技术

繁殖方法以种子繁殖为主，亦可子芽繁殖。

（一）种子繁殖，先育苗，后移栽

1. 采种：选生长健壮、无病虫害感染的三年生优良品种作留母株。于5~6月抽薹时在株旁放一支柱，用塑料绳轻轻捆住，避免折断。当7月中下旬大部分种子呈黑褐色时，剪取花梗，置于通风阴凉处使其后熟。数日后收集种子立即播种。如用于翌春播种，则要将种子阴干贮藏。种子自然寿命只有一年，隔年种子发芽率较低。

2. 播种育苗：育苗地应选向阳、排水良好的地块，结合整地施足基肥，每公顷施入腐熟农家肥30 000~45 000千克，翻入土中，整平耙细后按1.3米宽的高畦播种。春播或秋播，秋季种子随采随播为好。秋播于7月中下旬，在整好的苗地上开沟条播或撒播，沟心距20~25厘米，播幅10厘米，深3~5厘米，然后将种子撒入沟内，厚0.8~1.2厘米，每公顷用种量120~150千克。撒播是将种子均匀撒在垄面并覆盖细土，以不见种子为度。春播用上年收的种子，播前用20℃温水浸种6~8小时，然后用湿布覆盖催芽，翻动数次，保持湿度均匀。当达到10%种子裂口时即可播种，方法条播或撒播。

3. 苗期管理：播后几天就能发芽，发芽后于阴天或傍晚揭去盖草。苗出齐后，进行第一次除草。秋后苗枯倒苗后，用草帘覆盖畦面，以利保湿保温。翌春解冻后，当幼苗萌发时及时揭去盖草，进入正常生长时期。一般每公顷育苗可供375~450公顷大田栽种。

4. 子芽繁殖：大黄根茎侧面萌生有芽眼，在收挖大黄时，将生长发育健壮的母株上的芽眼用刀割下，选芽饱满、无病虫害的大子芽移栽于苗床培育，至翌年秋季即可出圃定植。切割过子芽母株上的伤口，要用草木灰处理，以防伤口腐烂。

六、采收与加工

（一）采收

春栽3年，秋栽4年即可采收。于9~10月，当大黄地上茎叶枯黄时采收，否则地下根茎易腐烂，大黄有效成分明显下降，影响药材质量和产量。收挖时，先割去地上茎叶，挖开植株四周的泥土，小心收根完整挖取，去掉泥土，运回加工。

（二）加工

青海习惯上将大黄根茎挖回后立即趁鲜刮去外表粗皮，不用水洗。然后，将大个的切成两半，小圆个的削成椭圆形，再晒干或炕干，里外要干透；也可趁鲜切成 1 厘米的厚片，晒干、阴干或炕干；也可切成两块或数块吊于线绳上，挂在通风的屋檐下 100 天左右，阴干后即成商品。

第三节　当　归

当归为伞形科当归属植物，又名秦归、云归、西当归、岷当归、山蕲、文无等。以根供药用。为中医妇科主要药材，主要化学成分有挥发油、香豆素类、黄酮类、皂苷类和生物碱类。具有活血补血，调经止痛，润燥滑肠的功效，主治月经不调、功能性子宫出血、血虚闭经痛经、血虚头痛、跌打损伤等病。主产于甘肃岷县、漳县、渭源县、宕昌县等地，为甘肃地道药材。尤以甘肃的“岷归”品质最佳，在国内外享有盛誉。此外，云南、四川、贵州、陕西等省也有栽培。

一、植物形态

多年生草本。高 50～100 厘米，主根肥大、肉质、有香气，略呈圆柱形，表皮黄色或土黄色，断面粉白色呈菊花纹。茎直立稍带紫色。叶互生，茎部扩大呈鞘状艳茎，紫褐色。基生叶及茎下部叶为二至三回奇数羽状复叶，边缘有齿状缺刻或粗锯齿。复伞形花序，顶生，每1小伞形花序具小花12~36朵，白色；双悬果，扁平，有膜翅，长椭圆形，熟时粉白色。花期6~7月，果期8~9月。

二、生物学特性

当归性喜气温凉爽的湿润环境，在海拔2 000~3 000米的高山，空气湿度较大的自然环境下生长良好。幼苗期喜阴，忌阳光直射，荫蔽度80%~90%为宜；以后逐渐增大透光度。对温度要求较严，在低海拔地区引种栽培常因夏季高温的影响而使植株萎焉枯死，对水分要求比较严，雨水均匀，雨量充沛的地区能获高产，年降水量500~700毫米最为适宜。但雨水过多，则易生根腐病。土壤以微酸性到中性，土层深厚、疏松肥沃，排水良好的砂质土壤或腐殖质壤土为好，忌连作。

当归为低温长日照发育型植物。在整个发育过程中，由营养生长到生殖生长，至少经过两个发育阶段，即春化阶段和光照阶段，也就是说要经过0℃左右的低温和12小时以上的长日照。因此，人工栽培需第一年育苗，第二年大田移栽，采收后的根部入药，第三年就抽薹开花、收种，但这个阶段根部木质化、失去药用价值。当归早期抽薹，就是移栽的当年开花结籽，根部木质化不能药用，影响产量的提高，对其机理目前尚未研究解决，但从实践中总结出了一定的经验，首先要推迟育苗时间，苗龄控制在110天以内，苗子大小的直径应以0.2~0.5厘米较好。

三、种植技术

（一）选地整地

栽种当归宜选海拔2 200~2 400米的川区、半山区地段，土层深厚、土质肥沃、疏松湿润的砂质壤土或壤土为宜，低洼积水、干燥干旱、碱性大的土壤地不能栽种。前茬作物以麦类、油菜类为好。豆类作物茬易发生病虫害，坚决不能种重茬。

前茬作物收获后，立即深翻，不耙不磨、让土壤曝晒熟化，封冻前再翻一次，耙平使土壤充分熟化。翌春，每公顷施入农家肥 30 000 ~ 45 000 千克，菜籽油饼 750 千克（必须腐熟）或硫酸钾 150 千克，磷酸二胺 300 ~ 450 千克作基肥。于栽种前再深耕一遍，耙细磨平，使肥料和土壤混匀。要随翻随栽，不能隔夜，以免土壤水分蒸发，降低肥力。

（二）选苗

栽种前要细心选择种苗，以减少抽薹，缺苗断苗和病虫害发生。苗子过大，根叉过多的苗易抽薹，抽薹率可达 80% ~ 100%，苗子根尖有烧苗的（腐烂的）不能用，容易发生根腐病。要以中等大小，顺直匀称，侧根少，直径为 0.3 ~ 0.5 厘米的苗子为好。

（三）栽种时期和方法

栽种时间为 4 月中旬最为适合。栽种有穴栽（平栽）和地膜覆盖栽两种。穴栽是在整好的地里按株间距 30 厘米 ×30 厘米打窝，每穴 2 株栽苗，将苗顺齐，苗距 1 ~ 1.5 厘米，垂直放入穴内，压土稳苗，然后覆土 1 ~ 2 厘米，整平，每公顷保苗 105 000 穴左右。

（四）地膜覆盖

先起垄，拣去石块及杂物整平，以免划破地膜，然后覆膜，膜宽 70 ~ 90 厘米，按株行距 25 厘米 ×30 厘米栽种。

（五）病虫害及其防治

1. 麻口病：是一种土壤传播病害，在当归主产区发病率为 86%。病原为腐烂茎线虫及其他复合病灶，在土壤 10 ~ 20 厘米处线虫密度分布最大。在当归移栽一直到收获均有危害。其症状是病根表皮呈褐色纵裂，根毛增多并畸形发展，多在归头至归身部位，地上部分无明显变化，内部组织呈海绵状木质化，失去油性，药材质量下降。

防治方法：搞好轮作倒茬，以小麦、油菜、青禾茬为好，豆类作物不宜栽种；对病株要集中烧毁或深埋，消灭病原；深耕土壤，施足肥料，增加植株抗病能力；栽前浸苗，用50%辛硫磷乳油1 000倍液浸苗5～10分钟，晾干后移栽；用3%辛硫磷颗粒剂5千克拌细土100千克，按穴施入，防治效果显著；用线虫杀净或线虫必治效果更佳。

2. 根腐病：是一种真菌性病害。病原为茄镰刀菌、燕麦镰刀菌、尖孢镰刀菌等，发生于夏秋高温多雨季节。发病后的根部出现黄褐色不规则病斑，从苗期到成药期均有危害，使植株全部腐烂。

防治方法：搞好轮作倒茬，以小麦、油菜、青禾茬为好，豆类作物不宜栽种；对病株要集中烧毁或深埋，消灭病原；深耕土壤，施足肥料，增加植株抗病能力；栽前用根腐灵1 000倍液浸苗5～10分钟，晾干后可移栽；发现病株立即拔除，并在病穴内撒石灰粉消毒。

3. 蛴螬：常见当归根部被咬食呈凹凸不平的空洞或断根，使植株逐渐枯萎，严重者枯死。

防治方法：封冻时进行翻耕、消灭越冬虫卵及幼虫；用95%敌百虫1 000～1 500倍液在植株周围浇灌毒杀；结合整地人工捕杀；在栽种前每公顷施入3%乐斯本颗粒剂60～75千克，或用50%辛硫磷乳油拌成毒土撒入地内。

4. 地老虎：当归出苗时咬断地上部叶茎，造成植株死亡。

防治方法：根据地老虎的活动规律，可在下午4时左右叶面喷施敌敌畏或敌百虫1 000倍液，每公顷用量450～675千克，每隔7天喷1次，连喷2～3次即可。

四、留种技术

（一）留种

1. 留种地：选背阴缓坡，排水良好，周围环境无污染、人畜不易践踏的地块。植株叶色深绿、无皱褶、无斑点、无病虫害，栽培密度正常的田块作为留种田。留种的田块当年不收挖，留在田间越冬。第二年 3 月下旬返青，重新发出枝叶，5 月下旬地上茎开始抽出地面，并迅速伸长，最高达 1.5 米，在中央主茎现蕾后，头穗花序开放前摘去头穗花蕾，促使各分枝均衡发育，使主茎和分枝的顶端形成大型复伞形花序，即可缩小种子间的差异，提高种子质量，又可避免形成过劣的种子，使种子发育一致适中。7 月中旬开花，8 月下旬果实成熟即可采收。

2. 种子的采集：当归种子成熟的标志是果穗下垂，果翅展开，种子饱满，颜色深紫色变为粉白色。为保证种子质量，收种工作必须分批进行，边熟边采，切忌整株整体收取。采种时间一般为晴天上午 10 时左右，待露水干后进行。果皮颜色由红色变为微褐色的老熟种子，不能作种用，不可再采收。青绿色带白色的为嫩种子，也不宜采收留种。

3. 种子的风干：采集的果穗按 10～15 枝扎成一把。收回后，悬挂在阴凉通风、干燥、无烟、无污染的地方，经过两个月后充分干燥，即可脱粒。

4. 种子脱粒：在 11 月中旬选择晴天，将风干的果穗取下放在清洁干燥的篷布上晒 1～2 小时，用手或小木棍轻轻敲打。尽量保持种子完整，并剔除混杂物。

5. 种子贮藏：当归种子宜在低温环境下贮藏。种子脱粒后装入布制的袋子，每袋 2～3 千克，放置在干燥、阴凉、无烟的地方，并要有好的防潮、防虫、防鼠设施。贮藏期超过 1 年的种子发芽率极低，甚至不发芽，不能作种用。

（二）育苗

育苗是当归生产中的重要环节。苗子的质量是当归产量的保证。

1. 育苗地的选择和整理：育苗地宜选择海拔 2 400 ~ 2 600 米的半阴坡生荒地，以排水流畅、土层深厚、土质肥沃、坐南向北或坐西向东的朝阳段为好。在小满后开荒整地。播种前每公顷施磷酸二胺 600 ~ 750 千克，用锄头深挖一遍，然后耕平作畦，畦宽 1 米，畦距 30 厘米，长度以地形而定。

2. 播种：播种期在小满至芒种之间（即 5 月中下旬），多用撒播。播种时种子均匀地撒在畦面上，然后覆土。可用细铁纱网筛，将土筛入畦面，厚度 0.3 ~ 0.5 厘米。覆土过厚，则不易透苗；覆土太薄，如遇干旱，种子不易萌生。每公顷播种量 75 ~ 90 千克。过密出苗细弱，移栽后不易透苗；过稀出苗强壮，移栽后虽耐旱、生长旺盛，但容易抽苔。播种后在畦面盖一层约 3 厘米的禾本科杂草，以保证土壤湿润，防止土壤板结，给幼苗创造隐蔽的生长环境。注意盖草不要太实，应有通风透光的空隙。为了防止盖草被风吹走，可在其上散压一些带土的草块。

近几年来，为了防止植被破坏，保持生态平衡，科研人员研究出了一套熟地育苗、设施育苗技术，现正逐渐推广应用。

3. 苗田管理

（1）松虚盖草：当苗透齐后长出 4 个叶子时，用小竹棍将盖草挑抖一遍，使盖草不影响幼苗的生长，并保持通风透光的空隙。

（2）除草：一般结合松虚盖草和揭去盖草进行两次除草，除草时要小心仔细，避免伤苗。较小的草常用食指和中指固定地皮，将夹在两指中间的杂草轻轻拔除；较大的草拔出时损坏周围的幼苗，可用剪刀从根处剪掉。以后视杂草的多少，可随时拔除。

（3）揭除盖草：立秋以后幼苗已大，太阳光也不太强烈，可用竹棍将盖草挑掀去，使幼苗迅速生长。

（4）捕捉田鼠：为了防止田鼠损害苗根，可在鼠洞口放置弓箭诱杀或在地的周围喷施杀虫农药。

4. 收获与贮存：在寒露前后（9 月底到 10 月头）选晴天进行收获，勿使雨淋，以免引起种苗腐烂。收获时可用锄头（或三爪）将苗挖出，除去残叶病根，掺合原土，苗土比为 1∶1，扎成 10～12 厘米的大小、0.5 千克重左右的小把，运回贮存。

种苗运回后，选地势较高，不易进水的阴凉处，挖深 1～1.5 米，直径 2～3 米的窖。在窖里放一层种苗，上面盖一层生湿土。以此类推，距窖口 30 厘米即可，然后填土较地面稍突起，呈馒头形，也可选阴凉角落或室内均可，但要防止鼠类进入啃食。

五、采收与加工

当归根供药用，收获的季节性很强，据群众经验和科学数据表明，一定要霜降后进行。霜降前的当归，不仅质量较差，而且产量也不如霜降后收获的高。但要抓紧时间，要在土地封冻前收完，以免让当归冻结在地里而不易挖取受冻变质。

当归运回后，置室内或屋檐下通风干燥的地方堆置，待其水分蒸发变得柔软时进行扎把。然后将扎好的当归放在木椽和竹子搭好的棚上，地上点燃柴草放烟，勿使明火升起。经 3～4 天当归外皮变色，以后火烟应保持恒定，并及时翻棚，使棚上所有当归着色均匀，一般是 10 天左右即可。最后自然风干即为商品。

（一）加工规格要求

1. 归头：全干纯主根，呈长圆锥形，或掌状，表面黄白或黄褐色，要求去枯干，杂质，粗皮。按大小分成 4 等，一等，每千克 40 头以内；二等，每千克 80 头以内；三等，每千克 120 头以内；四等，每千克 160 头以内。

2. 全归：干货（水分含量 10%～13%）按大小分成五等份，

一等，每千克 40 支以内，根梢不细于 0.2 厘米；二等，每千克 70 支以内；三等，每千克 110 支以内；四等，每千克 130 支以内；五等，也就是不符合以上等级的小当归侧根、归渣等。

3. 箱归：因用纸箱包装而得名，主要用于出口，按出口市场要求，每箱净重 25 千克，去须全干，身长腿壮，按个头大小分为四等，一等，每千克 52 支以内；二等，每千克 76 支以内；三等，每千克 114 支以内；四等，每千克 250 支左右。

第四节 秦 艽

秦艽为龙胆科龙胆属多年生草本植物，又名牛尾艽、粗茎秦艽。药用秦艽和小秦艽的干燥根，有祛风湿，清湿热，止痹痛之功效；主治风湿痹痛、筋脉拘挛、骨节烦痛、小儿疳积和发热。秦艽多为野生，也有家种，分布于东北三省、西北地区及四川、云南等地。

一、植物形态

秦艽为多年生草本植物，植株高 30 ~ 65 厘米。直根粗壮，圆形，多为独根，或有少数分叉者，微扭曲状，黄色或黄褐色。茎圆形有节，光滑无毛。基生叶腐烂后，呈丝状纤维残存基部。叶片披针形，根生叶较大，茎生叶较小，叶基联合异鞘，叶片平滑无毛，叶脉 5 出。花在茎顶或叶腋间轮状丛生，呈头状聚伞花序，花冠先端 5 裂，浅黄绿色。蒴果长圆形。种子细小，椭圆形，褐色，有光泽。

二、生物学特性

秦艽系高山药用植物，分布于海拔 2 400 ~ 3 500 米，气候冷凉，雨量较多、日照充足的高山地区，尤其多生长在土层深厚、土壤肥沃、富含腐殖质的山坡草丛中。小秦艽喜温和气候，耐寒，耐旱，多生于海拔2 000～2 800米山区、丘陵区的坡地、林缘及灌木丛中，以二阴坡生长较佳。土层深厚、肥沃的壤土及砂壤土生长较好，忌积水、盐碱地、强光。

三、种植技术

（一）选地整地

选海拔2500米左右，比较温暖的山地，并含有丰富腐殖质的沙壤土或壤土为好。在选好的地上，施一次基肥，每公顷约用厩肥22 500～30 000千克，翻犁1次，深度30厘米左右，然后耙细整平，按120～150厘米宽作成畦。

（二）繁殖方法

用种子繁殖和分株繁殖。

1. 种子繁殖：播种分春播和秋播，播种前对种子处理，种子与沙比例为1∶3，埋在室外，经低温处理，春季解冻后，在整平的畦面上，按行距20～30厘米，开成深3厘米，宽3厘米的浅沟，然后把拌细土的种子均匀地撒在沟内，覆一层薄细土即可。秋播在8～9月播种，当年即能出苗长出两片叶子，可移栽。每公顷用种量7.5～15千克。

2. 分株繁殖：分春秋两季，春季在未萌动之前，挖出根，分成小簇（生育旺盛植株旁边所生的子株及种根），每簇1～2个芽，按行距20～30厘米，株距10～20厘米栽植，穴深根据根的大小而定。栽根，埋上芽覆土3厘米左右，压实；土干要浇水，每公顷15万株。

（三）田间管理

1. 间苗定苗：撒播的当苗高4～5厘米时，按株行距20厘米×30厘米间苗，苗高6～8厘米时进行定苗，间苗后要适当浇水施肥。

2．松土除草：每年松土除草3～4次，勿伤幼苗及其茎叶。

3．浇水追肥：结合中耕除草进行追肥，以农家肥为主，每公顷施人粪尿22 500～30 000千克或腐熟油饼，每公顷750～1500千克，加水1 500千克。化肥以复合肥为好，一般在植株封垄降水后或浇水时撒施，每亩20千克。开花期间可叶面喷施磷酸二氢钾，每公顷4.5千克，分多次喷施。

（四）病虫害及其防治

主要是叶斑病和蚜虫叶斑病，多在6～7月发生，严重时可致植株枯萎死亡，应及时清除病叶，集中烧毁。发病初期用10%代森铵800倍液喷1～2次。蚜虫为害以花期最为严重，可利用瓢虫、食蚜蝇等天敌，发生期用1 000倍乐果液喷洒防治。

四、采收与加工

（一）采收

秦艽生长到第三年以后，大量开花结果。一般在9～10月种子呈浅黄色时，将果实带部分茎秆割回，置于通风处后熟。待干后抖出种子，贮于干燥处。

（二）加工

播种后2～3年即可采收。在9～11月倒苗时，全根挖起，除净茎叶、泥土，晒至半干，堆拔发汗1～2天，然后再摊开晒至全干。理顺根条，芦头约留1厘米长。根茎繁殖一年收获。

第五节 柴　胡

柴胡为伞形科多年生草本植物，又名黑（紫）柴胡、南柴胡、红柴胡、北柴胡。柴胡以干燥根入药，主要化学成分为挥发油、柴胡醇、油酸、亚麻酸、棕榈酸、葡萄糖及皂苷等。按产地、形状的不同前者习称“北柴胡”，又称“黑（紫）柴胡”；后者习称“南柴胡”，又名“红柴胡”。野生柴胡主要分布在东北、华北、内蒙古、河南、陕西、甘肃、青海等省区。家种柴胡的主产区在山西、甘肃和内蒙古等省区。柴胡味苦、性微寒，有解表和里，升阳，疏肝解郁的功能；常用于治疗感冒、上呼吸道感染、寒热往来、胁痛、肝炎、胆道感染、月经不调、子宫脱垂、脱肛等症。

一、植物形态

（一）柴胡

为多年生草本，植株高 45～85 厘米，主根圆柱形，分枝或不分枝，质坚硬，黑褐色或淡棕色。茎直立丛生，上部分枝，略呈“之”字形弯曲。叶互生，基生叶倒披针形，基部渐窄成长柄；茎生叶长圆状披针形或倒披针形，无柄；叶长 5～12 厘米，宽0.5～1.5 厘米，先端渐尖呈短芒状，全缘，有平行脉 5～9 条，背面具粉霜。复伞形花序腋生兼顶生，伞梗4～10，总苞片 1～2，常脱落；小总苞 5～7，有 3 条脉纹。花小，鲜黄色；雄蕊 5，子房椭圆形，花柱 2，双悬果宽椭圆形，扁平，长 2.5～3 毫米，分果有 5 条明显的主棱。花期 7～9 月，果期 8～10 月。

（二）狭叶柴胡

多年生草本，高 30～60 厘米。叶互生，线形或狭线形，长 7～17厘米，宽 2～6 米米，先端渐尖，具短芒，基部最窄，有 5～7条纵脉，具白色骨质边缘。复伞形花序多数，集成疏松圆锥花序；总苞片 1～3，条形；伞幅 3～8；小总苞片 5，狭披针形；花梗 6～15；花黄色。双悬果宽椭圆形。花期 7～9 月，果期 8～10月。

二、生物学特性

（一）生长发育习性

野生柴胡生于向阳的荒山坡、小灌木丛、丘陵、林缘、林中空地等，表现为较强的耐旱耐寒的特性，常喜较冷凉而湿润的气候，怕高温和水涝，以砂壤土和腐殖土丰富的土壤长势健壮。土壤 pH 值 5.5 ~ 6.5。一年生植株除个别情况外，均不抽茎，只有基生叶，10 月中旬逐渐枯萎进入越冬休眠期。第二年全部开花、结种。从开花到种子成熟需要 45 ~ 55 天，成株年生长期185 ~ 200 天。

（二）种子生物学特性

柴胡的种子较小，长 2.5 ~ 3.5 毫米，中心宽度 0.7 ~ 1.7 毫米，厚度仅为 1 毫米左右，外观性状上的差异较大，表面粗糙，呈黄褐色或褐色，胚较小，包藏在胚乳中。由于生长地区各种因素的不同，种子的千粒重差距较大，千粒重一般为 1.35 ~ 1.85 克。新采收的种子具有胚后熟的生理过程，在阴凉通风处存放一个月后发芽率为 50% ~ 60%；若采收种子自然存放半个月转入 5℃以下低温半个月，发芽率为 60% ~ 70%。储存条件相同的种子，用水浸种子 24 小时，发芽率可提高 10% ~ 15%；发芽适宜温度为 15 ~ 22℃，10 ~ 15 天开始发芽，低于 15℃发芽较慢，高于 25℃则抑制发芽；储存 12 个月后发芽率几乎为零。因此，在种植时不能使用隔年的种子。

三、种植技术

（一）选地和整地

在没有任何污染源的基础上，选择土质疏松肥沃的砂壤土或腐殖质丰富的土壤为种植地，要求地势较平或坡度小于 20°以下的地块，种植地还要有较好的排涝性能，附近应具备灌溉使用的水源，黄黏土、强砂土、低洼易涝地、易干旱的大坡度地不宜种植。确定种植地后，将其翻耕，深度 25 ~ 30 厘米，清除石块等杂物，每公顷施 11 250 ~ 15 000 千克充分腐熟达到无公害化卫生标准的农家肥做基肥，均匀撒入，拌匀，耙平耙细，做垄、做畦均可。也可将柴胡套种，选用油菜、小麦、青稞等作物，在土壤湿润时期播于行间。

（二）品种

柴胡属植物较多，全世界约有 150 种，我国有 60 多种，可供药用的 20 余种。其中大叶柴胡因其毒性较强，目前被禁止使用。我国药典将北柴胡和南柴胡列为正品，有些品种仅限于产地使用，如线叶柴胡、细叶柴胡等。

（三）种植方法

柴胡主要是用种子来繁殖，种子繁殖分为直接播种和育苗移栽两种方式。播种季节分为秋播、春播、夏播，在生产中秋播和春播最为常用，而夏播多不宜采用，一是种子的发芽率降低，二是高温多雨。

1. 选种：种子品质的好与劣是影响药材产量与质量的首要因素，因此在种植时必须选好种源。第一，品种要纯正；第二，要有较高的自然发芽率；第三，要有较高的千粒重；第四，种子的净度要达到种植的要求；第五，种植地区要有与种源相似的自然环境、气候等因素。

2. 种子处理：当年采收的种子秋播时无需做任何处理，结合整地，当时播种，既经济实用，又有很高的出苗率。春播时将种子用 30℃温水浸泡 24 小时，中间更换一次水，用水浸种还可以除去漂浮的瘪粒、小果柄等杂质，同时也提高了种子的纯净度。若用 0.1% 高锰酸钾溶液浸种还以起到杀菌的作用。

3. 播种：秋播应在霜降前播种完，春播宜在 3 月下旬至 4 月上旬播种。播种时用耙子将畦面反复耧至成细土，耙平，行距

20~25厘米，套种的行距与前作物一致，开沟深度2.5~3厘米，踩平底格，由于柴胡的种子细小，播种时拌入2~3倍量细湿沙（握之呈团、松之撒开），可使种子撒得均匀，也不至于密度太大；覆土的厚度1.5~2厘米，稍加镇压。每公顷种子用量18.75~2250千克。无论秋播还是春播，播种后若盖上细软的草帘子，除具有保湿的功能外，还能够有效地防止土壤干燥而结块。在小苗即将出土前揭去草帘，由初苗到齐苗需要10~15天。播种后到出苗期间要保持土壤湿润，防止因干旱造成根芽干瘪现象的发生。用水必须符合农田灌溉用水的标准，灌溉时间应选择气温较低的清晨进行，小苗出齐后要适当控制水量，避免徒长。实践证明，秋播好于春播。

在大多数情况下，柴胡采用套种方式，播种时在前期作物的行间播下柴胡种子，有很高的出苗率。

4. 育苗移栽：育苗可分为温室育苗和室外拱棚育苗。温室育苗应在3月上旬进行，室外拱棚育苗应在3月下旬至4月中上旬进行。一是采用育苗盘，二是在地面做畦条播，地面做畦高5~6厘米，畦面宽1~1.2米。育苗的行距10~15厘米。无论采用温室育苗还是室外育苗，应保持土壤湿润，并且要有适宜的发芽温度，高温时注意通风。育苗移栽的最大优点是小苗比直播苗可提前生长30天左右，但也有其他的缺点（如移栽时间集中，费工费时等）。移栽应在小苗长出4~5片真叶或小苗高度在5~6厘米时进行，每穴2~3株，行距20~25厘米，株距10厘米，灌溉，7~10天可正常生长。

5. 田间管理：柴胡幼苗生长缓慢，此时各种杂草生长较快，应及时松土除草。由于北柴胡当年植株多数是不抽茎的，只以基生叶为主。以抽茎的为准，当株高5~6厘米时间苗，每穴1株，株距3~4厘米，断苗处要补栽。进入6月份，随着气温的升高，植株生长发育加快，因此5月下旬施少量氮肥，以促进生长发育的需要。施肥为根部追肥或者叶面喷肥，根部追肥150～225千克/公顷，喷肥浓度以肥量计算，控制在0.3%～0.5%。7～8月份是植株生长旺盛期，对根部进行少量的培土。此时又是多雨季节，应当注意排水，防止烂根，雨天过后要及时松土，增加土壤的透气性，以减少病虫害的发生率。平时多查看，发现病情及时对症下药，防止蔓延，对虫害亦是一样。8月上旬、下旬再进行两次叶面喷肥，以磷、钾肥为主，如磷酸二氢钾，浓度0.3%～0.5%。因为磷肥有助于营养物质的积累，钾肥能增加植株的抵抗性，或使用1%～2%磷、钾肥水溶液根部浇灌，低浓度的叶面喷肥，既利于植物的吸收利用，又不易造成土壤碱化。当年抽茎的植株在现蕾期将其割去，以促进根的生长发育。

柴胡主要以套种方式栽培，第一年的田间管理根据套种作物确定，套种作物收获后留茬过冬。第二年返青前，顺便撒盖腐熟的过筛厩肥，每公顷11 250～15 000千克，稍加灌溉。谷雨过后要进行松土除草。这一年是采收年，应加强田间管理。6月下旬和7月中旬再进行以磷、钾肥为主的叶面喷肥，同时要及时打顶，保证根的生长发育和营养物质的积累，以保证收获药材的质量和产量。

6. 病虫害及其防治：病虫害的防治，首先是要做好预防工作，以减少病虫害发生率，同时还要减少使用农药的次数，平时多观察，做到早发现，早防治。多雨天要及时排水防涝，要掌握各种病虫害发生的时间及在植株上的表现症状，采取最安全有效的防治方法。

（1）柴胡斑枯病：主要危害叶片。叶片上病斑近圆形或圆形，直径1～3毫米，边缘较深，上面生有黑色小点，即病原菌的分生孢子器，严重发病时，叶上病斑连成一片，导致叶片枯死，影响其生长。病原是壳针孢属真菌。

发病规律：病菌以菌丝体和分生孢子器在病株残体上越冬，翌年春，分生孢子借风、雨传播，引起病害的侵染。发病时病斑上形成新的分生孢子器和分生孢子，不断进行再侵染，高湿、高温有利病害流行。7～8 月为发病盛期。

防治措施：植株枯萎后进行清园，或烧或深埋，减少病源量。合理施肥，灌溉，多雨天做好排水。发病时用40%代森锌液1 000 倍或 50% 多菌灵 600 倍液进行防治 2～3 次，每次间隔7～10天。

此外，还可见到锈病，危害茎叶，要做好清田工作，处理好病残株。发病时用25%粉锈宁800～1 000 倍液防治。遇到高温多雨天气时，田间排水不畅易发生根腐病，俗称烂根，要注意及时排水。此外要轮作，忌连作。

（2）虫害：主要是蚜虫，危害茎梢，常密集成堆吸食内部汁液，施用生物农药杀虫，或者用40%乐果1 200～1 500 倍液喷杀。此外，还有地老虎、蛴螬等害虫咬食根部，可用毒饵诱杀或捕杀。

四、留种技术

培育柴胡良种应从以下两个方面着手。

（一）单独留种

首先是要稀植，第一年要加强水肥管理，培育壮苗；其次每年花期要注意水肥的管理，适当增施磷、钾肥，并随时清除病残株；第三是适当疏花，尤其是末花期的花，使根部提供的营养物质供给留种部分发育使用，这样可使籽粒饱满，成熟期也较为一致，从而使获得的种子有较高的千粒重和发芽率。

（二）选择生命周期旺盛阶段的植株留种

柴胡的生命周期 6～8 年。二至四年生的植株处于生命周期的旺盛期，所结种子粒大、饱满、生命力强，是留种最佳选择。株龄越大，尽管籽粒饱满，千粒重、成熟度都较高，但所结种子的抗性相对减弱，发芽率相对低一些，因此尽可能不留作种源。

上述两种留种相辅相成，密不可分。此外，还可以采取杂交育种、定期更换异地种子等方法进行留种。当有 85% 种子由青色转为黄褐色或者褐色时进行收割，人工或机械脱粒，除净各种杂质，稍加晾晒，置于阴凉通风处待用。

五、采收与加工

（一）采收

柴胡以根入药，种植生长 2 年即可采收。传统的采收时间是以种子成熟后或地上部分枯萎为准，根据柴胡生长发育规律及有效成分积累动态的关系，柴胡的有效成分以果后期达到最高。

柴胡的采收可以是人工采挖或机械采挖。采挖时选择晴朗的天气，土壤水分适中时拔出柴胡即可。将地上部分割下，根晒干，茎秆趁鲜切成 5 厘米以下的小段。晒干或阴干，可用于提取其中的有效成分，达到合理利用，节约药源。采挖时要挖全根，尽可能避免断根。

（二）加工

挖出的根抖净泥土，剪去芦头和基生叶，然后进行晾晒，晾晒的场所及周边应清洁无污染源，最好的晾晒场所是在水泥地上直接晾硒，晾晒 1～2 天用小木棍进行敲打，使残存的泥土脱净，晒至八成干时，用清洁、无毒、无异味的线绳捆扎成小把，每把根头部直径不超过 10 厘米为宜，再晒至完全干燥为止。

另外，采挖的鲜根也可除去残茎叶后用清水进行冲洗，甩干或晾至表面无水分后趁鲜切片，晒干或烘干，烘干时的温度控制在60～70℃。外观性状以质地坚实、根长、洁净、无芦头残存者为佳。

第六节 川　　芎

川芎为伞形科藁本属植物，又名抚芎、小叶川芎等。川芎为四川地道药材，以干燥的根状茎供药用，内含阿魏酸、川芎嗪、挥发油、多糖、川芎内酯等有效成分，具有活血行气，祛风止痛，疏肝解郁的功能；主治头痛、胸胁痛、经闭腹痛、风湿痛、跌打损伤等症。主产四川省川西平原的灌县、崇庆、彭县、新都等地，栽培历史悠久，药材质量最佳，驰名中外，近几年来，江西、湖北、云南、陕西、甘肃、青海等省均有引种栽培。

一、植物形态

多年生草本，株高 30～70 厘米。根状茎呈不规则的结节拳状团块，有多处芽眼，外表棕褐色。茎丛生，直立，圆柱形，中空，上部分枝，基部的节膨大呈盘状。叶互生，二至三回奇数羽状复叶，柄基部扩大抱茎。小叶 3～5 对，有柄，羽状深裂，复伞形花序，着生于枝端，花小，白色，双悬果，广卵形。花期 6～7月，果期 7～8 月。

二、生物学特性

喜气候温和、雨量充沛、日照充足而又较湿润的环境，但川芎苓种培育阶段和贮藏期，则要求冷凉的气候条件。栽培土壤要求土质疏松、土层深厚、肥力较高的中性或微酸性壤土，过沙或过黏的土壤以及排水不良的低洼地块不宜栽种。

三、种植技术

（一）选地整地

栽植地宜选禾本科作物田。收割后翻耕 1 次，开沟作畦，畦宽 1.6 米，沟宽 30 厘米，沟深 25 厘米，将表土耙松整细，作成龟背形畦面。

（二）栽种

于立秋前后进行，不得迟于 8 月底。过早，在高温影响下幼苗容易枯萎；过迟，气温已下降，对根茎生长不利。栽种应选晴天进行，当天栽完为好。栽前，将无芽或芽已损坏的、茎节被虫咬过的、节盘带虫或芽是萌发的苓子，一律剔除。然后按苓子大小分级栽种。栽时，在畦面上横向开浅沟，行距 30～40 厘米，深 3 厘米左右。然后，按株距 17～20 厘米将苓子斜放入沟内，芽头向上侧轻轻按紧，栽入不宜过深或过浅。同时，还要在行与行之间的两头各栽苓子两个。每隔 10 行的行间再栽 1 行苓子，以作补苗之用。栽后，用细土或石灰混合堆肥覆盖苓子的节盘。最后，在畦面上盖上杂草，以避免阳光直射和雨水冲刷。每公顷用苓子 450～600 千克。生产区四川药农多采用栽苓专用工具“耙子”栽种，速度快，质量好。

（三）田间管理

1. 中耕除草：一般进行 3 次。第一次在 8 月下旬齐苗后，浅锄一次；间隔 20 天后进行第二次中耕除草，宜浅松土，切勿伤根；再隔 20 天行第三次除草，此时正值地下根茎发育盛期，只拔除杂草，不宜中耕。

2. 施肥：川芎栽种后的当年和第二年，当地上茎叶生长旺盛，形成一定的营养面积，在制造大量的干物质时才能将养分输送到地下根茎，促使其生长发育健壮。因此，在栽后的两个月内需集中追肥两次，可结合中耕除草进行。第一次每公顷施用农家肥 15 000～22 500 千克，腐熟饼肥 625～750 千克，混合均匀穴施；第二次每公顷用农家肥 22 500～30 000 千克，腐熟饼肥 450～750千克，还可以用饼肥、堆肥、土粪等 7 500 千克混合成干肥，于植株旁穴施，施后覆土盖肥。时间在霜降以前为宜，过迟，有机肥不易分解，肥效不高。翌年 3 月下旬返青后，再增施一次农家肥，以促进生长发育，可提高产量。

（四）病虫害及其防治

1. 主要病害及防治方法

（1）叶枯病：多在 5 ~ 7 月发生。发病时，叶部产生不规则的褐色斑点，随后蔓延至全叶，致使全株叶片枯死。

防治方法：发病初期喷 50% 退菌特 1 000 倍液防治。每 10 天喷 1 次，连续 3 ~ 4 次。

（2）白粉病：6 月下旬开始至 7 月高温高湿时发病严重，先从病叶发病，叶片和茎秆上出现灰白色白粉，后逐渐向上蔓延，后期病部出现黑色小点，严重时使茎叶变黄枯死。

防治方法：收获后清理田园，将残株病叶集中烧毁；发病初期，用 25% 粉锈宁 1 500 倍液或 50% 托布津 1 000 倍液喷雾，每 10 天喷 1 次，连喷 2 ~ 3 次。

（3）根茎腐烂病：在生长期和收获时发生，发病根茎内部腐烂成黄褐色，呈水浸状，有特殊臭味，呈软腐状。生长期受害后，地上部分叶片逐渐变黄脱落。

防治方法：发生后立即拔除病株，集中烧毁，以防蔓延；注意排水，尤其是雨季，雨水过多，排水不良，发病严重；在收获和选种时，剔除有病的“抚芎”和已腐烂的“苓子”。发病初期用 2% 农抗 120 粉剂 150 ~ 200 倍液灌根。

2. 主要虫害防治方法

（1）川芎茎节蛾：以幼虫蛀入茎秆，咬食节盘，危害苓子，使其不能作种用。严重时多半无收。

防治方法：在育苓和苓子贮藏期喷 80% 敌百虫 1 000 ~ 1 500 倍液防治；栽种前，用 40% 乐果 1 000 倍液浸苓子 3 小时后下种。

（2）蛴螬：发现时按常规防治，尤其是9～10月当幼苗生长盛期时及时防治。

四、留种技术

繁殖方法采用无性繁殖。川芎繁殖材料为地上茎节，俗称“苓子”或“芎苓子”。培育苓种方法如下。

1. 选地整地：选择气候阴凉的高山阳山或低山半阴半阳山的生荒地或2～3年的休闲地。栽前，除净杂草，挖松土壤30厘米，作成宽1.5米的畦。

2. 繁殖苓子：于9月下旬至翌年4月上旬，将川芎挖起，除去须根和泥土称“抚芎”。然后运到海拔较高地区培育“苓子”。清明前，整平耙细畦面，抚芎按大、中、小分级栽种，行株距分别按30厘米×30厘米、25厘米×25厘米、20厘米×20厘米见方挖穴，穴深6～7厘米。每穴大的抚芎栽1个，小的栽2个，芽口向上栽稳压实，然后施堆肥或水肥，覆土填平穴面。

3. 抚育管理：5月上旬出苗。齐苗后进行一次中耕除草，并结合进行疏苗。先扒开土壤，露出根茎顶端，选留粗细均匀、生长健壮的茎秆8～10根，其余的全部拔除。5月下旬至6月底各中耕除草一次，中耕时宜浅锄，避免伤根。结合中耕除草追施一次有机肥，每次每公顷施用农家肥30 000千克和菜子饼750千克。

4. 收获苓子：于8月中、下旬当茎节盘显著膨大、略带紫色，茎秆呈花红色时，选阴天或晴天的早晨采挖。收挖后，剔除腐烂植株，选留健壮植株，除去叶片，割下根茎，称“山川芎”，亦可供药用。然后，将所收茎秆捆成小捆运往阴凉的山洞贮藏作繁殖材料。

5. 苓子贮藏：贮藏在山涧或阴凉的室内。贮藏时，要在地面上铺上一层茅草，将茎秆交错堆放其上，再用茅草盖好，

7～10天上下翻动1次。立秋前取出，按节的大小，切成3～4厘米长的短节，每节中间必须留有节盘1个，即成“苓子”。每150千克“抚芎”可产“苓子”200～250千克。然后，进行个选、分级、分别栽种。

五、采收与加工

（一）采收

药农以栽后的第二年的夏至前后收获为最适期。过早，地下根茎尚未充实，产量低；过迟，根茎已熟透，在地下易腐烂。收时选晴天将全株挖起，摘去茎叶，除去泥土，运回加工。

（二）加工

收后要及时干燥。一般用火炕干，火力不宜太大，炕时每天要上下翻动1次，经2～3天后散发出浓郁香气时，取出放入竹筐内抖撞，除净泥沙和须根即成商品。折干率30%～35%。

第七节　天　南　星

天南星为天南星科天南星属植物，又名南星、掌叶半夏、虎掌南星、异叶天南星、一把伞等。以球状块茎供药用，具有祛风定惊，化痰止咳的功能；主治面神经麻痹、半身不遂、小儿惊风、破伤风、子宫颈癌等症，外用可治疗疮肿毒、毒蚊咬伤等症。生天南星有毒，中毒时可致舌、喉发痒后肿大，严重时窒息而死。轻者可用醋、浓茶、蛋清解毒。近年来，由于野生资源少，用量大，人工栽培少，一直是紧俏中药材之一。天南星多系野生，主要分布于东北三省、河北、陕西、甘肃、青海、河南、湖南、四川、云南、贵州、安徽、浙江等省。我国南北各地均能栽培。

一、植物形态

多年生草本，株高40~90厘米。块茎扁球形，外皮黄褐色。叶从块茎顶端生出，叶柄圆柱形，肉质，直立如茎状，下部呈鞘，基部包有绿白色或散生污紫色斑点的透明膜质长鞘；叶片辐射状全裂成7~23片，集于叶柄顶端向四方辐射如伞状。裂片披针形，先端多呈芒状而柔弱，全缘，光滑无毛。肉穗花序，包于鞘状大苞片内，花序梗先端呈长尾状，伸出苞片外面。雌雄异株。浆果卵圆形，红色。花期5~6月，果期7~8月。

二、生物学特性

喜湿润、疏松、肥沃的土壤环境。天南星喜水肥，其块茎不耐冻，但由于种子萌发的当年实生苗，第一年幼苗只生一片小叶，第二、三年后小叶片数逐次增多，且较能耐寒。人工栽培宜与高秆作物间作，或选择有荫蔽的林下、林缘、山谷较阴湿的环境；土壤以疏松肥沃、排水良好的黄砂土为好。凡低洼、排水不良的地块不宜种植。

三、种植技术

（一）整地施肥

选好地后于秋季将土壤深翻20~25厘米，结合整地每公顷施入腐熟厩肥或堆肥45 000~75 000千克，翻入土内作基肥。栽种前，再浅耕一遍。然后，整细耙平作成宽1.2米的高畦或平畦，四周开好排水沟，畦面呈龟背形。

（二）移栽

春季4~5月上旬，当幼苗高达6~9厘米时，选择阴天，将生长健壮的小苗稍带土团，按行株距20厘米×15厘米移栽于大田。栽后浇一次定根水，以利成活。

（三）田间管理

1. 松土除草、追肥：苗高6~9厘米，进行第一次松土除草，宜浅不宜深，只要耙松表土层即可。锄后随即追施一次稀薄的人畜粪水，每公顷15 000～22 500千克；第二次于6月中、下旬，松土可适当加深，并结合追肥一次，量同前次；第三次于7月下旬，正值天南星生长旺盛时期，结合除草松土，每公顷追施粪肥22 500～30 000千克，在行间开沟施入，施后覆土盖肥；第四次于8月下旬，结合松土除草，每公顷追施尿素150～300千克兑水施入；另增施饼肥750千克和适量磷钾肥，以利增产。

2. 排灌水：天南星喜湿，栽后应经常保持土壤湿润，要勤浇水；雨季要注意排水，防止田间积水。水分过多，易使苗叶发黄，影响生长。

3. 摘花薹：5～6月，天南星肉穗状花序从鞘状苞片内抽出时，除留种地外，应及时剪除肉穗状花序，以减少养分的无谓消耗，有利增产。

4. 间套作：天南星栽后，前两年生长较缓慢，在畦埂上按株距30厘米间作豆类或其他药材，既可为天南星遮荫，又可增加经济效益。

（四）病虫害及其防治

1. 病毒菌：为全株性病害。发病时，天南星叶片上产生黄色不规则的斑毛，使叶片变为花叶症状，同时发生叶片变性、皱缩、卷曲，变成畸形症状，使植株生长不良，后期叶片枯死。

防治方法：选择抗病品种栽种，如在田间选择无病单株留种；增施磷、钾肥，增强植株抗病力；及时喷药消灭传毒害虫。用50%甲基托布津1 000倍液喷雾，每7～10天喷一次，连喷2～3次。

2. 红天蛾：以幼虫危害叶片，咬成缺刻和空洞，7～8月发生严重时，可把天南星叶子吃光。

防治方法：在幼虫低龄时，喷90%敌百虫800倍液杀灭；忌连作，也忌与同科植物间作。

3. 红蜘蛛、蛴螬等害虫：其防治方法与红天蛾同。

四、留种技术

繁殖方法：采用块茎繁殖为主，亦可种子繁殖。

（一）块茎繁殖

9～10月收获天南星块茎后，选择生长健壮、完整无损、无病虫害的中小块茎，晾干后置地窖内贮藏作种栽。挖窖深1.5米左右，大小视种栽多少而定，窖内温度保持在5～10℃为宜。低于5℃，种栽易受冻害；高于10℃，则容易提早发芽。一般于翌年春季取出栽种，也可于封冻前进行秋栽。春栽于3月下旬至4月上旬，在整好的畦面上，按行距20～25厘米，株距14～16厘米挖穴，穴深4～6厘米。然后，将芽头向上，放入穴内，每穴一块。栽后覆盖土杂肥和细土，若天旱浇一次透水，约半个月左右即可出苗。大块茎作种栽，可以纵切成两半或数块，只要每块有1个健壮的芽头都能作种栽用，但切后要及时将伤口拌以草木灰，避免腐烂。块茎切后种植的，小块茎覆土要浅，大块茎宜深。每公顷需大种栽675千克左右，小种栽300千克左右。

（二）种子繁殖

天南星种子于8月下旬成熟，红色浆果采集后，放于清水中搓洗去果肉，捞出种子，立即进行秋播。在整好的苗床上，按行距15～20厘米挖浅沟，将种子均匀地播入沟内，覆土与畦面齐平。播后浇一次透水，以后经常保持床土湿润，10天左右即可出苗。冬季用厩肥覆盖畦面，保温保湿有利幼苗越冬。翌年春季幼苗出土后，将厩肥压入苗床作肥料，当苗高6～9厘米时，按株距12～15厘米定苗。多余的幼苗可另行移栽。

五、采收与加工

于9月下旬至10月上旬收获。过迟，天南星块茎难去表皮。

采挖时，选晴天挖起块茎，去掉泥土、残茎及须根。然后，装入筐内，置于流水中，用大竹扫帚反复刷洗去外皮，洗净杂质。未洗干净的块茎，可用竹刀刮净外表皮。天南星全株有毒，加工块茎时要戴橡胶手套和口罩避免接触皮肤，以免中毒。

第八节　丹　　参

丹参为唇形科鼠尾草属植物。又名紫丹参、红根、血参根、大红袍等。以根供药用，主要化学成分有丹参酮、丹参酸甲酯、鼠尾草酚、丹参新醌甲、乙、丙以及缩羧酸化合物等，具有活血调经，祛瘀生新，镇静安神，凉血消痈，消肿止痛等功能；用于治疗月经不调、痛经、产后淤滞腹痛、关节酸痛、神经衰弱、失眠、心悸、痈肿疮毒等症。近代医学临床证明，丹参有扩张血管与增进冠状动脉血循环的作用，可用来治疗冠心病、心绞痛、心肌梗塞、心动过速等症，有显著的疗效；还可用来治疗慢性肝炎、早期肝硬变等症，亦有良好的效果。丹参为医药工业的重要原料，需要量大，目前全国各地都有人工栽培。主产于四川、青海、河北、安徽、江苏、山东、浙江等省。

一、植物形态

为多年生草本。株高 30 ~ 70 厘米。根肉质，肥厚，有分枝，外表皮红色，内黄白色，长约 30 厘米。茎方形，被长柔毛。奇数羽状复叶，对生，小叶 3 ~ 7 片，卵圆形，边缘有钝锯齿，两面均被有长柔毛。轮伞状花序，顶生或腋生，花淡紫或粉色，唇形。小坚果 4 个，椭圆形，成熟时灰黑色。花期 5 ~ 7 月，果期 6 ~ 8 月。

二、生物学特性

喜气候温暖、湿润，阳光充足的环境。在气温 -5℃ 时，茎叶受冻害；地下根部能耐寒，可露地越冬。苗期遇高温、干旱天气，使幼苗生长停滞甚至死亡。丹参根深，要求土层深厚，排水良好，若土壤过于肥沃，参根反而不壮实。最忌水涝，在排水不良的低洼地栽培，造成烂根；土壤酸碱度近中性为好。

三、种植技术

（一）选地整地

育苗地宜选择地势较高、土层疏松、灌溉方便的地块，播前进行翻耕，施入腐熟的厩肥或堆肥作基肥，整细耙平，作高畦播种。栽植地宜选择土层深厚、疏松、肥沃、排水良好的地块。宜选向阳的低山坡，坡度不宜太大。丹参根深，入土约 33 厘米以上。因此，在前作收获之后，深耕土壤 35 厘米以上，结合整地，每公顷施入腐熟厩肥或堆肥 37 500 ~ 45 000 千克，加入过磷酸钙 750 千克，翻入土中作基肥。于栽前再浇灌一次，整细耙平，作成 1.3 米宽的高畦，四周开好深的排水沟，以利排水。

（二）移栽

春播后，幼苗培育 75 天左右即可移栽。可春栽，也可秋栽。春栽于 4 月中旬，秋栽于 9 月下旬进行。宜早不宜迟，早移栽，早生根，翌年早返青。

栽种时，在畦面上按行株距 33 厘米 × 23 厘米挖穴，穴深视根长而定。穴底施入适量粪肥作基肥，与穴土拌均匀后，每穴栽入种子繁殖的幼苗（即实生苗）1 ~ 2 株，栽植深度以种苗原自然生长深度为准，微露心芽即可。栽后浇透定根水。扦插苗每穴栽 1 株，按同样方法和栽植密度栽入穴内。

（三）田间管理

1. 中耕除草：4 月上旬齐苗后，进行一次中耕除草，宜浅松土，随即追施一次稀薄人畜粪水，每公顷22 500千克；第二次于5月上旬至6月上旬，中除后追施一次腐熟人粪尿，每公顷30 000千克，加饼肥750千克；第三次于6月下旬至7月中、下旬，结合中耕除草，重施一次腐熟的粪肥，每公顷45 000千克，加过磷酸钙375千克，饼肥650千克，以促参根生长发育。施肥方法可采用开沟施或开穴施入，施后覆土盖肥。

2. 除花薹：丹参自4月下旬至5月将陆续抽薹开花，为使养分集中于根部生长，除留种地外，一律剪除花薹，时间宜早不宜迟。

3. 排灌水：丹参最忌积水，在雨季要及时清沟排水；遇干旱天气，要及时进行沟灌或浇水，多余的积水应及时排除，避免受涝。

（四）病虫害及其防治

1. 叶斑病：危害叶片，病部常出现深褐色病斑，近圆形或不规则形，后逐渐融合成大斑，严重时叶片枯死。5月初发生，6～7月发病严重。

防治方法：加强田间管理，实行轮作；增施磷钾肥，或于叶面上喷施0.3%磷酸二氢钾，以提高丹参抗病力；发病初期喷多菌灵或托布津1 000倍液喷雾防治。

2. 根腐病：初期个别支根或须根变褐腐烂，后逐渐向主根扩展，致使全根腐烂，外皮变成黑色，最后植株死亡。

防治方法：用50%药材根腐灵1000倍液灌根或喷雾。

3. 丹参根结线虫病：由于根结线虫的寄生，根部生长出许多瘤状物，使植株生长矮小，发育缓慢，叶片褪绿，逐渐萎黄，最后全株枯死。拔起病株，须根上有许多虫瘿状的瘤，肉眼可见白色小点，此为雌线虫。

防治方法：与禾谷类作物轮作；结合整地，每公顷施入3%

乐斯本颗粒剂75千克，撒于地面，翻入土中，进行土壤消毒。

4. 银纹夜蛾：以幼虫取食丹参叶片，咬成孔洞或缺刻，严重时可将叶片吃光。此虫每年发生5代，以第2代幼主于6～7月开始危害丹参，7月下旬至8月中旬危害最为严重。应及早进行防治。

防治方法：收获后将田间残枝病叶集中烧毁，以杀灭冬虫口；栽培地于夜间悬挂黑光灯，诱杀成蛾；发生时用10%杀灭菊酯2 000～3 000倍液或40%氧化乐果1 000倍液，或30%敌百虫1 000倍液等杀灭。

5. 其他害虫：还有蛴螬、地老虎等，按常规方法防治。

四、留种方法

繁殖方法以分根、芦头繁殖为主，也可种子播种和扦插繁殖。

（一）分根繁殖

秋季收获丹参时，选择色红、无腐烂、发育充实、直径0.7～1厘米粗的根条作种根，用湿砂贮藏至春栽种；亦可选留生长健壮、无病虫害的植株在原地不起挖，留作种株，待栽种时随挖随栽。

春栽于早春3～4月，在整平耙细的栽植地畦面上，按行距33～35厘米，株距23～25厘米挖穴，穴深5～7厘米，穴底施入适量的粪肥或土杂肥作基肥，与底土拌匀。然后将径粗0.7～1.0厘米的嫩根，切成5～7厘米长的小段作种根，大头朝上，每穴直立栽入一段，栽后覆盖火土灰，再盖细土厚2厘米左右，不宜过厚，否则难以出苗；亦不能倒栽，否则不发芽。每公顷需种根750千克左右。因气温低的地区，可采用地膜覆盖培育种苗的方法。

（二）芦头繁殖

收挖丹参根时，选取生长健壮、无病虫害的植株，粗根切下供药用，将径粗 0.6 厘米的细根连同根基上的芦头切下作种栽，按行株距 33 厘米×23 厘米挖穴与分根方法相同，栽入穴内。最后覆盖细土厚 2～3 厘米，稍加压实即可。

（三）种子繁殖

于 3 月下旬选阳畦播种，畦宽 1.3 米，按行距 33 厘米横向开沟条播，沟深 1 厘米。因丹参种子细小，要拌细沙均匀地撒入沟内，盖土不宜太厚，以不见种子为度。播后覆盖地膜，保温保湿，当地温达 18～22℃时，15 天左右即可出苗。出苗后在地膜上打孔放苗，当苗高 6 厘米时进行间苗，培育至 5 月下旬即可移栽。

（四）扦插繁殖

青海地区于 7～8 月扦插繁殖。先将苗床畦面灌水湿润，然后剪取生长健壮的茎枝，切成长 17～20 厘米的插穗。按行株距 20 厘米×10 厘米，将插穗斜插入土中，深为插条至 1/2～2/3，随剪随插，不可久置，否则影响成苗率。插后保持床土湿润，适当遮荫，15 天左右即能生根。待根长 3 厘米时，移栽于大田。

上述 4 种繁殖方法，以采用芦头作繁殖材料产量最高。其次是分根繁殖。

五、采收与加工

（一）采收

采用无性繁殖的，于栽后当年 11 月或第二年春季前采挖；种子繁殖的，于移栽后第二年的 10～11 月，当地上茎叶枯萎后到第三年的早春萌发前均可采挖。丹参根入土深，质脆易断，应选晴天，土壤半干半湿时小心挖取，先刨松根际，后将参根完整挖取。挖取后在田间曝晒，去泥土后运回加工，忌用水洗。

（二）加工

将根条晾晒至五成干时，质地变软后，用手捏顺，捆成小束，堆放 2～3 天使其“发汗”，然后，再摊开晾晒至全干，去除芦头，剪去细尾即成商品。

第九节　半　　夏

半夏为天南星科半夏属植物，又名三叶半夏、三步跳、麻玉果、燕子尾等。半夏为常用中药，以块茎供药用，主要化学成分有β－谷甾醇、葡萄糖苷、半夏蛋白、草酸钙、胡萝卜苷、大黄酚等，有燥湿化痰，降逆止呕等功能；主治痰饮呕吐、湿痰咳嗽、气逆、胸脘痞闷，外用治痈肿、止血。生半夏有毒。主产于长江流域各省以及东北、华北等省区。由于用量大、产量低，常供不应求。

一、植物形态

多年生草本，株高15～30厘米。块茎球形或扁球形。叶基生，具长柄；幼苗为单叶，卵状心形，先端尖，全缘；第二、三年生大苗有3～5小叶复叶，椭圆形至披针形中间一段较大，先端锐尖；叶柄下部内侧或三小叶基部都生有珠芽可作繁殖材料。肉穗花序，基生部与佛焰苞贴生。上生雄花，下生雌花，系雌雄同株；花小，淡绿色。浆果多数，成熟时红色，果内有种子1粒。花期5～7月，果期6～9月。

二、生物学特性

喜湿润，怕干旱，畏强光；在阳光直射或水分不足条件下，易发生倒苗。耐阴、耐寒、块茎能自然越冬。要求土壤湿润、肥沃、深厚，以含水量40%～50%、pH值6～7呈中性反应的砂质壤土为宜。过砂、过黏以及易积水之地均不宜种植。每年常出现3次出苗与倒苗现象：第一次在4月上旬至6月上旬；第二次在6

月至8月中旬；第三次在8月至10月下旬。每次出苗后生长期50~60天，株芽萌生初期在4月初，高峰期在4月中旬，成熟期为4月下旬至5月上旬。每年6~7月珠芽增殖数量最多，约占总数50%以上。半夏幼苗怕炎热和寒冷，8~10℃萌动生长，最适宜生长温度为15~25℃，气温在26℃以上时倒苗，13℃以下时枯苗。

三、种植技术

（一）选地整地

宜选湿润肥沃、保水保肥力较强、质地疏松、呈中性反应的砂质壤土或壤地种植；亦可选择半阴半阳的缓坡山地，或油菜地、麦地、果木林进行套种。

地选好后，于冬季翻耕土壤，深20厘米左右，使其风化熟化，结合整地，每公顷施入厩肥或堆肥30 000千克，过磷酸钙750千克翻入土中作基肥。于播前，再耕翻一次，然后整细耙平作宽1米的高畦，畦沟宽40厘米。

（二）水肥管理

无论采用哪一种繁殖方法，有条件的在播前应浇一次透水，以利出苗。栽培环境阴凉而又湿润，可延长半夏生长期，推迟倒苗，有利光合作用，多积累干物质。因此，加强肥水管理，是半夏增产的关键。除施足基肥外，生长期追肥4次，第一次于4月上旬齐苗后，每公顷施入农家肥15 000千克，第二次在5月下旬珠芽形成期，每公顷施用农家肥30 000千克；第三次于8月倒苗后，当子半夏露出新芽，母半夏脱壳重新长新根时，用1∶10的粪水泼浇，每半月一次，至秋后逐渐出苗；第四次于9月上旬，半夏全苗齐苗时，每公顷施入腐熟饼肥375千克，过磷酸钙300千克，尿素150千克，与沟泥混拌均匀，撒于土表，起到培土和有利灌浆的作用。

（三）田间管理

1. 中耕除草：在幼苗未封行前，要经常除草，避免草荒，中耕深度不超过 5 厘米，避免伤根。因半夏的根生长在块茎周围，其根系集中分布在 5～8 厘米的表土层，故中耕宜浅不宜深。

2. 摘花薹：除留种外，于 5 月抽花薹时剪除，使养分集中使块茎生长，有利增产。

3. 排灌水：半夏喜湿怕旱。遇久晴不雨时，应及时灌水；若雨水过多，应及时排水，避免因田间积水，造成块茎腐烂。

（四）病虫害及其防治

1. 褐斑病：初夏发生。病叶上出现紫褐色斑点，后期病斑上生有许多小黑点，发病严重时，病斑布满全叶，使叶片卷曲焦枯而死。

防治方法：发病初期喷 65% 代森锌 500 倍液，每 7～10 天喷一次，连续 2～3 次。

2. 病毒病：多在夏季发生，感染病叶卷缩扭曲，或形成花叶、畸形、植株生长矮小。

防治方法：选无病植株留种；及时防治病害；发现病株，立即拔除，集中烧毁深埋，病穴用 5% 石灰乳浇灌，以防蔓延。

3. 腐烂病：多在高温多湿季节发生；危害地下块茎，造成腐烂，地上部分枯黄倒苗死亡。

防治方法：雨季及大雨后及时疏沟排水；发病初期，用根腐灵 800 倍液或 5% 石灰乳淋穴；及时防治地下害虫，可减轻危害。

4. 红天蛾：夏季发生，以幼虫咬食叶片，食量很大，发生严重时可将叶片食光。

防治方法：用 90% 晶体敌百虫 800～1 000 倍液，每 5～7 天喷一次，连续 2～3 次。

四、留种技术

繁殖方法以采用块茎和株芽繁殖为主，亦可种子繁殖，但种子发芽率不高，生长周期长，一般不采用。

（一）块茎繁殖

半夏栽培 2～3 年，可于每年 6、8、10 月倒苗。然后挖取地下块茎。选横茎粗 0.5～1 厘米，生长健壮、无病虫害的小块茎作种用。种茎拌以干湿适中的细沙土，贮藏于通风阴凉处，于当年冬季或翌年春季取出栽种。以春栽为好，秋栽种产量低。春栽，宜早不宜迟，气候温暖的地区，可于 3 月上旬在整细耙平的畦面上开横沟条播。按行距 12～15 厘米，株距 5～10 厘米，开沟宽 10 厘米，深 5 厘米左右，在每条沟内交错排列，芽向上摆入沟内。栽后，上面覆盖一层混合肥土（由腐肥加人畜肥、土灰等搅拌均匀而成）。每公顷用量 30 000 千克，然后，将沟土覆盖，厚约 5～7 厘米。每公顷需种栽 1600 千克左右，适当密植半夏，苗势生长才均匀且产最高。过密，幼苗生长纤弱，且除草困难，苗少草多，产量最低。覆土过厚，出苗困难，将来出芽虽大，但往往在土内形成不易采摘；过薄，种茎则容易干缩而不能发芽。栽后遇干旱天气，要及时浇水，始终要保持土壤湿润。

（二）珠芽繁殖

半夏每个茎叶长有 1 珠芽，数量充足，且发芽可靠，成熟期早，是主要的繁殖材料。夏秋季节，当老叶将要枯萎时，珠芽已成熟，即可采下繁殖。按行株距 10 厘米×8 厘米挖穴直播，每穴种 2～3 粒，亦可在原地盖土繁殖，即每倒苗一批，盖上一次，以不露珠芽为度。同时施入适量的混合肥，既可促进珠芽生长，又能为母块茎增施肥料，一举两得，有利增产。

（三）种子繁殖

两年生以上的半夏，从初夏至秋冬，能陆续开花结果。当佛焰苞萎黄下垂时，采收种子，进行湿沙贮藏。于翌年 3～4 月上旬，在苗床上按行距 5～7 厘米，开浅沟条播，然后覆盖 1 厘米厚的细土，并盖草保温保湿，半个月左右即可出苗。但出苗率较低，生产上一般不采用。

五、采收与加工

（一）采收

种子播种的于第三、四年采收。块茎繁殖的于当年或第二年采收。一般于夏、秋季茎叶枯萎倒苗后采挖。但以夏季芒种至夏至间采收为好。因此时半夏水分少，粉性足，质坚硬，色泽洁白，药材质量好，产量高。起挖时，选晴天小心挖取，避免损伤。抖去泥沙，放入筐内盖好，切忌曝晒，否则不易去皮。

（二）加工

将鲜半夏洗净泥沙，按大、中、小分级，分别装在麻袋内，先在地上轻轻摔打几下，然后倒入清水缸中，反复揉搓，直至外皮去净为止。再取出曝晒，并不断翻动，晚上收回平摊于室内晾干，次日再取出晒至全干，即成生半夏。出口半夏质量要求较高，还需进一步加工：即将生半夏按等级过筛，再回水清洗浸泡10~15分钟，用手反复轻揉搓，除去浮灰、霉点、杂质，至表面为洁白止。然后，捞出晒干，即成出口半夏。

第十节　苦　　参

苦参为豆科槐属植物，又名野槐、苦骨、地骨、山槐子等。以根供药用。具有清热燥湿、杀虫的功效；主治痢疾、黄疸、皮肤瘙痒、痔疮等症；外用可治滴虫性阴道炎、外阴瘙痒等症。现代医学研究表明，苦参浸膏能清热解毒、祛湿杀虫、可治疗热毒赤痢、温病、胸闷、腹痛、口干、烦躁发狂、皮炎湿疹、瘙痒性皮肤病、心率不齐等症；用苦参注射液可以治疗湿疹、皮炎、急慢性肾炎等。因此，栽培苦参前景宽广。主产于河南、河北等省，全国各地均有种植。

一、植物外形

落叶亚灌木，株高1～3米。根圆柱形，外皮黄色。茎直立，绿色、多分枝，有稀疏细毛。叶互生，奇数羽状复叶，小叶片椭圆形，全缘，先端尖或钝，叶面绿色，叶背苍白色。总状花序，腋生或顶生，花蝶形，淡黄色，荚果长圆柱形，先端尖长缘，成熟后黑褐色，不开裂。种子1～14粒，淡褐色，长圆柱形。花期5～6月；果期7～9月。

二、生物学特性

喜温暖气候。苦参是深根植物，土壤土层深厚，肥沃，排水良好的砂壤土和壤土为好。低畦易积水之地不宜种植。

三、种植技术

（一）选地整地

根据苦参的生物字特性选好地后，首先于头年秋冬季深翻土30厘米以上，让其分化熟化；然后于翌年春季3～4月播种，将土壤整细耙平，作成宽1.3米的高畦，四周开通较好的排水沟，以利排水。

（二）播种

播前，先将种子放入40～50℃温水中浸泡10～12小时，然后在畦面上按株距30厘米，行距50厘米挖穴点播，穴深5厘米，每穴放入种子5～6粒。播后覆盖细土约1厘米，每公顷用种量30～45千克。

（三）田间管理

1. 间苗和补苗：种子发芽出苗后，当苗高10～15厘米时进行间苗，留强取弱，每穴留苗2～3株。发现缺苗，用间下的苗补栽，做到苗全、苗齐。

2. 中耕除草：齐苗后，进行一次中耕除草，以后每隔 1 个月除草一次。

3. 追肥：结合中耕除草，每公顷施入农家肥 15 000～22 500 千克，饼肥 450 千克或过磷酸钙 450 千克，于行间开沟施入，施后用畦沟土盖肥，与畦面齐平。

4. 摘花：除留种地外，于 5～6 月份抽薹时，及时摘除花薹，使营养集中于地下根部生长，有利增产。

四、留种技术

繁殖方法以种子繁殖为好，也可分株繁殖。

（一）种子繁殖

选择生长健壮、无病虫害的植株，作为采种母株。于采种的前一年，加强田间管理，培育壮苗；增施磷钾肥，使籽粒饱满。当 8～9 月荚果变为深褐色，充分成熟时，及时采下果实，晒干脱粒，捡净杂质，置于通分干燥处贮藏备用。

（二）分株繁殖

于每年冬季或早春萌发前，结合采挖，按芦头上芽的多少和根的生长状况将其分成数株，作为繁殖材料。每株必须有根、壮芽 2～3 个。然后在整好的畦面上按行距 5 厘米，株距 30 厘米挖穴，穴深 10 厘米左右，每个穴栽入分根苗 1 株，栽时施入土肥或火土灰，再盖土与畦面齐平。

五、采收与加工

苦参栽后 2～3 年收获，于每年秋后季节茎叶枯黄死至翌春萌发前挖取全根，再按根茎生长状况，将其分割成单草根，然后，除去芦头和细根，晒干或炕干即成商品。

第十一节　黄　　芪

黄芪为豆科黄芪属植物，又名白皮芪、大有芪、西芪、正口芪等。其主要化学成分有黄酮类、皂苷类、多糖类、叶酸、维生素 D、阿魏酸等。具有补气固表、利水退肿、托毒排脓、敛疮生肌等功效。主治内伤劳倦，脾虚腹泻、肺虚咳嗽，脱肛便血、子宫下垂、自汗盗汗、水肿、痈疽难溃或久溃不敛等气虚心亏之症。主产于内蒙古自治区包头、固阳、武川；山西省浑源、繁峙；黑龙江省林口、东宁；甘肃业务量陇西、定西等市县，青海、吉林、辽宁、河北等省区均有栽培。现常用蒙古黄芪或膜荚黄芪，以根供药用，是出口创汇的主要药材之一。

一、植物形态

多年生草本，株高 40 ~ 120 厘米，主根直长，圆柱状，长 25 ~ 75厘米，稍带木质，根头直径 1.5 ~ 3 厘米。表皮浅棕黄色或深棕色。茎直立，多分枝，被长柔毛。奇数羽状复叶，互生；叶柄基部有披针形托叶；小叶 25 ~ 27 片，呈椭圆形，长 5 ~ 12 毫米，宽3 ~ 6 毫米，先端稍钝，全缘，两面有白色长柔毛。总状花序腋生，有花 10 ~ 25 朵，花萼钟状，长约 5 毫米，具 5 萼齿；花冠黄色，蝶形，旗瓣三角状，倒卵形，无爪，翼瓣和龙骨瓣均有长爪；雄蕊 10，二体；子房有柄，光滑无毛，花柱无毛。荚果膜质，膨胀充气，卵状长圆形，宽 11 ~ 15 毫米，先端具有明显网纹。种子 5 ~ 6 粒，肾形，黑色。花期 6 ~ 7 月，果期 8 ~ 9 月。

二、生物学特性

黄芪为典型草原中旱生多年生草本植物，喜冷凉干燥和光照充足，忌水涝和土壤黏重板结的深根植物。耐旱、耐寒，适宜生态环境为高山草地、林地、山地。要求土层深厚，有机质多，透水力强，pH 值中性或微碱性的沙壤土，以及草原粟钙土或黄沙土均可。

黄芪种子吸水膨胀后，当地温达到 6℃时即可开始发芽，以 20～25℃发芽最快，播后 5～7 天就出苗。小苗五出复叶出现后，根瘤形成，吸收根显著增多，根系的水分、养分供应能力较强，叶面积扩大，光合作用增强，幼苗生长速度显著加快。一年生黄芪仅有一个茎，随着生长年限的增加，茎数相应增加，可多达 10～20 个。因此，生长多年的黄芪呈丛生状态。

三、种植技术

（一）选地整地

选择土层深厚。土质疏松、肥沃、排水良好、向阳干燥的中性或微酸性砂质土壤，平地或向阳的山坡地均可栽种。地选后，要深翻土壤约 30 厘米以上，结合整地每公顷施入农家肥 30 000～45 000千克，过磷酸钙 750 千克，翻入土中作基肥。

（二）栽苗

在整好的地上，用铁锨或步犁开沟，按行距 30 厘米，株距 20 厘米，把苗一株一株地平摆在沟内，每公顷用苗 1 200～1 500 千克（以苗子大小而定），当年秋季采收。平栽的黄芪便于人工和机械采挖。

（三）田间管理

1. 中耕除草：黄芪幼苗生长缓慢，不及时除草易造成草荒。因此，在苗高 5 厘米左右时，结合间苗及时进行中耕除草。第二次于苗高 8～10 厘米，第三次于定苗后进行中耕除草 1 次。始终做到生长地内无杂草出现。

2. 追肥：黄芪喜肥，在生长第一、二年，每年结合中耕除草追肥 1 ~ 2 次，每公顷用农家肥 15 000 千克，与过磷酸钙 450 千克，硫酸铵或尿素 150 千克，共同混合均匀后按行间开沟施入，施后覆土。

3. 排水：雨季湿度过大，要注意排水，以防烂根死苗。

4. 打顶：为了控制植株高度生长，减少养分消耗，于 7 月底以前进行打顶，可以增产。

（四）病虫害及其防治

1. 白粉病：危害叶部和荚果，苗期至成株期均可发生。受害叶片两面和荚果表面均有白色绒状霉斑，严重时霉斑布满叶片和荚果。后期在病斑上出现很多小黑点，造成叶片早期脱落，严重时使叶片和荚果变褐色或逐渐干枯死亡。

防治方法：收获后清除田间病残体，集中烧毁深埋，以减少越冬病原菌；发病初期喷 25% 粉锈宁 1 500 倍液或 50% 托布津 1 000倍液，或 75% 百菌清 500 倍液等药剂喷雾 2 ~ 3 次，间隔 10 ~ 20天，效果较为明显。

2. 黄芪紫羽纹病：俗称“红根病”。因发病后根茎变成红褐色，先由须根发病，而后逐渐向主根蔓延。发病初期，可见白线状物缠绕根上，此为病菌菌素，后期菌素变为紫褐色，并互相交织成为一层菌膜和菌核。根部自皮层向内部腐烂，最后全株烂完，叶片枯萎，直至死亡。

防治方法：收获时将病残株烧毁深埋，可减少越冬病菌；实行与禾木科作物轮作，轮作期为 3 ~ 5 年；发现病株及时挖除，病穴及周围撒上石灰粉，以防蔓延；雨季降水较多，注意排水，降低田间湿度；结合整地每公顷施药材病菌灵 22.5 千克进行土壤消毒处理。

3. 豆荚螟：每年 6 月下旬至 9 月下旬发生。成虫在黄芪嫩荚或花苞上产卵，孵化后幼虫蛀入荚内咬食种子。老熟幼虫钻出果荚外，入土结茧越冬。

防治方法：避免与豆类作物连作或套种，幼虫入土化蛹期结合灌溉可杀死初化蛹；在花期用40%敌百虫1 000倍液或40%乐果800～1 000倍液喷杀，每7天喷一次，直至种子成熟；也可每公顷用50%敌敌畏7 500毫升加水拌锯末300千克撒施于地面熏蒸。

4. 拟地甲：危害幼苗。可用90%敌百虫800～1 000倍液喷杀。

5. 广肩小蜂：以成虫产卵管刺入荚果种皮内产卵，然后孵化出幼虫危害嫩籽。

防治方法：在结荚初期用40%乐果1 000倍液喷杀，每7天喷一次，直至种子成熟。

四、留种技术

繁殖方法用种子繁殖。

（一）留种与采种

黄芪播种于第二年开花结籽。当秋季果荚下垂黄熟，种子变褐色时应立即采收，否则果荚开裂，种子散失难以收集。因种子成熟期不一致，应随熟随采。果荚采回后，晒干脱粒、除净杂质，通过风选或水选，剔除瘪粒和虫蛀粒，选籽粒饱满而有褐色光泽的优良种子贮藏备用。

（二）种子处理

由于黄芪种子硬实，因种皮不透性、吸水力差、发芽困难，播前必须进行处理。

1. 沸水催芽：先将种子放入容器中，加入沸水速搅拌50～60秒，立即加入冷水，使水温降到40℃左右，再浸泡2～4小时。然后将水倒出种子加盖麻袋等物焖12小时，待种子膨胀或外皮破裂露白时，选墒情好时播种最佳。

2. 机械损伤：将种子用石碾快速碾数遍，使外种皮由棕黑色有光泽的变为灰棕色表皮粗糙时为度，以利种子吸水膨胀；也可将种子拌入2倍的细砂揉搓，擦伤种皮时，即可带砂下种。

3. 硫酸处理：对老熟坚硬的种子，可用70%～80%浓硫酸溶液浸泡3～5分钟，取出种子迅速置流水中冲洗半小时后播种。此法能破坏坚实种皮，发芽率可达90%以上。同时必须谨慎，不能让硫酸灼烧。

（三）多采用春播，也可秋播

春播在4月下旬至5月上旬，秋播正在8月下旬至9月上旬，播前要进行选种及种子处理。播种方法有垄播、撒播、条播、穴播等。经常采用的有垄播。在整好的地上先起垄，垄宽1～1.2米，高10～15厘米，垄间距30厘米，用钉耙将垄面整平，除去杂草根及石块撒种。由于种子数量少，难以掌握，可将处理好的种子按1∶3的比例拌入细土，均匀撒于垄面，盖土厚1～2厘米，稍加镇压。育苗每公顷用种量180～225千克，出苗后拔草2～3次，如发现病虫害及时防治。每公顷产苗可供120～150公顷地栽种。

五、采收与加工

（一）采收

黄芪播后2～3年采挖。于秋冬季节地上部茎叶枯萎后，小心挖取全根，避免挖伤外皮和断根。

（二）加工

运回后去净泥沙，趁鲜切去芦头，去掉须根，置于阳光下曝晒半干时，将根部顺直，捆成小把反复搓揉数次，再晒干或炕干即成商品。

第十二节　党　　参

党参为桔梗科党参属植物，为常用中药材。原产于山西上党，其根如参，别名潞党、东党、台党、口党、西党、条党、白党等。以根供药用，主要化学成分有多糖、党参甙、木栓酮、胆碱、甾醇类、倍半萜内酯等。具有补气养血，和脾胃，生津清肺等功能；主治气短无力、津伤口渴、脾胃虚弱、食欲不振、大便清稀、肺虚咳喘热症后的虚弱、气虚脱肛等气虚之症。党参药材品种较多，如西党主产于甘肃、山西、四川等省；东党主产于东北三省；潞党主产于山西、河南等省。尤以西党中的台党质量最佳。

一、植物形态

多年生草质藤本，具浓臭。株高 1.5～2 米，根肥大肉质，呈纺锤状圆柱形。顶端有一膨大的根头，具多数瘤状茎痕。外皮灰黄色或灰棕色。茎细长而多分枝。叶互生、对生或假轮生，叶呈卵形或广角形，先端钝或尖，基部圆形或浅波状，两面有毛。花单生于叶腋，有梗，花冠广钟形，浅黄绿色，具淡紫色斑点，先端分裂。蒴果圆锥形，种子多数细小，褐色有光泽。花期 8～9 月，果期 9～10 月。

二、生物学特性

党参适应性强，喜温和、冷凉湿润气候，对光照要求较严，耐干旱，较耐寒。在各个生长期，对温度要求不同。气温在 3～7℃时，开始萌芽，6～8℃出苗，日平均气温 18～20℃时，植株生长最快。最适宜的春化温度为 0～5℃。一般在8～30℃间能正常生长，在 30℃以上党参的生长就受到抑制。党参具有较强的抗寒性，其根在土壤中越冬，即使在-25℃左右的严寒条件下也不会被冻死，仍能保持生命力。生长期持续高温炎热，地上部分易枯萎和患病害。党参为深根系植物，土壤 pH 值以 6.5～7.0 为宜，应选择中性偏酸、土壤疏松肥沃、土层深厚、排水良好，富含腐殖质的土壤，以利党参根系充分发育。对水分的需求随生长期不同而异。播种期和苗期需水较多，缺水不易出苗，出苗后也易干死。定植后对水分要求不严格，但不宜过于潮湿，一般在年降水量 400～800 毫米，平均相对湿度 40%～70% 的条件下即可正常生长。党参对光的要求比较严格，幼苗喜阴，成株喜阳。苗期忌日晒，育苗多选背阴处。定植地要选阳光充足的地方。党参忌连作，一般应隔 3～4 年再种植，前茬以豆科、禾本科作物为好。种子细小，种子萌发土壤含水量以 13%～20% 为宜；种子萌发最低温度为 5℃，15～20℃为最适温度，超过 30℃不利于出苗。生产时党参播种不能太深，翻土不能过厚，以满足种子萌发时对光的需求。

三、种植技术

（一）选地整地

育苗地要选择靠近水源，土壤疏松、肥沃、排水良好的砂质壤土和背阳的阴坡为好；栽种地应选地势高燥，排水良好的缓坡、梯田、生荒地以及平地均可，但土层要深厚，较肥沃，结构良好，易耕作的土壤栽种。然后，深耕土壤 25～30 厘米，整平耕细，作成宽 1 米，高 15 厘米的畦，畦与畦之间要留宽 30 厘米的沟，便于人工作业。熟地栽种，宜于春季前整地。结合整地每公顷施腐熟的农家肥 30 000～45 000 千克，硫酸钾 150～225 千克翻入土中作基肥。然后整平耙细作 1 米宽的垄，四周开好排水沟。

（二）移栽

播种育苗后的当年秋季地上茎叶黄枯后，或翌年早春土壤解冻后立即进行起苗，宜早不宜迟，否则党参苗萌发后影响生长。移栽前，将苗挖起，剔除无芽头、带病苗、损伤断根以及过于幼小的劣苗，扎成小把，随栽随取。若当天栽不完，应埋在湿土中，切不可洒水。移栽时，按行距 20 厘米，在地上挖沟，深 15 厘米左右，将党参苗按株距 8 ~ 10 厘米斜放在沟内，尾部要顺直，不能弯曲。然后覆盖土超过根头 4 ~ 6 厘米，压实即可。每公顷需种苗 600 ~ 750 千克。

（三）田间管理

1. 除草：幼苗出土后，立即拔除杂草；之后，在间苗和补苗时各进行一次除草，宜用手拔，搂松表土，避免伤及根系。苗高约 10 厘米以上方可松土锄草，封行后停止。

2. 施肥：育苗地苗期不追肥，以控制苗期徒长。栽植地于每年春季结合中耕除草后，每公顷追施过磷酸钙 450 千克，尿素 225 千克，或腐熟的饼肥 300 千克拌匀撒入行间，翻入土中。追肥要视田间植株生长状况而定，如底肥充足就没有必要去追肥。

3. 排灌水：苗期及移栽后要做到少灌勤灌水，等移栽成功后，要少浇水或停止浇水。雨季要注意排水，防止积水烂根。

4. 搭支架：当苗高 30 厘米时，要用竹竿或树枝搭设支架，使蔓茎攀缘向上生长，既有利于通风透光，增强光合作用，又可防止田间湿度过大发生病虫危害。这是党参栽培的一项增产措施。

（四）病虫害及其防治

1. 根腐病：主要发生在二年生以上的党参植株。5 ~ 6 月开始发生，发病初期，近地面处的侧根和须根部分变黑褐色腐烂，雨水多时引起全株腐烂，地上部分枯死。

防治方法：实行与大豆、小麦、油菜等不同作物的轮作；拣除带病的栽种苗；发现病株及时拔除，病穴用石灰消毒，以防蔓延；结合整地用药材根腐灵或病菌灵进行土壤消毒；发病初期，用根腐灵或托布津1 000倍液灌根，每7～10天灌一次，连续2～3次。

2. 锈病：7～8月发生，危害叶片，病叶背面出现橙黄色微隆起的疮斑，破裂后散发黄色或锈色粉末，即为锈病的夏孢子。发病后使叶片干枯，造成早期落叶或嫩茎枯死。

防治方法：清洁田园，烧毁枯枝，病残枝，消灭病源物；及时搭设支架，改变通风条件，降低田间湿度；发病初期用粉锈宁1 000倍液或敌锈钠500倍液喷雾防治。

3. 红蜘蛛、蚜虫：于夏季发生，用40%乐果乳油1 000倍液喷雾。

4. 地老虎、蛴螬、蝼蛄：苗期危害时用90%晶体敌百虫100克与炒香的菜籽饼5千克制成毒饵诱杀。

四、留种技术

（一）繁殖方法

采用种子繁殖。以育苗移栽为好，亦可直播。

1. 培育良种与采种：选择根形粗壮，无病虫害的幼苗作种栽苗，栽后加强管理，增施磷钾肥，培育至第二年的9～10月，当果实呈白色，种子呈黑褐色时，将果实连同茎蔓割下，置通风处晾干，然后脱粒，净选，装于布袋内留作种用。

2. 种子处理：播种前1～2天，将种子放入40～50℃温水中浸泡，要做到边搅拌边放入种子，直至水温降到15℃左右不烫手为止。然后将种子取出装入布袋当中，用清水淋洗数次，与温润的细砂混合贮藏在瓦缸内。数量较多时，可在室外挖穴层积贮藏，经7～10天种子多数裂口露白即可播种。新鲜种子发芽率可达80%以上，隔年陈旧种子发芽率极低，不可作为种用。

3. 育苗：春播于4月中旬进行；秋播于9月中、下旬进行。

春播宜早不宜晚，早播早出苗，根系扎得深，抗旱能力强，生长良好。可采用条播和散播两种。一般以条播为好，每公顷用种量为 30 ~45 千克。在整好的畦面上按行距 18 ~20 厘米横向开浅沟，沟深为 2 ~3 厘米，播幅宽 10 厘米，将种子均匀地撒入沟内，覆盖细土厚约为 0. 5 厘米，并盖草保温保湿。当土温在 15℃ 左右时，5 ~7 天就可以发芽，幼苗出土后及时揭去盖草。当苗高 5 厘米左右时，开始中耕除草和间苗。到 10 月份气温降低，地上部分开始发黄枯焉即可起苗。秋播的使其越冬，第二年秋后可收苗。

五、采收与加工

（一）采收

党参直播的需 3 年；育苗移栽的第二年收获为宜。当秋季地上部分茎叶枯黄后，选晴天，小心深挖，挖出全根，避免挖伤或挖断，以免浆汁流出，形成黑疤，降低质量。

（二）加工

将收获的党参洗净分级，分别加工。先放在晒席上摊晒 2 ~3 天，当晒至参体发软时，将各级党参分别捆成小把，一手握住根头，一手向下顺揉搓数次，次日再晒出，晚上收回再进行顺搓，反复进行 3 ~4 次。然后将头尾整理顺直，扎成牛角把子，每把重 1 ~2 千克为宜。最后，再置木板上反复压搓，继续晒干即成商品。遇阴雨天，用 60℃ 文火炕干。

第十三节　独　　活

独活为伞形科当归属重齿毛当归及毛当归的干燥根。前者商品药材习称“川独活”，后者习称“香独活”。两者均性微温，味苦、辛，具祛风、除湿、散寒、止痛等功效。重齿毛当归产于湖北、四川等省。

一、植物形态

重齿毛当归为多年生草本，高60~100厘米。根粗大，多分枝。茎直立，带紫色。基位叶和茎下部叶的叶柄细长，基部呈鞘状；叶为二至三回三出掌状复叶，小叶片分裂，最终裂片长圆形，两面均被短柔毛，边缘有不整齐重锯齿；茎上部叶退化成膨大的叶鞘。复伞形花序顶生或侧生，密被黄色短柔毛，伞幅10~25，极少达45，不等长；小伞形花序具花15~30朵；小总苞片5~8；花瓣5，白色；双悬果背部扁平，长圆形侧棱翅状，分果棱槽间有油管1~4个，合生面有4~5个。花期7~8月，果期9~10月。

毛当归与重齿毛当归的区别在于，毛当归小叶片边缘有钝锯齿；分果棱槽间有油管2~3个，合生面有2~6个。

二、生物学特性

独活喜生于海拔2 000~2 700米的草丛中，或稀疏灌木林下。喜气候凉爽湿润，在肥沃、疏松的碱性土壤，黄砂土或黑油土上生长良好，黏重土或贫瘠土不宜种植。种子不耐贮藏，隔年种子不能用。种子发芽需变温，发芽率在50%左右，生产上采用春播，如温度适宜，30天左右可出苗。

三、种植技术

（一）选地整地

独活耐寒、喜潮湿环境，适宜生长在海拔2 000~2 700米的高寒山区，可选择处于半阴坡的土层深厚、土质疏松、富含腐殖质、排水良好的沙质土或黑土；而土层浅、积水坡和黏性土壤均不宜种植。一般深翻30厘米以上，每公顷施圈肥或土杂肥

45 000～60 000千克作基肥，肥料要捣细，撒匀，翻入土中，然后耙细整平，作成高畦，四周开好排水沟。

（二）田间管理

1．中耕除草：春季苗高20～30厘米时进行中耕除草，当年5～8月间每月一次，结合中耕除草施追肥以提苗壮苗。

2．间苗定苗：苗高20～30厘米时及时间苗，通常每30～50厘米的距离内留1～2株大苗就地生长，余苗另行移栽。春栽3～4月，秋栽9～10月，以春栽为好。

3．施肥：一般结合中耕除草时施入。施入饼肥，每公顷600～750千克，过磷酸钙450～750千克，粪肥12 000～22 500千克，在粪肥腐熟之后施入，施肥后培土，防止倒伏，并促使安全越冬。

4．摘花：由于生殖生长与营养生长存在着竞争关系，生殖生长旺时，营养生长就偏差，独活根部则营养少，根干瘪，使药材质量下降，甚至不能作为药用。因此，生产上常采取早期摘花处理。

（三）病虫害及其防治

1．根腐病：高温多雨季节在低洼积水处易发生。

防治方法：注意排水；选用无病种苗。发病初期，用50%多菌灵1 000倍液喷施；忌连作。

2．蚜虫和红蜘蛛：6～7月蚜虫和红蜘蛛吸食茎叶汁液，造成危害。

防治方法：清理病株；害虫发生期可喷50%杀螟松1 000～2 000倍液或喷1∶200乐果乳剂，每7天喷1次，连续3次。

此外，尚有黄凤蝶、褐斑病及食心虫等，栽培时应根据病症辨别病因，以利防治。

四、留种技术

繁殖方法用种子繁殖。采用直播，也可采用育苗移栽，但以直播为佳。冬播在10月采鲜种后立即播种；春播在4月，分条播和穴播。条播按行距50厘米，开沟3～4厘米深，将种子均匀撒入沟内；穴播按行距50厘米，穴距20～30厘米点播，每穴播种10～20粒；覆土2～3厘米，稍许压实，并盖上一层草以保温保湿，每公顷用种30～45千克。

五、采收与加工

育苗移栽的当年10～11月就可收获；直播的独活生长2年后采收，于霜降后割去地上茎叶，挖出根部，挖时忌挖伤挖断，挖出后抖掉泥土。独活加工时先切去芦头和细根，摊晾，待水分至六七成干时，堆放回潮，然后将独活理顺扎成小捆，晾晒至全干即可。

第十四节　桔　梗

桔梗为桔梗科桔梗属植物，又名包袱花、铃铛花、道拉基、梗草等。桔梗为常用中药，以根供药用，主要含有三萜皂苷、黄酮类化合物、酚类化合物、脂肪酸、无机元素、挥发油等成分。具有宣肺，散寒，祛痰排脓的功能；主治外感咳嗽、咳痰不爽、咽喉肿痛、胸闷腹胀、支气管炎、肺脓疡、胸膜炎等症。除药用外，因其含有丰富的营养而被用于各种保健食品和化妆品之中。我国南北各地均有栽培，尤以安徽省桐城的“桐桔梗”质量为佳。

一、植物形态

多年生草本，株高30～100厘米。有乳汁，全株光滑无毛。根肥大肉质，长圆锥形，外皮黄褐色或灰褐色。茎直立，上部稍有分枝。叶互生，近无柄；茎中、下部叶常对生或3～4片轮生，叶片卵形或卵状披针形边缘有不整齐的锐锯齿；花单生枝顶或数朵集成疏总状花序；花萼钟状，花冠蓝紫色或白色，开扩呈钟状。蒴果倒卵形，成熟时顶部盖裂为5瓣。种子多数，褐色、光滑。花期6～8月，果期9～10月。

二、生物学特性

喜凉爽湿润气候。要求阳光充足，雨量充沛的环境，能耐寒。土壤以土层深厚、疏松、肥沃、排水良好的沙质土为好。怕风害，大风易使植株倒伏。忌积水，土壤过于潮湿易造成烂根。

三、种植技术

（一）选地整地

桔梗为深根作物，应选择土层深厚、疏松肥沃、排水良好、含腐殖质丰富的沙质壤土或腐殖质壤土为好，过沙保水保肥性能差；过黏通透性能差，且易板结，不利于根部生长，故均不适宜种植。选地后，于头年冬季深耕30厘米以上，使其风化熟化。翌春结合整地，每公顷施入厩肥或堆肥30 000千克，加过磷酸钙和饼肥各750千克，翻入土中作基肥。然后，整平耙细，作成宽1.3米，高10～15厘米，沟宽40厘米的畦，要求沟底平整，排水畅通。

（二）移栽

在育苗的当年秋冬季，茎叶枯萎后至翌年春季萌发前进行。以春季3月中旬移栽为适期。栽前，将种苗挖起，按大、中、小分级，分别栽植。栽时，在畦面上按行距15～18厘米开横沟，深20厘米，按株距5～7厘米，将主根垂直栽入沟内，不要损伤须根，也不要剪去侧根，以免发叉，影响质量。栽后，盖土踩实，使根系舒展，最后覆土略高于根头。适当密植有利增产，每公顷保持基本苗应在75万株左右。

（三）田间管理

1. 中耕除草和追肥：齐苗后，进行中耕除草 1 次，结合追肥 1 次，每公顷追施农家肥 22 500 ~ 30 000 千克，促进幼苗生长健壮；6 月底进行第二次中耕除草，并追施 1 次花前肥，每公顷施入过磷酸钙 450 千克；8 月进行第三次中耕除草，追施 1 次果期肥，每公顷施农家肥 37 500 千克，加施过磷酸钙 450 千克。入冬以后，要重施 1 次越冬肥，每公顷施入腐熟厩肥或堆肥 22 500 千克与饼肥 1 500 千克，过磷酸钙 750 千克混合均匀，于株间开沟施入，施后覆土盖肥，并进行培土。在收获前要适当控施氮肥，多施磷、钾肥，使茎秆和主根生长粗壮，还可防止倒苗。

2. 排水：桔梗种植密度高，在高温多湿的梅雨季节，要及时清沟排水，防止积水烂根。

3. 除花：桔梗花期长达 3 个月，开花需要消耗大量的养分。当摘除顶端花蕾时，又能萌发侧枝，形成新的花蕾。因此，人工除花不仅费工时，而且不易除尽。在桔梗盛花前期，每公顷每次用 1 125 ~ 1 500 千克 40% 乙稀利 1 000ppm 的溶液喷洒叶面，一般隔 10 天喷 1 次，连喷 2 ~ 3 次即可。

（四）病虫害及其防治

1. 根结线虫病：根部被线虫危害后，植株生长缓慢，叶片退绿，逐渐变黄，最后全株枯死。病株拔起可见主根或侧根有许多大小不等的虫瘿瘤，用针挑开，内有许多白色的雌线虫。

防治方法：实行与禾本科作物轮作；结合整地进行土壤消毒处理：每公顷施用 3% 乐斯本颗粒剂 75 千克，撒于地面，翻入土中。

2. 枯萎病：为全株性病害，据调查有些地方发病率达 90% 以上。发病初期，近地面根头部分和茎基均变褐色，呈干腐状。病菌沿导管向上扩展，使全株枯萎。在湿度较大时，根颈或茎部表面产生粉白色霉层（为病菌的分生孢子），最后全株枯死。

防治方法：实行 2～3 年的轮作期；雨后注意排水，不使田间有积水现象；发育初期喷 50% 多菌灵和 50% 托布津 800～1 000 倍液喷雾或灌根。

3. 紫纹羽病：危害根部。根部表皮变红，后逐渐变为红褐色至紫褐色。根皮上密布网状红褐色菌丝，后期形成绿豆大小的紫褐色菌核，最后根部腐烂只剩下空壳，地上茎枯死造成严重减产。

防治方法同枯萎病。山地栽培每公顷可施生石灰 1 500 千克，可减轻危害。

4. 害虫：有红蜘蛛、地老虎，按常规方法防治。

四、留种技术

繁殖方法采用种子繁殖，直播或育苗移栽。

（一）培育良种与采种

桔梗花果期较长。9～10 月果实由上至下成熟，应分期分批采集。为了培育良种，留种植株可于 6 月上旬剪去小侧枝和顶部的花序，以使养分集中于上、中部果实充分发育成熟，籽粒饱满。当果实由绿色变为黄色，果皮变黑色，种子已变黑色成熟时，及时采集，否则蒴果开时，种子散失，难以收集。采回后，置通风干燥的室内后熟 4～5 天，然后晒干、脱粒、除去杂质，贮藏备用。桔梗种子寿命仅 1 年，发芽率 70% 左右。隔年陈种不宜作种用。

（二）播种

播种可分为直播和育苗移栽两种方法。以直播为好，主根挺直粗壮，分叉少，便于刮皮。

1. 直播：以 9 月下旬至 10 月上旬为播种适期，也可春播，最迟不过 4 月底。桔梗种子细小，播前苗床要进行精细整地，充分整平耙细，然后在畦面上，按行距15~20厘米，开横沟条播，沟深1.5~2厘米，播幅宽10厘米左右，沟底要平整。播前，把种子用0.3%~0.5%高锰酸钾溶液浸种24小时，取出冲洗晾干后下种，可以提高发芽率和增加产量。播时，将种子与草木灰、人畜粪水拌匀后，均匀地撒入沟内，覆盖一层薄土，以不见种子为度。最后盖草，保温保湿。秋播的于翌年3~4月出苗，最后按株距5~6厘米定苗。每公顷用种量7.5千克左右。

2. 育苗：苗床宜选避风向阳的砂质壤土地块，于翻地前每公顷施入农家肥22 500~30 000千克，然后深翻入土作基肥，整平耙细，作畦条播。春播于3~4月进行，按行距10~15厘米，开沟深1.5厘米。将种子均匀地撒入沟内，覆盖细肥土，厚1厘米左右，最后盖草保温保湿和防止雨水冲刷。春播后，当气温升至18~25℃时，约15天出苗。出苗后及时揭去盖草，当苗高1.5厘米时进行间苗，拔去过密和细弱的小苗；苗高3厘米时，按株距3~4厘米定苗。以后加强苗期管理，培育1年即可出圃移栽，每公顷用种量15千克左右。

五、采收与加工

（一）采收

一般在播种后培育2年收获，于10月中、下旬当地上茎叶枯黄时挖取。过早，产量低，质量差；过迟，根皮难以刮净，且不易晒干。收挖时不要伤根，以免汁液流出。

（二）加工

挖出根条，除去茎叶和泥土，放在清水中洗净，用碗碎片或竹刀趁鲜刮去外皮，晒干即成商品。

第十五节　防　　风

防风属伞形科多年生草本植物，以根部入药，为常用中药材。主要化学成分有挥发油、色原酮、香豆素、有机酸、杂多糖、丁醇等。具有解热发汗，祛风镇痛的作用；主治外感风寒、头痛目眩、周身尽痛、风寒湿痹、骨节疼痛、四肢挛急等症。野生于山坡、林边、草原、砂质壤土和多石砾的向阳山坡。防风耐寒、耐旱，忌过湿和雨涝，适宜在夏季凉爽、地势高燥的地方种植。

一、植物形态

多年生草本，株高 30～100 厘米，全株无毛。主根粗长，表面淡棕色，散生凸出皮孔。根颈处密生褐色纤维状叶柄残基。茎单生，二歧分枝。基生叶丛生，叶柄长，基部具叶鞘，叶片长卵形或三角状卵形，二至三回羽状分裂；茎生叶较小，有较宽的叶鞘。复伞形花序顶生；无总苞片，少有 1 片；小伞形花序有花 4～9朵，萼片短三角形，较明显；花瓣 5，白色。双悬果，成熟果实黄绿色或深黄色，长卵形，具疣状突起，稍侧扁；果有 5 棱。花期 8～9 月，果期 9～10 月。

二、生物学特性

防风适应性较强，耐寒、耐干旱，喜阳光充足、凉爽的气候条件，适宜在排水良好、疏松干燥的沙质土中生长，在我国北方及长江流域地区均可栽培。种子容易萌发，在 15～25℃的范围内均可萌发，新鲜种子发芽率可达 50% 以上，贮藏 1 年以上的种子发芽率显著降低，故生产上以新鲜的种子作种为好。防风发芽适宜温度为 15℃，生产上春、秋季播种均可。种子在春季播种 20

天左右出苗，秋播翌年春天出苗。

三、种植技术

（一）选地

种植地块应选择地势干燥向阳、土质疏松、肥沃、土层深厚、排水良好的沙质壤土最为适宜。

（二）整地

防风为根深作物，根长达 50 ~ 70 厘米，秋天应对种植地块深耕 40 厘米以上，早春整平耙细，清除根茬和杂物碎石，为生长创造良好的基础条件。

（三）施肥

种植地块必须施足底肥，每公顷施优质农家肥45 000 ~ 60 000 千克，同时施过磷酸钙 300 ~ 450 千克或磷酸铵 120 ~ 150 千克，最好在秋耕前施入地表，然后翻入耕层。

（四）田间管理

1. 间苗：苗高 5 厘米时，按株距 7 厘米间苗；苗高 10 ~ 13 厘米时，按 13 ~ 16 厘米株距定苗。

2. 除草并培土：6 月前需进行多次除草，保持田间清洁。植株封行时，先摘除老叶，后培土壅根以防倒伏；入冬时结合清理场地，再次培土以利于根部越冬。

3. 追肥：每年 6 月上旬或 8 月下旬需各追肥 1 次，用人粪尿、过磷酸钙或堆肥开沟施于行间。

4. 摘薹：2 年以上植株，除用以留种的外，都要及时摘薹。

5. 排灌：在播种或栽种后到出苗前的时期内，应保持土壤湿润。防风抗旱力强，一般不需浇灌，雨季注意及时排水，以防积水烂根。

（五）病虫害及其防治

1. 白粉病：夏秋季为害，危害叶片。

防治方法：施磷钾肥，注意通风透光；发病时以 50% 托布津 800～1 000 倍液喷雾防治。

2. 黄翅茴香螟：现蕾开花时发生，为害花蕾及果实。

防治方法：在早晨或傍晚用 90% 敌百虫 800 倍液或 BT 乳剂 300 倍液喷雾防治。

3. 黄凤蝶：5 月开始为害，幼虫咬食叶、花蕾。

防治方法：人工捕杀；在幼龄期喷 90% 敌百虫 800 倍液或 80% 敌敌畏乳油 1 000 倍液。

四、留种方法

繁殖方法以种子繁殖为主，也可进行分根繁殖。

（一）种子繁殖

在春、秋季都可播种。春播在 3 月下旬至 4 月中旬；秋播在 9～10 月，在地冻前播种，第二年春天出苗。春播需将种子放在温水中浸泡 1 天，使其充分吸水以利发芽。在整好的畦内按 30～40厘米行距开沟条播，沟深 2 厘米，把种子均匀播入沟内，覆土盖平，稍加镇压，盖草浇水，保持土壤湿润，播后 20～25 天即可出苗。每公顷用种子 30 千克。

（二）分根繁殖

在收获时或早春，取直径 0.7 厘米以上的根条截成 3 厘米长的小段作种。按株行距 15 厘米 ×50 厘米，穴深 6～8 厘米栽种，每穴 1 根段，顺穴插入，栽后覆土 3～5 厘米，每公顷用量约 750 千克。

五、采收与加工

一般在栽种第二年开花前或冬季收获，早春用根段栽种可于当年冬季采收，均以根长 30 厘米，直径 1.6 厘米以上者方可采挖，挖时先在畦面挖一条深沟，然后再一行行掘出，防止挖断，挖出后除净残茎、细梢毛须及泥土，晒至九成干，按粗细长短分别捆成约250克的小捆，再晒干或烘至全干即可。

第十六节 黄芩

黄芩为唇形科黄芩属植物，又名山茶根、黄芩茶、土金茶根、条芩、枯芩等。以根供药用，具有清热，燥湿，解毒，止血，安胎等功能；主治热病发烧、感冒、目赤肿痛、吐血、衄血、肺热咳嗽、肝炎、湿热黄疸、高血压病、头痛、肠炎、痢疾、胎动不安、痈疽疮疡、烧伤以及预防猩红热等症。是制药工业的重要原料，如银黄口服液的主要成分就是黄芩提取物。主产于山西、河北、辽宁、陕西、山东、内蒙古、黑龙江等省区，长江以北的其他大部分地区亦有种植。

一、植物形态

多年生草本，高30～70厘米。主根粗壮，肉质略呈圆锥形，表皮棕褐色，断面黄色；茎四棱形，基部多分枝；单叶对生，叶片披针形，全缘，上面深绿色，下面淡绿色，有黑色腺点。总状花序顶生，花排列紧密，偏生于花序的一侧；花唇形，蓝紫色。蒴果小，近球形，黑褐色，包围于宿萼中。花期7～10月，果期8～10月。

二、生物学特性

喜温暖，耐高温，耐严寒，成株地下根部能耐－30℃低温，植株又能耐35℃左右的高温。在干燥、向阳、雨量中等、排水良好、中性和微碱性的壤土或沙质土地块内生长良好。黄芩性耐旱，怕水涝。在低洼积水或雨水过多的地方，生长不良，易造成烂根死亡。

三、种植技术

（一）选地整地

宜选择地势干燥、阳光充足、土层深厚、排水良好以及地下水位较低的中性至微碱性的砂质壤土或腐殖质壤土种植。地选后，结合整地，每公顷施入厩肥 37 500 千克加过磷酸钙 750 千克作基肥，深翻土壤30 厘米以上。于播前，整细耙平作宽 1.3 米的高畦；也可作平畦。开畦沟宽 40 厘米，四周开好较深的排水沟，沟深底平，以使排水畅通。

（二）移栽

黄芩地上茎叶于10 月枯萎，翌年4 月萌发返青。宜于秋冬季土壤封冻前或第二年春季萌芽前移栽。在整平耙细的畦面上，按行距 25 ~ 27 厘米开横沟，将挖取的种苗，按大小分成两级，分别按株距 8 ~ 10 厘米垂直栽入沟内，以根头在土面下 3 厘米为度。栽后填土压紧，及时浇水，再盖土与畦面齐平。

（三）田间管理

1. 中耕除草：移栽后于4 月返青时进行中耕除草 1 次，后每隔两个月中耕除草 1 次，直至田间封行。做到畦内表土层松软无杂草。

2. 追肥：移栽后每年追肥 3 次，分别于每年的 4、6、10 月。前两次每公顷施用人畜粪水 22 500 ~ 30 000 千克；第二次于 10 月重施 1 次冬肥，每公顷施入过磷酸钙或饼肥混合堆沤的复合肥 22 500千克，于株行间开沟施入，施后培土，以利越冬。

3. 排水：黄芩耐旱怕涝，雨季要注意排水，雨水过多或畦内积水，易造成烂根。

4. 除花蕾：除留种外，7 ~ 10 月出现花蕾时，选晴天上午，分期分批摘除，使养分集中于根部生长。

（四）病虫害及其防治

1. 叶枯病：危害叶部。发病初期，先从叶尖或叶缘出现不规则的黑褐色病斑，后迅速自下而上蔓延，严重时使叶片枯死。

防治方法：冬季收获后，清除病残枝叶，消灭越冬病原；发病初期用50%多菌灵1 000倍液喷雾。

2. 根腐病：8～9月发生，初期只是个别支根和须根变褐色腐烂，后逐渐蔓延至主根腐烂，全株枯死。

防治方法：雨季注意排水，降低田间湿度；发病初期，用50%托布津1 000倍液浇灌病株。

3. 菟丝子病：6～10月菟丝子缠绕黄芩茎秆，吸取养分，造成茎叶早期枯萎。

防治方法：播前净选种子；发现菟丝子随时拔除；喷洒生物农药鲁保1号灭杀。

四、留种技术

繁殖方法采用种子繁殖，直播或育苗移栽。

（一）采种

黄芩花果期较长，达3个多月，且成熟不一致，极易脱落。应于7～8月，当大部分蒴果由绿变黄时，连果序剪下，晒干，拍打出种子，净选后装入布袋内，置阴凉、干燥处贮藏备用。种子寿命3年以上。

（二）直播

青海地区于10月下旬封冻前进行。在整平耙细的畦面上，按行距25～27厘米横向开沟条播，沟深2～3厘米，播幅宽7～10厘米。然后，将新鲜种子拌入土灰均匀地撒入沟内，覆土厚1～1.5厘米，压平，以不见种子为度。每公顷用种量7.5～11.75千克。播后保持土壤湿润，春播的7～10天出苗；冬播的于翌春出苗。苗期加强管理，苗高5厘米开始间苗，按株距10厘米定苗。

（三）育苗

于春季3月下旬至4月初，在整平耙细的苗床上，按行距27

厘米开横沟，深 2 厘米左右。播前，将种子用 40～45℃温水浸种 6 小时，然后捞出，置室温下保温保湿进行催芽，等多数种子裂口时，取出均匀地播入沟内，覆盖细肥土，厚 1 厘米，以不见种子为度。每公顷用量 30 千克左右。播后用细孔喷壶洒水，畦面盖草保温和保持土壤湿润，当气温在 15～20℃时，7～10 天出苗。

出苗后，及时揭去盖草，进行中耕除草和间苗，苗高 5 厘米左右，按株距 10 厘米定苗，并及时追肥和灌溉，培育 1 年即可移栽。种子繁殖以直播为好，播后生长快，管理方便，所生长的根条长，分叉少，质量好，产量高。小面积栽培，也可育苗移栽。

五、采收与加工

直播的于播后第二三年采挖，育苗的于移栽后第二年早春萌发前或 10 月上、中旬茎叶枯萎后采挖。以生长 3 年采收药材质量最佳，产量最高。因黄芩主根深长，收获时要深挖，小心挖取全根，避免伤根和断根。然后，除去残茎，晒至半干时，放入箩筐内撞掉老皮，使根呈棕黄色。最后，再将其晒至全干，撞净老皮，使体形光滑呈黄白色即成商品。但在晾晒中，避免曝晒过度，引发根条发红；同时要防止雨淋及水洗，否则根条见水变绿发黑，影响质量。

第十七节　知　　母

知母为百合科知母属植物，又名肥知母、毛知母、蒜辫子草、羊胡子根、地参等。为常用中药，以地下的根状茎供药用，具有清热，滋阴，润肺，生津的功效；主治高热烦躁、口渴、阴虚火旺、骨蒸潮热、盗汗、肺热咳嗽、肠燥便秘、糖尿病等症。

主产于河北、山西、内蒙古、陕西、甘肃等省区，尤以河北易县的知母质量最佳。

一、植物形态

多年生草本，株高60～100厘米。根茎肥大，横生，密被黄褐色纤维状的残留叶基，下长有多数细长的须根。叶基出，丛生，线形或条形，质稍硬，先端长尖而细，基部扩大成鞘状，全缘，无毛。花茎自叶丛中抽出，花1～3朵簇生于茎顶，排列成总状花序；花淡紫色。蒴果长圆形，成熟时三裂。种子黑色，三棱形。花期5～7月，果期6～9月。

二、生物学特性

喜温暖气候，能耐寒，耐旱。对土壤要求不严，以土质疏松、肥沃、排水良好的花淡土或腐殖质壤土为好。在阴坡及土质黏重、排水不良的低畦地不宜种植。知母为多年生宿根植物，每年春季气温在10℃以上时萌发出土；4～6月为生长旺盛期；8～10月为地下根茎膨大充实期；11月植株枯萎，生育期230天左右。

三、种植技术

（一）选地整地

宜选土壤肥沃、疏松、排水良好且阳光充足的地块种植，以砂质壤土或含腐殖质较多的壤土为好；土层深厚的山坡荒地也能种植。土壤以中性壤土生长良好。地选好后，每公顷施入腐熟农家肥45 000千克，氮磷钾复合肥150千克，或腐熟的饼肥750千克。撒入地内，翻入土中作基肥。若为酸性土，还要撒适量石灰粉，调节pH值为7左右。然后，深耕土壤25厘米，整平耙细后，作成宽1.3米的高畦或平畦。若遇土壤干透时，先在畦内灌水，待水渗下后，表土稍干时播种。

（二）定植

于春季或早春进行。春季播种育苗，待秋后形成分蘖芽后定植为好。栽时按行距18~20厘米，株距5~7厘米，开沟深4~5厘米横向平栽，栽后翻土，严实、浇水。定植苗宜带较多的须根，有利成活。每公顷用种量1 500~3 000千克。

（三）田间管理

1．间苗、定苗：春季萌发后，当苗高4~5厘米时进行间苗，取弱留强。苗高10厘米左右时，按株距4~5厘米定苗。合理密植是知母增产的关键。

2．松土除草：间苗后进行第一次松土除草，宜浅松土，搂松土壤即可，但杂草要除净；定苗后再松土除草一次，保持畦面疏松无杂草。

3．追肥：合理施肥是知母增产的重要措施。除施足基肥外，苗期以追施氨肥为主，每公顷施入人畜粪水15 000~22 500千克，生长的中后期以追施氮、钾肥为好，每公顷施入厩肥和草木灰15 000千克，或硫酸钾450千克。在每年的7~8月生长旺盛期，每公顷喷施0.3%磷酸二氢钾溶液750千克，每隔半月喷施叶面一次，连续两次（即根外追肥）。喷施时间以晴天下午4时以后效果最好。喷施后若遇雨天，应重喷一次。

4．排灌水：封冻前灌一次冬水，以防冬季干旱；春季萌发出苗后，若土壤干旱，及时浇水，以促进根部生长；雨后要及时疏通排水。

5．打薹：知母播后于第二年夏季开始抽薹开花，需消耗大量养分。除留种外，一律于花前剪除花薹，可促进地下根茎粗壮、充实，有利增产。

6．盖草：一至三年生知母幼苗，于每年春季松土除草和追肥后，于畦面覆盖杂草，可有利保温保湿，抑制杂草滋生的效果。

（四）病虫害及其防治

蛴螬咬断知母幼苗或地下根茎，造成缺株。

防治方法：浇施马拉松乳剂800～1 000倍液或50%辛硫磷乳油，每公顷750毫升，兑水浇穴。

四、留种技术

繁殖方法采用种子繁殖和分株繁殖。

（一）种子繁殖

1. 选种采种：选择三年生以上的、无病虫害的健壮植株作采种母株，在8月中旬至9月中旬采集成熟的果实，脱粒、净选、晒干贮藏备用。

2. 种子处理：知母种子发芽率仅40%～50%，一般进行沙藏至翌年春季播种为好。在播种前的3月上中旬，将种子放入60℃温水中浸泡8～12小时，捞出晾干表面水分，与两倍的湿润细沙混拌均匀，在向阳温暖处挖一浅坑，坑的大小视种子的多少而定。然后将混沙种子堆于坑内，上盖细沙，土厚5～6厘米，再用地膜覆盖，周围用土压紧。待多数种子露白时，即可取出播种。

3. 播种：于4月中旬进行春播。在整好的畦面上，按行距20厘米横向开浅沟，沟深2厘米。然后将催芽籽均匀撒入沟内，覆土盖严后稍加镇压，以不见种子为度。播后保持土壤湿润，约半个月即可出苗。每公顷用种量150千克左右。育苗一公顷可移栽大田150公顷。

（二）分株繁殖

宜在秋冬季植株休眠期至翌年早春萌发前进行。秋季当植株萎焉时，挖取二年生的知母根茎，选生长健壮、粗长、分枝少的根茎做种栽。然后将根茎切成3～5厘米的小段，每段必须带芽头2～3个及少量须根，在整好的畦面上，按行距20厘米开横沟，沟深4～5厘米，将切好的种茎，每隔5厘米平放一段于沟内，覆盖细肥土，压紧，浇一次定根水。

五、采收与加工

（一）采收

种子繁殖的于第三年采收，分株繁殖的于第二年的春、秋季采挖。据试验，知母有效成分含量最高时期为花前的 4 ~ 5 月，其次是果后的 11 月。在此期间采收质量最佳。

（二）加工

1. 知母肉：于 4 月下旬抽薹前挖取根茎，趁鲜剥去外皮，不能沾水。然后切片，干燥即成商品。知母肉又称光知母。

2. 毛知母：于 11 月挖取根茎，去掉芦头，洗净泥土，晒干或炕干，再用细砂放入锅内，用文火炒热，不断翻动，炒至能用手搓去须毛叶，再把根茎捞出置于竹筐内，趁热搓去须毛，但要保留黄绒毛，最后洗净、闷湿，切片后即成毛知母。

第二章　果实种子类中藏药材栽培

第一节　枸　　杞

枸杞为茄科枸杞属植物，又名西枸杞、白疙针、枸棘子、宁夏枸杞、茨等，为我国名贵的中药材。以果实和根皮供药用。果实具有滋补肝肾，益精明目的功能，主治肝肾阴虚、气血不足、腰膝酸痛、视力减退、头晕目眩等症；根皮有除湿凉血，补正气，降肺火的功能，主治肺结核低热、骨蒸盗汗、肺热咯血、高血压病、糖尿病等症。据测定，果实内含有总糖量25%～50%，蛋白质10%～20%，脂肪12%，还有丰富的甜菜碱、酸浆红色素，胡萝卜素、硫胺、核黄素、尼克酸、维生素C以及微量元素和钙、磷、铁等成分。现代药理研究证明，枸杞子具有抗癌作用和降血糖、降血压、扩张血管、防止动脉硬化的形成以及降低胆固醇的作用。其中甜菜碱能显著增加血清和肝磷脂的含量，有滋补肝肾的功效。主产于宁夏、山西、内蒙古、陕西、甘肃、青海、河北、新疆等省区，尤以宁夏中宁和中卫两县以及青海省柴达木盆地所产枸杞品质最佳，驰名中外。

一、植物形态

枸杞为落叶灌木，高1.5～2米。树皮幼时灰白色，光滑；

老时深褐色，沟裂。树冠开张，主枝数条，粗壮，分枝多，先端通常弯曲下垂，常呈刺状。叶互生或数片簇生于短枝上；叶柄短，叶片卵状披针形或窄倒卵形，全缘，无毛。花单生或数朵簇生于叶腋，花冠粉红色或淡紫红色，具暗紫色脉纹；花梗细；花萼钟状。浆果椭圆形或卵圆形，熟时红色或橘红色。种子多数（20~50粒），扁肾形，黄白色。花期5~10月，果期6~11月。

二、生物学特性

喜凉爽气候；喜光，在遮荫环境下虽能生长，但产量低；喜肥，在肥水充足时，栽后第二年便开花结果，5年以后便入盛果期，30年以后结果率才逐渐减少，40年后开始衰退进入衰老期，管理不好20年左右就开始衰老。枸杞适应性强，能耐寒、耐旱、耐盐碱，无论在沙壤土、黄土、沙荒地、盐碱地均能生长。萌蘖力极强，4~8月均能萌发新枝；花芽为混合芽，腋生，多在一至二年生枝条结果。人工栽培以土层深厚、肥沃、排水良好的砂质壤土和中性或微碱性的土壤为好。凡田埂边以及低洼积水之地不宜种植。

三、种植技术

（一）选地整地

育苗地宜选择地势平坦、灌溉方便、排水良好、阳光充足、土层深厚、土壤酸碱度pH值为8以下的沙壤土。于播种的头一年秋季深翻土地，结合整地每公顷施入厩肥37 500~45 000千克，灌冬水，于翌年开春土壤解冻10厘米，再整平耙细，作成宽1.3米的高畦播种。定植地宜选用含盐量在0.3%以下的沙质壤土建立枸杞园，集约栽培。选地后，于翌年冬季进行全面翻耕，使土壤风化熟化，于栽前再翻耕一遍，整平田园，浇灌底水，挖好空植穴，旋足基肥，然后进行定植。同时，建好道路、沟穴和排灌系统。

（二）定植

在秋冬落叶后至翌春树苗萌发前均可进行，以春季3月下旬至4月上旬定植为好，成活率较高，定植时按株距2米×2米（156株/亩）挖穴，穴径和穴深各40厘米。每穴施入腐熟厩肥或堆肥等45～75千克，与底土混合后，覆盖细土10厘米。然后，将一至二年生壮苗去掉过长的细根，每穴栽入1株。栽时先填表土，再填心土，至半穴时将树苗向上轻提，让根系舒展，再填土至满穴，浇水，踏实，栽正后覆土高出地面10厘米，使呈龟背形。前期可与瓜、豆、蔬菜等作物套种。

（三）田间管理

1. 中耕除草：定植后的头两年内，结合间作物进行松土除草、灌溉、施肥等田间管理措施，以促进幼树生长。两年后不再间作。一般于3月中旬至4月上旬翻晒园土一次，深10～15厘米；并于8月中、下旬再翻晒园土一次，深20厘米，可起到保墒和增加土温的作用，有利根系生长健壮。

2. 生长期追施腐熟人畜粪水或尿素、硫酸铵等速效肥料3次，分别于5月上旬、6月上旬和6月下旬施入，如每株每棵施尿素100克，于株旁穴施，施后灌水、盖土。此外，于5、6、7月每月用0.5%尿素和0.3%磷酸二氢钾进行根外追肥一次，翌年于11月上、中旬灌封冻水前，每株施入人畜粪20千克，次杂肥50千克，饼肥2千克。于根际周围挖穴或开沟施入，施后盖土，并在根际培土，以利越冬。

3. 灌水：新枝叶生长至开花结果期间，应灌水3～4次，第一次灌水于4月底至5月初，以后每隔半个月浇水一次；夏季高温正值果实成熟期，需水量更大，每次采果后都应浇水一次；秋梢生长期，于8月上旬、9月上旬、11月上旬各浇一次水，封冻前还要浇1～2次冬水。

4. 整形修剪：为了培育骨架稳固、树冠圆整、通风透光、主体结果的丰产树型，根据主产区的经验，宜采取“主干分层形”的树型为最好；树高为 2 米左右，从主干上放出主枝，在中央主干上 3 层分布，各层间有一定的间距，主枝与中央主干呈一定角度，向外张开，通风透光。整形修剪的方法如下。

（1）幼龄树的整形修剪：定植后的当年，在树干高 60 厘米处剪顶定干，春季从剪口 15 厘米左右处发出的新侧枝中选留分布均匀的 5 ~ 6 个侧枝培养成为第一层树冠的主枝，并于当年夏、秋季留长 20 厘米进行短截；第二年春季在上年所留的主枝上又能抽生众多的新侧枝，对生长旺者，于夏季留长 20 ~ 30 厘米进行短截，并适当疏删弱枝。定植后第二年，从主干上部发出的直立性枝条中，选留 1 个壮枝作为延伸主干，在距第一层树冠 60 厘米处剪顶，从剪口处延发出的新侧枝中，选留 5 ~ 6 个作为培养第二层树冠的主枝。定植后第三年，再从第二层树冠顶上发出的直立性枝条中选留 1 个壮枝作为延伸主干，在距第二层树冠 40 厘米处剪顶再从剪口处发出的新侧枝中，选留3 ~ 5 个作为培养第三层树立的主枝。总之，定植后 4 ~ 5 年内，主要是扩大、充实幼树各层树冠和中央主干的加粗生长。对生长过密的枝条，可适当疏拣，对生长过旺的枝条，予以短截。

（2）成年树的修剪：是指定植 5 ~ 6 年后已进入盛果期对杞树的修剪。春季，于萌芽至新梢生长初期，主要是剪除主枝和枯梢；夏季，于 5 ~ 6 月间剪去主干或主、侧枝上无用的徒长枝、密生枝和病虫枝，以减少养分的无谓消耗，促进果实发育。秋季，在 8 ~ 11 月，主要是清除主枝基部萌生的徒长枝；剪后树冠顶端直立性枝条，以控制树体高度；还要剪除树冠内有的老、弱枝，以增强树冠内膛的通风透光度，并剪除无用的横生枝、针刺枝、徒长枝和病虫枝，保留生长健壮的“七寸枝”和“老眼枝”，作为下一年的结果枝。

(3) 衰老树的更新修剪：对树冠残缺不全而树干生长尚好的植株，可通过修剪，利用徒长枝进行树冠更新。对大部植株生长尚好而部分植株生长不良或衰老死亡的枸杞园，可挖去枯死植株，补植幼株，进行更新；对已经衰老的枸杞园，应全部挖除，重新建园。

(四) 病虫害及其防治

1. 枸杞黑果病：又称炭疽病。危害果实和叶片。果实发病，绿果上产生圆形不规则的褐色微凹陷的病斑，上有小黑点，排列成轮纹状。有的在病斑上出现橙红色黏质物。后期，病果变黑，僵死早落。叶片发病，初期为黄色小点，后扩大为不规则的病斑，边缘红褐色。后期病斑上有小黑点，有的破裂穿孔，7～8 月高温多湿时发病严重。

防治方法：冬季修剪时，剪除的病虫枝连同残叶集中烧毁，消灭越冬病源；用 40% 氟硅酸乳油 2 000 倍液或 32% 咪酰胺乳油 1 500 倍液喷雾防治，每 7～10 天喷一次，连续 2～3 次。

2. 枸杞灰斑病：危害叶片。发病后叶片上出现圆形、中央灰白色、边缘褐色的病斑，后在叶背面出现淡黑色的霉状物。

防治方法：增施磷钾肥，提高抗病力；用 10% 苯醚甲环唑可湿性乳剂 1 000 倍液防治，每隔 7～10 天喷一次，连续喷 2～3 次。

3. 枸杞根腐病：危害根茎部。初为须根变褐腐烂，后蔓延主根发黑腐烂，严重时外皮腐烂剥落后只剩下木质部，最后全部枯死。

防治方法：发现植株叶片发黄，枝条萎缩，侧枝枯死的主枝立即拔除，病穴用 5% 石灰乳消毒，以防蔓延；发病初期用 50% 多菌灵 1 000～1 500 倍液浇灌根部。

4. 虫害：有小地老虎、蛴螬、蛀果蛾、卷梢蛾、实蝇等。喷施波美3度石硫合剂，以降低病原虫源基数；可用10%吡虫啉乳油2 000倍液或3%啶虫乳油1 500倍液喷雾。虫体较大的可以人工捕捉。

四、留种技术

繁殖方法　以种子繁殖为主，亦可扦插和分蘖繁殖。

（一）种子繁殖

1. 采种及种子处理：选择6年生以上、生长健壮、果大色艳无病虫害的优良品种作采种母株，于6～11月当果实由绿变红色时及时采摘成熟的果实。先用30～50℃温水浸泡24小时，捞出揉搓，在清水中淘洗出种子，捞去果肉果皮，取沉淀底层的种子，晾干后随即进行播种。否则，将种子与3倍的湿砂混合放入木箱内，置20℃的室内层积催芽。翌年春季待有30%～50%种子裂口露白时，取出播种。

2. 播种：春、夏、秋季均可播种。以春季3月下旬播种为好，在整好的苗床上，按行距20～30厘米横向开浅沟条播，沟深2～3厘米，播幅宽5厘米。也可将催芽籽均匀地播入沟内。备用干籽，先将种子浸泡1～2天，捞出晾干后拌细沙或草木灰栽种。播后覆盖细土，稍加镇压后畦面盖草，保温保湿。每公顷用种量2 250～3 000克。种子出苗后揭去盖草，土壤干旱要适时灌水，待水渗后进行中耕除草，一般每年进行4～5次。结合中除，进行间苗；第一次于苗高5厘米左右，拔去弱苗，10～15厘米定苗；第二次在7月上、中旬，去弱留强，按株距10～15厘米定苗，并追施稀薄人畜粪水或尿素，促进幼苗生长健壮。当苗高30厘米时，应及时拔除从基部发出的侧枝；苗高60厘米以上时，打顶，以加速主干和主侧枝生长粗壮。春季育苗的于当年末出圃定植；夏、秋季育苗的于冬季灌一次封冻水，留床于翌年秋后出圃定植。

（二）扦插繁殖

于春季树液流动后、萌芽放叶前，剪取优良母树上的徒长枝或“七寸枝”，截成长 18 ~ 20 厘米的枝条；下切口用 500 ~ 1 000 ppm 丁级（IBA）溶液快速浸渍 10 ~ 15 秒，晾干后按行株距15 厘米 ×7 厘米斜插入苗床内，插入后经常保持床土湿润，搭矮橱遮荫，成活率可达 80% 以上。当苗高 80 厘米左右即可出圃定植，也可直接扦插，成苗后加强肥水管理，当年就能开花结果。

（三）分蘖繁殖

枸杞萌蘖力极强，常在根际周围发生许多根蘖苗，可于秋、冬季带根挖取幼苗，截离母株，另行定栽。

五、采收与加工

（一）采收

于 7 ~ 11 月果实陆续成熟，当果实由绿变红色或粉红色、果肉稍软、果蒂疏松时，应及时采摘。过早，色泽不鲜，果不饱满；过迟，果实易脱落，加工后质量差。切勿采雨后果及露水果。

（二）加工

采后及时晒干或烘干。先将鲜果均匀摊于晒席上摊晒，头两天中午阳光强烈时要移至荫处晾晒，因曝晒后易成僵子，色泽不佳，且不易干燥，待下午 3 时以后再移置阳光下晒。第三天可整天曝晒，直至全干。一般要晒 7 ~ 10 天才能干燥。若遇阴雨天，要进行烘干。烘房的温度应控制在 50 ~ 55℃，在烘干过程中要勤翻动，使之受热均匀，一般烘 1 ~ 2 天。果实不软不脆，含水量在 10% ~ 12% 即可。折干率 25% 左右，果实干燥后，应除去果柄，分级包装。将根挖起后，洗净泥土，用刀将其横切数段，每段长约7～10厘米，用木棒敲打，使根皮与木心分离，然后去掉木心，晒干即成商品（地骨皮）。

第二节 牛 蒡

牛蒡为菊科牛蒡属草本植物，又名大头毛然然子、大力子、鼠粘子、牛子等。原产于亚洲及北欧，我国各地都有野生种分布与栽培。牛蒡果实（瘦果）供药用，其根和叶也有一定的药效，也常作为一种保健蔬菜食用。牛蒡子性寒，味辛苦，入肺、胃经，具有疏散风热，宣肺透疹，消肿解毒之功效，主治风热感冒，咽喉肿痛、麻疹、腮腺炎、痈肿疮毒等症；其根具有祛风、利咽、清热、解毒、利尿之功效，主治风热感冒、咳嗽、咽喉肿痛、脚癣和湿疹等；其叶外用有显著的消炎镇痛作用，内服稍有利尿作用。主产于山东、河北、甘肃、青海、吉林、辽宁等省。近年研究表明，经常食用牛蒡根可滋补强体，延缓衰老，对防治便秘、高血压、直肠癌以及降低胆固醇有一定功效，已出口日本、韩国及欧美很受欢迎，市场前景很好，值得进一步开发利用，推广种植。

一、植物形态

牛蒡两年生草本，高1～2米。根粗壮，肉质，圆锥形。茎直立，上部多分枝，带紫褐色，有纵条棱。基生叶大，丛生，有长柄；茎生叶互生；叶片长卵形或广卵形，长20～50厘米，宽15～40厘米。先端钝，具刺尖，基部常为心形，全缘或具不整齐波状微齿，上面绿色或暗绿色，具疏毛，下面密被灰白色短绒毛。头状花序簇生于茎顶或排列成伞房状，直径2～4厘米，花序梗长3~7厘米，表面有浅沟，密被细毛；总苞球形，苞片多数，覆瓦状排列，披针形或线状披针形，先端钩曲；花小，红紫色，均为管状花，两性，花冠先端五浅裂，聚药雄蕊5，与花冠裂片互生，花药黄色；子房下位，1室，先端圆盘状，盘上着生分离的白色冠毛；花柱细长，柱头2裂。瘦果长圆形或长圆状倒卵形，灰褐色，具纵棱，冠毛短刺状，淡黄棕色。花期6~8月，果期8~10月。

二、生物学特性

（一）对环境条件的要求

牛蒡适应性强，喜温暖、湿润和阳光充足的环境，耐寒、耐旱、不耐涝。春、夏、秋季皆可播种，生育时间长短不一。整个生育期可分为发芽期、幼苗期、叶片生长旺盛期、肉质根膨大期、越冬休眠期、开花结实期和成熟期。种子在10~35 ℃条件下均可发芽，最适宜发芽的温度为20~25 ℃。植株生长适温为20~25 ℃，但能耐35 ℃高温，3 ℃以下地上部分会枯死，地下部肉质根能耐-20℃低温，翌年春季发芽生长。当气温在5℃左右和长日照条件下，经58天左右即可完成春化阶段，其后才能抽薹开花结籽。花期6~7月，结果期7~9月。

如果牛蒡栽种在高山区和贫瘠的土壤上，生长3~4年才能开花。牛蒡主根发达，是深根系植物，在低洼积水的地方易烂根，但它对土壤要求不严格，丘陵、山地、林边均能种植，尤以深厚疏松，肥力中等、pH值6.5~7.5砂质壤土为宜。

（二）生长发育习性

牛蒡为深根性植物，应在深厚肥沃土壤栽培，其适应性强，耐寒，耐旱，较耐盐碱，生长期需要水分较多。除在大田种植外，也可在房前、屋后、沟边、山坡等处栽培，野生多见于山野、路旁、沟边或山坡草地。喜温暖湿润环境，低山区和海拔较低的丘陵地带最适宜生长。种子发芽适温为20～25 ℃，发芽率70%～90%。种子寿命为2年，播种当年只形成叶簇，第二年才能抽茎开花结果。

三、种植技术

（一）选地整地

牛蒡种植应选土层深厚、土质疏松、有机质较丰富的沙质土或壤土，pH值6.5～7.5，排水良好的地块栽培为好。牛蒡忌连作，可与小麦、油菜、马铃薯等轮作。由于牛蒡的食用部分为肉质根，应按70厘米的行距，挖宽30～40厘米，深40厘米的坑，然后按每公顷施30 000千克腐熟的有机肥，750千克三元复合肥，750千克过磷酸钙作为基肥。一层有机肥，一层土均匀填平播种坑，并且每公顷施7.5千克50%辛硫磷农药，与肥物同施或兑水施入地下坑内，以防地下害虫。同时把地整成行距70厘米，宽、高各15～20厘米小高垄（位于播种坑上）以备播种。

（二）田间管理

1. 查苗补苗：出苗后要检查出苗情况，如发现缺苗，应及时补种或进行移栽。

2. 间苗与定苗：当苗出全，于叶展开后，进行第一次间苗；幼苗有1～2片真叶时进行第二次间苗；当苗高10～20厘米，即具有4～5片真叶时进行定苗，穴播每穴留苗2株。定苗的同时可进行补苗，补苗时应浇水。

3. 中耕除草：牛蒡在苗期生长缓慢，杂草容易丛生，应及时进行中耕除草，应在生长前期进行2～3次中耕除草，中耕时宜浅耕，以免伤根。生长后期牛蒡植株封严田面，杂草较少，不宜再中耕除草。

4. 追肥：牛蒡需肥量大，在施足基肥的基础上还要追肥2次。第一次是在间苗定苗后，每公顷用稀畜粪尿15 000千克或尿素150千克，过磷酸钙225千克，硫酸钾75千克，在植株旁开穴施入，然后覆土、浇水。第二次追肥在肉根膨大期，每公顷施尿素300千克，过磷酸钙225千克、硫酸钾12千克，方法同第一次追肥。

5. 水分管理：牛蒡苗期需要湿润土壤，土壤干旱时应及时浇水保苗。成株怕涝，田间不能积水，雨季应注意排水防涝。

（三）病虫害及其防治

常见的病害有黑斑病、菌核病；害虫有蚜虫、红蜘蛛、地老虎、根结线虫、大象鼻虫等。要认真加以防治，尤其在发病初期喷洒相应药剂效果更为明显。

1. 黑斑病：为真菌性病害，主要危害叶片。发病初期，叶片和叶柄出现灰白色至灰褐色病斑，有时病斑上出现不规则轮纹，多个病斑连接成片，其周围产生黄色晕环。叶片薄，且易破裂。湿度大时病斑上生长黑色茸毛状物，是它的分生孢子和分生孢子梗。叶柄病斑呈梭形，暗褐色，稍凹陷，可见斑环纹。潮湿条件下，病斑腐烂。

防治方法：合理密植，密度不宜过大，轮作，摘除病叶集中烧毁。药剂防治可用75%百菌清可湿性粉剂500～600倍液，或70%甲基托布津可湿性粉1 000～1 500倍液喷雾，每隔7天喷1次，连喷2～3次。

2. 菌核病：为真菌性病害。病害先从下部叶片上发生，病斑较大，引起腐烂，进而危害叶柄和茎部，使植株腐烂、折倒。有时全株感染，表面覆盖浓密的白霉。后期腐烂的茎很快失水，地上茎上有黑色菌核。

防治办法：同里斑病；也可在播种前用55℃温水浸种10分钟就能杀死菌核。

虫害可用50%辛硫磷乳油1 000倍液喷雾。

四、留种技术

繁殖方法用种子繁殖。春、夏、秋季均可播种。春播在清明前后，夏播在夏至前后，秋播在立秋前后，为缩短占地时间，以夏、秋季播种为宜。播种可分为直播和育苗移栽两种。

（一）直播

将种子用温水浸泡24小时后，放温暖处，用温水每天冲洗一次，待种子露白时播种。在整好的土地上，按行株距70厘米×40厘米挖3～4厘米深的穴，每穴撒饱满种子3～4粒，覆土盖平，使种子与土壤密结。夏、秋播的6～7天出苗。出苗后每穴留2株健苗，缺苗处及时补上。每公顷播种量4.5千克。

（二）育苗移栽

在整地前，每公顷施土杂肥30 000～45 000千克，捣细撒匀，深耕20～25厘米，耙细整平，1米宽的平畦。若天旱应向畦内浇水。播种时，每畦按4～5行开2～3厘米深的沟，将处理好的种子撒于沟内，覆土盖平，稍加镇压。每公顷播种量30千克。幼苗长出两片真叶时，按株距3厘米进行间苗。育苗后，春、夏播的可在秋季移栽，秋播的在立春未展叶前移栽。移植时，从苗畦内挖出幼苗，略带泥土，按行株距70厘米×70厘米挖穴，深度与畦内原深度相同，填土踩实，浇足定根水以保成活。

五、采收与加工

（一）牛蒡籽的收获与加工

从播种到收获一般为2～3年，当总苞呈枯黄时，即可采收。因开花期不一致，种子成熟期也不尽相同，故应成熟一批采收一批。采摘时间宜在早晨或阴天进行，此时总苞钩刺较软，不致伤害皮肤引起疼痛和刺痒。因果实上长有许多细冠毛，会随风飞扬，采收时应站在上风口，且要戴上口罩、挡风镜和手套，以防伤害眼睛和皮肤。采回后，先将果序或割取地上部的茎叶果序摊开曝晒，充分干燥后，用木棒反复打击，脱出果实，然后扬净杂质，晒至全干即成商品。脱粒时有大量绒毛，最好戴口罩。

（二）牛蒡根采的收与加工

因播期不同收获期也不一样，一般 9 ~ 10 月收获。收获时用镰刀割除地上茎叶，留 15 厘米左右的叶柄，从垄一侧挖沟，沟宽25 ~ 35厘米挖至根部基本暴露时，再用双手握住植株基部晃动几下，以 75°的倾斜角度将根部拔出，除去须根，洗净泥沙，晾干，贮藏待售。

（三）叶的收获与加工

5 月份开花前摘下叶片，晒干后放通风干燥处贮存，供药用或食用。

注：牛蒡食用前先剥去根的外表皮，用水浸泡后切成条状或片状，用开水煮沸；煮软后的牛蒡清凉爽口，风味特殊，可凉拌、肉炒，也可做烧鱼配料。还可拔丝、做汤、淹制咸菜等，味道鲜美可口，是餐桌上的一道美味佳肴，长期食用有益健康。

第三章　叶、花类及全草类中藏药材栽培

第一节　板蓝根

板蓝根为十字花科大青属植物，又名菘蓝、北板蓝、大蓝根、大青根等。为常用中药，以根供药用，有清热解毒、凉血的功能；主治流行性感冒、流行性腮腺炎、流行性乙型脑炎、流行性脑脊髓膜炎、急性传染性肝炎、咽喉肿痛等症。其叶供药用，称大青叶，具有根的同样功效。近代药理研究证明，主要化学成分有生物碱类、黄酮类、木质素类、有机酸类、醌类、芥子苷类、氨基酸类、含硫类、甾醇类。具有抗病毒作用、抗菌作用、抗内毒素作用，对免疫系统的作用、抗癌作用。主产于河北、江苏、安徽、陕西、河南等省，现全国各地均有栽培，尤以河北省安国所产者质量最佳。

一、植物形态

两年生草本，株高 40 ~ 90 厘米。主根深长，圆柱形，外皮灰黄色。茎直立，上部多分枝，光滑无毛。单叶互生，基生叶较大，具柄；叶片长圆状椭圆形，茎生叶长圆形至长圆状倒披针形，基部垂耳状箭形半抱茎。复总状花序，花梗细长，花瓣 4，

花冠黄色。角果长圆形，扁平，边缘翅状，紫色，顶端圆钝或截形。种子1枚，椭圆形，褐色有光泽。花期4～5月，果期5～6月。

二、生物学特性

适应性较强，对自然环境和土壤要求不严，能耐寒，我国南北各地都能栽培。其根深长，喜土层深厚、疏松肥沃、排水良好的沙质壤土。土质黏重以及低洼易积水之地，不宜种植。

三、种植技术

（一）选地整地

选择地势平坦、排水良好、疏松肥沃的沙质壤土，于秋季深翻土壤40厘米以上，越深越好。结合整地每公顷施入堆肥或厩肥30 000千克，过磷酸钙750千克或草木灰500千克，翻入土中作基肥。然后，整平耙细，作成宽1.3米的高畦，四周开好排水沟，以防积水。

（二）播种

春播，亦可夏播。春播于4月上旬，夏播在5月下旬至6月上旬，种子成熟，随采随播。撒播条播皆可，但以条播为好，便于管理。在整好的畦面上按行距20～25厘米横向开浅沟，沟深2厘米左右，将种子均匀地播入沟内。播前最好将种子用30～40℃温水浸泡4小时，捞出晾干后下种。播后，施入腐熟的人畜粪水，覆土与畦面齐平，保持土壤湿润，5～6天即可发芽。每公顷用种量30千克左右。

（三）田间管理

1. 间苗、定苗：当苗高7～10厘米时，进行间苗，去弱留强；当苗高12厘米左右时，按株距7～10厘米定苗，留壮苗1株。

2. 中耕除草：齐苗后进行第一次中耕除草，以后每隔半个月除草1次，保持田间无杂草。封行后停止中耕除草。

3. 追肥：间苗后，结合中耕除草追施人畜粪水1次，每公顷22 500～30 000千克。每次采叶后，追施人畜粪水1次，每公顷30 000千克，加施硫酸铵75～105千克，以促多发新叶。若不采叶，可少施追肥。

4. 排灌水：夏季播后遇干旱天气，应及时浇水；雨水过多时，应及时清沟排水，防止田间积水。

（四）病虫害及其防治

1. 霜霉病：危害叶片。发病初期病叶背面产生白色或灰白色霉状物，无明显病斑和症状。随着病情的加重，叶面出现淡绿色病斑，严重时使叶片枯死。

防治方法：收获后清理田园，将病枝残叶集中烧毁、深埋，可减少越冬病原；降低田间湿度，及时排除积水，改善通风透光条件；发病初期喷1∶1∶100波尔多液或65%代森锌500倍液，每7～10天喷1次，连喷2～3次。

2. 根腐病：在多雨季节易发生，使根部腐烂，导致全株枯死。

防治方法：发病初期用50%多菌灵1 000倍液或70%甲基托布津1 000倍液灌根；及时拔除病株烧毁，用上述农药灌病穴，以防蔓延。

3. 白粉蝶：成虫为白色粉蝶，常产卵于板蓝根叶片上。卵长瓶状，浅黄色。在春夏季孵化，以其幼虫咬食叶片，造成孔洞，严重时叶片被食光只留下叶脉。因幼虫全身青绿色，又叫菜青虫。

防治方法：在幼虫幼龄时，用90%敌百虫800倍液喷杀。

4. 小菜蛾：以其幼虫咬食叶片，造成缺刻、空洞，严重时仅留叶脉。

防治方法：同白粉蝶。

5. 桃蚜：为害嫩茎、叶。以成虫和若虫群集叶背和嫩茎上吸取汁液，使叶片枯黄，生长不良。

防治方法：用50%灭蚜松乳剂1 000倍液，成40%乐果乳剂1 500倍液喷杀。

四、留种技术

繁殖方法采用种子繁殖。

留种和采种：板蓝根春播的当年不开花，培育至第2年才开花结果，采集种子。10月间当地上茎叶枯萎时，挖起全根，选择生长健壮、无病虫害、根粗不分叉的枝留作种栽。按行株距40厘米×30厘米，移栽到另一整好的地块上。栽后及时浇水，以保成活，除施足基肥外，应多施磷肥、钾肥，精心管理使其抽薹开花，籽粒饱满。培育至5～6月，分期分批采集成熟的种子。然后，晒干、脱粒，置通风干燥处贮藏备用。

五、采收与加工

（一）板蓝根

于10月中、下旬，当地上茎叶枯萎时挖取根部。先在畦沟边开60厘米的深沟，然后顺着向前小心挖取，切勿伤根或断根。运回后，去掉泥土和茎叶，洗净，晒至七八成干时扎成小捆，再晒至全干。遇雨天可炕干。

（二）大青叶

春播的可于7月上旬，9月上旬，10月中下旬采收3次；夏播的可于第二年4～5月、7～10月采收3～4次。收割大青叶时，要从植株基部离地面2厘米处割取，以使重新萌发新枝叶，继续采收。割回后晒至七八成干时扎成小把，继续晾晒至全干。遇阴雨天可炕干。

第二节 红　花

红花为菊科红花属植物，又名草红花。红花以花入药，为妇科药，具有活血化瘀，消肿止痛的功能；主治痛经闭经；子宫瘀血，跌打损伤等症。现代药理研究，主要化学成分有黄酮类、木脂素类、多炔类及蛋白质、脂肪、膳食纤维和微量元素，有抗凝血，抗血栓，降低血压调节血脂，及抗炎作用，亦有兴奋子宫、镇痛、保肝、免疫调节、抗肿瘤作用。红花除药用外，还是一种天然色素和染料。种子中含有20%～30%红花油，是一种重要的工业原料及保健用油。主产于河南、浙江、四川、河北、新疆、安徽等省区，全国各地均有栽培。

一、植物形态

一年生草本，高30～100厘米，全株光滑无毛。茎直立，上部有分枝。叶互生，基部抱茎，长椭圆形或卵状披针形，长4～9厘米，宽1～3.5厘米，先端尖，基部渐窄，边缘不规则的锐锯齿，齿端有刺；上部叶渐小，呈苞片状，围绕头状花序。夏季开花，头状花序顶生，直径3～4厘米；总苞近球形，总苞片多列，外侧2～3列，上部边缘有不等长锐刺；内侧数列卵形，边缘为白色透明膜质，无刺；最内列为条形，鳞片状透明薄膜质，有香气，先端五深裂，裂片条形，初开放时为黄色，渐变淡红色，成熟时变成深红色；雄蕊5，合生成管状，位于花冠上；子房下位，花柱细长，丝状，柱头2裂，裂片舌状。瘦果类白色，卵形，无冠毛。

二、生物学特性

红花喜温暖和稍干燥的气候，耐寒，耐旱，适应性强，怕高温，怕涝。红花为长日照植物，生长后期如有较长的日照，能促进开花结果，可获高产。红花对土壤要求不严，但以排水良好、肥沃的砂壤土为好。

三、种植技术

（一）选地整地

选择肥沃的排水良好的砂壤土。前茬作物以小麦、油菜为好。作物收后马上翻地 18～25 厘米深，随时耙碎，施底肥每公顷 22 500～30 000 千克，隔数日后再犁耙一次，播种前又耙一次，使土壤细碎疏松。做畦，便于排水。

（二）繁殖方法

1. 采种选种：栽培红花，应当建立留种地。收获前，将生长正常，株高适中、分枝多、花朵大、花色橘红、早熟及无病害的植株选为种株。播种之前，须用筛子精选种子，选出大粒、饱满、色白的种子播种。收获时，要待种子完全成熟后即可采收。

2. 播种：青海以春播为主。3～4 月份，当土地开化后，开始播种，行距 40 厘米，株距 25 厘米挖穴，穴深 2～4 厘米，然后每穴放 2～3 粒种子，踩实，搂平浇水。每公顷用种量 45～60 千克。

（三）田间管理

1. 间苗补苗：红花播后 7～10 天出苗，当幼苗长出 2～3 片真叶时进行第一次间苗，去掉弱苗；第二次间苗即定苗，每穴留 1～2 株，缺苗处选择阴雨天补苗。

2. 中耕除草：一般进行 3 次，第一、二次与间苗同时进行，锄松表土，深 3～6 厘米；第三次在植株郁闭之前结合培土进行。

3. 追肥：追肥 3 次，在两次间苗后进行，每公顷施农家肥 30 000～37 500 千克；第二次追肥，每公顷应施入磷酸二铵 150 千克；第三次在植株郁闭、现蕾前进行，每公顷增施过磷酸钙

225 千克。

4. 摘心：第三次中耕追肥后，可以适当摘心，促使多分枝，蕾多花大。

5. 排水灌溉：红花耐旱怕涝，一般不需浇水，幼苗期和现蕾期如遇干旱天气，要注意浇水，可使花蕾增多，花序增大，产量提高。雨季必须及时排水。

（四）病虫害及其防治

1. 锈病：危害叶片，以叶背面发生较多。

防治方法：采花后捡净残株病叶烧毁；喷 97% 敌锈钠 300～400倍液，每隔 10 天喷 1 次，连续 2～3 次。进行轮作，以防治土壤中的病原菌再次危害。

2. 根腐病：由根腐病菌侵染，整个生育阶段均可发生，尤其是幼苗期、开花期发病严重。发病后植株萎蔫，呈浅黄色，最后死亡。

防治方法：发现病株要及时拔除烧掉，防止传染给周围植株，在病株穴中撒一些生石灰，杀死根际病虫；用 50% 托布津 1 000 倍液浇灌病株。

3. 黑斑病：病原菌为半知菌，在 4～5 月发生，受害后叶片上呈椭圆形病斑，具同心轮纹。

防治方法：清除病枝残叶，集中销毁；与禾本科作物轮作；雨后及时开沟排水，降低土壤湿度。发病时可用 70% 代森锰锌 600～800 倍液喷雾，每隔 7 天喷 1 次，连续 2～3 次。

4. 炭疽病：为红花生产后期的病害，主要危害枝茎、花蕾茎部和花苞。

防治方法：选用抗病品种；与禾本科作物轮作；用 30% 菲醌 25 克拌种 5 千克，拌后播种；用 70% 代森锰锌 600～800 倍液喷洒，每隔 10 天喷洒 1 次，连续 2～3 次。要注意排除积水，降低土壤湿度，抑制病原菌的传播。

5. 钻心虫：对花絮危害极大，一旦有虫钻进花絮中，花朵死亡，严重影响产量。

防治方法：在现蕾期应用甲胺磷叶面喷雾 2～3 次，把钻心虫杀死。在蚜虫发生期，可用乐果 1 000 倍喷雾 2～3 次，可杀死蚜虫。

四、采收与加工

青海于 8～9 月份开花，进入盛花期后应及时采收红花。红花满身有刺，给花的采收工作带来麻烦，可穿厚的牛仔衣服进田间采收，也可在清晨露水未干时采收，此时的刺变软，有利于采收。采回的红花应放阴凉处阴干，也可用文火焙干，温度控制在 45℃以下，未干时不能堆放，以免发霉变质。

一般每公顷产干花 450～600 千克，高产可达 750 千克，种子 225 千克。

ལེའུ་དང་པོ། རྩ་བ་དང་གཞུང་རྟ་ཡལ་གའི་རིགས་ཀྱི་ཀྲུང་བོད་སྔོ་སྨན་འདེབས་འཛུགས།

ས་བཅད་དང་པོ། ཤིང་མངར།

ཤིང་མངར་ནི་སྤྲད་རིགས་ཤིང་མངར་ཁོངས་གཏོགས་ཀྱི་རྩི་ཤིང་ཞིག་སྟེ། མིང་གཞན་ལ་གསེར་བཟང་ལྷུག་མ། མངར་མོ་ཅན་གྱི་རྩ་བ། རྩ་རྒྱུག་སོགས་ཟེར་ཞིང་། སྨན་དུ་སྤྱིར་བྱ་རྩ་བ། ནུས་པ་ནི་མཆེར་བ་དང་ལུས་ཟུངས་གསོ་བ། ཚད་པ་སེལ། དུག་སེལ་བ། མཆེར་བ་དང་ཕོ་བའི་ན་ཟུག་གཅོག་པ། ལུ་བ་གཅོད་ཅིང་ལུད་པ་འདྲེན། སྨན་ནུས་སྙོམས་པར་གཏོང་བ། མེ་དྲོད་ཉམས་པ་དང་ག་འགག་པ། ཕོ་བ་གཟེར་བ། འཁྲུ་བ། ཕོ་བ་དང་རྒྱུ་སོར་བཅུ་གཉིས་ལ་རྨ་ཡོད་པ། ལུས་ཐང་ཆད་པ། སྙིང་གཡུགས་པ་དང་དབུགས་ཐུང་བ། གློ་ལུ་བ། གློ་ཡུའི་གཉན་ཚད། གྲེ་བའི་གཉན་ཚད་སོགས་ལ་བསྟེན་དགོས། ཤིང་མངར་ལ་སྐྲན(སྐྲོ)འགོག་དང་འཕྲུམ་ཁྲོལ་གྱི་ནུས་པའང་ཡོད། ཞིབ་འཇུག་ལྟར་ན་ཤིང་མངར་ནང་དུ་རྫས་འགྱུར་རིགས་སྟ 100ལྷག་ཡོད། དེའི་ནང་ནས་མངར་བའི་ཆ་དེས་སྨན་དུག ཟས་དུག བརྗེ་ཚབ་ཐོན་དངོས་ཀྱི་དུག་དང་འབུ་སྲིའི་དུག་ཕོག་པ་བཅས་ལ་དུག་སེལ་གྱི་ནུས་པ་ངེས་ཅན་ཞིག་ཡོད། གཉན་ཚད་གཅོག་པ་དང་མ་འཕྲོད་པར་འཕྲོད་པར་འགྱུར་བའི་ནུས་པའང་ཡོད། ཀན་ཚའོ་ཚུ་སོན་ལ་ཁྲག་དཀར་ནད་འགོག་པའི་ནུས་པ་ཡོད། ཚོད་ལྟ་ལས། གག་པའི་ནར་གྲིབ།

གསེར་མདོག་རྒྱན་འབྲུམ་ཟླུམ་སྲིན་དང་འདུས་འདྲིལ་དབྱུག་སྲིན་སོགས་འགོག་ཐུབ་པའི་ནུས་པ་ཡོད། ཀན་ཚའོ་ཐན་སོ་དང་ཀན་ཚའོ་ཚུ་སོན་ལ་མཁལ་འགོའི་རྨེན་རྩའི་ཤ་རིམ་སྐྲུལ་རྩེ་ནུས་པ་ཡོད་ནའང་། རྒྱུན་བསྟེན་བྱས་ན་ལུས་ལ་ཆུ་གསོག་པ་དང་ཁྲག་ཚད་ཇེ་མཐོར་འགྲོ་བ། འཚོ་བའི་ཁྲོད་ཐུ་རག་དང་སྟག་ཚ། ཞིང་སྨན། པར་འདེབས་ཆོས་རྒྱག དུ་བ། སྐོམ་ཆུ། ཟས་རིགས། སྐག་རྫས། རྒྱལ་སྲུང་བཟོ་ལས་སོགས་སུ་བཀོལ་སྤྱོད་བྱེད་བཞིན་འདུག ཐོན་ཁུངས་གཙོ་བོ་ནི་ནང་སོག ཞིན་ཅང་། ཀན་སུའུ་སོགས་ཡིན། བྱང་ཤར་ཞིང་ཆེན་གསུམ་དང་ཏ་ཡེ། མཚོ་སྔོན། ཧྲན་ཞི། ཧྲའན་ཤིས་སོགས་སུའང་རྒྱ་ཆེར་འདེབས་འཛུགས་བྱེད་བཞིན་ཡོད།

དང་པོ། རྩི་ཤིང་གི་རྣམ་པ།

རྩ་བ་སྦོམ་ལ་ཁ་དོག་རྫ་མདོག་དང་ཁམ་སྨུག་ཅན། ཡལ་ག་འཁྱིལ་ནས་སྐྱེས་པ་ལ་སྤུ་དཀར་འཇམ་པོ་དང་སྤུ་ཆེར་ཅན་གྱིས་བརྒྱན་པ། ཐལ་ཆེར་སྨི 0.6~1.5ཙམ་ཟིན་པ་ཕན་ཚུན་ཡལ་ག་ཐ་ཐོར་ཡོད་པ། ངར་པ་ཤིང་མ་ལྷུམ་གྱིན་དུ་དྲང་པོར་སྐྱེ་ཞིང་མཐོ་ཚད་སྨི 0.3~0.7ཙམ་ཟིན་ལ། མཐོ་ཤོས་ལ་སྨི་གཅིག་ལས་མི་བརྒལ་བ། ཡལ་ཕྲན་རེར་ལོ་ཆུང 7~11སྒྲོ་དབྱིབས་ལྟར་ཁ་སྤྲོད་ཀྱིས་སྐྱེ་བ། ལོ་སྡོང་ཡོངས་ལ་སྤུ་ཆུང་ཐུང་རྩུབ་ཀྱིས་ཁྱབ་པ། ཟླ 6~7པར་ཛོག་དབྱིབས་ཀྱི་མེ་ཏོག་གི་སྙེ་མར་མེ་ཏོག་ཕྱི་ལེབ་མ་ཁ་དོག་ཟིང་དམར་རམ་སྨུག་སྐྱ་སྲིད་དམར་གྱི་མེ་ཏོག་འདྲ་བ་འཆར་བ། ཟླ 7~9པར་གང་བུ་ཕྲ་ལ་རིང་བ་ཟོར་བ་ལྟར་གུག་པ། འགའ་ཞིག་ཨ་ལུང་ལྟར་གུག་པ། སྤུ་ཆེར་ཁམ་ནག་གིས་ཁྱབ་པ། ནང་དུ་སྲན་མ་མཁལ་དབྱིབས་ནག་པོ་འོད་ཅན 2~8ཙམ་ཡོད་པ་ཡིན།

གཉིས་པ། སྨན་རྫས་རིག་པའི་ཁྱད་ཆོས།

ཤིང་མངར་ནི་ཐན་པ་ཐེག་ཐུབ་པའི་སྨན་རྫས་ཤིག་སྟེ། ཞིང་ས་ལ་དེ

འདྲའི་ཆ་རྐྱེན་མེད། ཀལ་ཙན་གྱི་ཞིང་ས་ལ་ཏ་ཙང་དགའ། ཉི་འོད་ཀྱི་ཆ་ནས་དུས་ཚོད་ངེས་ཅན་ཞིག་འདང་དགོས། རྒྱུན་དུ་ཉི་འོད་ཐོག་མ་ཐུབ་ན་ཤི་འགྲོ། ཆར་ཆུ་མོད་པའི་ས་དང་ཆུ་རྒྱུ་དཀའ་བའི་སར་འདེབས་འཛུགས་བྱས་ན་རྩ་བ་རུལ་འགྲོ་བ་དང་རྩ་བ་ཇེ་ཐུང་དུ་འགྲོ།

གསུམ་པ། འདེབས་འཛུགས་ལག་རྩལ།

ཤིང་མངར་ནི་ས་སོབ་སོབ་དང་ཆུ་རྒྱུ་བ་བཟང་བའི་ཆུ་རྒྱུད་ཀྱི་བྱེ་ཐང་། ཉིན་ཕྱོགས་དང་ས་སྙིང་སོགས་སུ་འདེབས་འཛུགས་བྱས་ཆོག སྔོན་བཏབ་སྐྱེ་དངོས་སུ་འབྱུ། མ་སྙོམས་ལོ་ཏོག སྐྱེ་ཚེ་སོགས་ལོ་ཏོག་བཏབ་ན་བཟང་། ཞིང་ས་pH8ཅན་གྱི་ཞིང་ས་བཟང་། སྤྱི་ཆེང་རེར་ལུད་རྫས་སྤྱི་ཀྲ 45000 ~60000དང་ལིན་བརྒྱལ་སྐྱུར་ཀལ་སྤྱི་སྲི 15~25 ཕན་ཚུན་བར་ལ་ལི་སྨི 25~30ཡོད་པའི་ཀ་ནང་དུ་འཛུགས་པ་དང་མྱུ་གུ་དང་མྱུ་གུ་བར་ལ་ལི་སྨི 20~25འཛོག་དགོས།

1.འདེབས་སྐྱོང་།

མྱུ་གུ་བཙུགས་ནས་ལོ་མ 2 ~3སྐྱེས་རྗེས་མྱུ་གུ་བཟང་པོ་དང་ཆེ་བ་སྐྱུར་རྗེས་ཆུང་བ་དང་ནད་ཐོག་པ་སོགས་འབལ་དགོས། ཕ་གཞུང་ཀང་བར་གྱི་བར་ཐག་ལ་ལི་སྨི 10 ~15ཡིན་ན་བཟང་། ལོ་རྗེས་མར་ཡང་གོང་ལྟར་བྱ་དགོས་པ་དང་རིང་ཚད་ལ་ལི་སྨི20~25སྐྱེས་སུ་བཙུག་ན་ཆོག

2.ཆུ་གཏོང་བ།

ཤིང་མངར་དེ་མྱུ་གུ་སྐབས་སུ་ཆུ་ངེས་ཅན་ཞིག་བཏང་ནས་ས་ཞིང་རློན་བཤེར་ཡིན་དགོས། གལ་ཏེ་མྱུ་གུ་སྐྱེས་པའི་སྔ་གཞུག་ཏུ་ཡུན་རིང་ཞིག་ལ་ཆར་མ་བབས་ཚེ་ཆུ་བཏང་ནས་མྱུ་གུ་རྙིད་པར་མི་འགྲོ་བར་བྱ། ཞིང་ས་ཡོངས་ཀྱི་མྱུ་གུ་རྒྱས་པར་བྱེད་ཆེད་ཆུ་གཏོང་དུས་ས་ཞིང་ཡོངས་རློན་པར་བྱ་དགོས། དེ་ལྟར་བྱས་ན་རྩ་བ་ཐུང་དུ་སྐྱེ་བར་ཕན། ཆར་དུས་སུ་ཆུ་དོར་ནས་ས་ཞིང་གི་རློན་ཚད་

ལ་མཉམ་འཛོག་བྱེད་དགོས་པ་དང་ས་འོག་གི་ཆུའི་མཐོ་ཚད་ཇེ་དམའ་རུ་གཏོང་དགོས།

3.གསེད་རྨོད།

ཞིང་མངར་དེ་མྱུ་གུའི་སྐབས་སུ་སྐྱེ་ཚད་དལ་ལ་རྩ་ཡན་གྱིས་གནོད་པ་ཆེ། དེ་བས་མྱུ་གུ་འཛུགས་པའི་ལོ་དེར་ཐེངས 2~3བར་རྩྭ་ཡན་མེད་པར་བཟོ་དགོས། མྱུ་གུ་དེ་ཇེ་ཆེར་སོང་བ་དང་བསྟུན་ནས་རྩྭ་ཡན་ཇེ་ཉུང་དུ་འགྲོ། འདི་དུས་ཞིང་མངར་གྱི་རྩ་བ་ནས་སྐྱེས་པའི་རྩྭ་གསར་བ་དེར་གནོད་སྐྱོན་མི་སྐྱེལ་བར་བྱ་དགོས་པས་མིས་རྩྭ་ཡན་མེད་པར་བཟོ་བ་ལས་འཕྲུལ་ཆས་སོགས་མི་བཀོལ་པར་གཟབ།

4.ལུད་འཇོག་པ།

ཞིང་མངར་གྱི་རྩ་བར་ཧན་སྲུང་བྱེད་ཀྱི་ནུས་པ་ཡོད་པས་ལུད་འཇོག་དུས་གཙོ་བོ་ཞིན་ཅ་ལུད་མི་འཇོག སྐྱེ་བའི་དུས་སུ་སྤྱི་ཆིང་རེ་ལ་ཤིན་སླར་ཀལ་སྤྱི་རྒྱ 450དང་ལི་སོན་ཅ་སྤྱི་རྒྱ 225འཇོག་དགོས། སྟོན་དུས་ཞིང་མངར་གྱི་ལོ་མ་སོགས་ཅུང་ཉེད་རྗེས་སྤྱི་ཆང་རེ་ལ་ལུད་རྫས་སྤྱི་རྒྱ 22500 ~3000བཞག་ནས་ས་ཇོས་འགེབ་དགོས་ཤིང་། དེ་ལྟར་བྱས་ནས་སའི་དྲོད་ཚད་ཇེ་མཐོར་གཏོང་བ་དང་ཞིང་སའི་ལུད་ཤུགས་ཇེ་མཐོར་གཏོང་བ་དང་ཞིང་སའི་ལུད་ཤུགས་ཇེ་ཆེར་གཏོང་བར་འབད་དགོས།

ནད་འབུའི་གནོད་པ་དང་སྔོན་འགོག་བྱ་ཐབས།

1.ནད་སྔོན་འགོག

(1)བཙའ་ནད། གཙོ་བོ་ལོ་འདབ་ལ་གནོད་པ་བྱས་དུས། ཐོག་མར་མདོག་ཁམ་སེར་གྱི་དབྱར་ཁའི་འབུ་ཚང་ལྷ་བུ་ཆགས་པ་དང་། རྗེས་སུ་ཁམ་ནག་གི་དགུན་ཁའི་འབུ་ཚང་ལྷ་བུ། ལོ་འདབ་ཡང་ལྷུང་བ་ཡིན།

སྔོན་འགོག་བྱ་ཐབས། ནད་ཐོག་མར་འཛུག་དུས་ཉིན་བདུན་ནས

བཅུ་བར་བརྒྱ་ཆའི་25%ཅན་གྱི་སྨན་རྫས་གཏོར་དགོས། ཐེངས་གཉིས······ནས་གསུམ་བྱ།

(2)བྱི་དཀར་ཐོར་ནད། ནད་འདི་གཙོ་བོ་ཆར་དུས་དང་རླུང་མི་རྒྱུ་བའི་གནས་སུ་འབྱུང་། མཇུག་དུས་ཚབས་ཆེ་རུ་སོང་ན་སྐྱེ་དངོས་ཤི་འགྲོ།

སྔོན་འགོག་བྱེད་ཐབས། 50%ཅན་གྱི་ཙ་ཅི་ཐོ་ཕི་ཅིན་བརླན་ཚིག་རང་བཞིན་ཅན་གྱི་ཕྱེ་མ་ལྷབ་1000ཅན་རྫས་གཏོར་བྱེད་པ་སྟེ། ཉིན་7~10ཡི་ནང་ཐེངས་གཅིག་གཏོར་བ་དང་། དེ་ལྟར་ཐེངས་གཉིས་ལ་བསྟུད་དགོས།

2.གནོད་འབུ་སྔོན་འགོག

(1)ནར་སོན་པའི་འབུའི་སྐྲ་ངས་ས་བོན་གྱི་ཕྱི་པགས་ཟོས་ནས་དེ་ལས······ཐར་བ་དང་ས་བོན་ནང་ཡང་སྟོང་བར་བྱ་ངེས།

སྔོན་འགོག་བྱ་ཐབས། འབྲས་དུས་ཀྱི་ས་བོན་ལ་རོ་གོར་སྦྲིས་མ་ལྷབ་1000ཅན་གྱི་ཆུའི་རྫས་གཏོར་ཐེངས་2~3བྱེད་པ།

(2)སྐྱེ་དངོས་གནོད་འབུ།

ཤིང་མངར་གྱི་གསར་སྐྱེས་འདབ་མ། ལོ་མ། མེ་ཏོག འབྲས་བུ་བཅས···ལ་གནོད་པ་བྱེད། ཚབས་ཆེ་དུས་ལོ་མ་སེར་པོར་འགྱུར་བ་དང་ལྷུང་བར་འགྱུར།

སྔོན་འགོག་བྱ་ཐབས།

རོ་གོར་སྦྲིས་མ་ལྷབ་1000~1500ཅན་གྱི་ཆུའི་རྫས་གཏོར་ཐེངས་གཅིག་དང་བསྟུད་ནས་ཐེངས་2~3བྱེད་པ།

(3)སྔོམ་དམར། ཚ་བ་ཆེ་བ་དང་སྐམ་དུས་འབྱུང་སླ། ལོ་མའི་རྒྱབ་ནས་ཁུ་བ་འཐྱེན། དང་པོར་ལོ་མའི་ངོས་སུ་དཀར་སེར་ཅན་གྱི་ཚེག་འདོན་པ་དང་··རྒྱབ་ངོས་སུ་སྔོམ་དྲ་མཐོང་ཐུབ། མཇུག་ནས་ལོ་མ་འཁྱུམས་པར་འགྱུར་བ་དང་··དམར་ཚེག་འདོན། ཚབས་ཆེ་དུས་ལོ་མ་ཚང་མ་རྙིད་དེ་ལྷུང་།

སྔོན་འགོག་བྱ་ཐབས། རོ་ཀོར་སྲེགས་མ་ལྷབ 2000ཅན་གྱི་ཆུའི་ནང་ས་གཏོར་ཐེངས་གཅིག་དང་བསྟུད་ནས་ཐེངས 2~3བྱ་དགོས།

བཞི་བ། སོན་འཛོག་ལག་རྩལ།

ས་བོན་གྱི་རྒྱུད་སྤེལ་བ་དང་རྩ་བའི་རྒྱུད་སྤེལ་བ་གཉིས་ཡོད།

ས་བོན་གྱི་རྒྱུད་སྤེལ་བ།

ཞིང་མང་ར་ས་བོན་གྱི་ཕྱི་པགས་སྲ་བས་ཆུ་ཐིམ་དཀའ་བ་དང་སྨྱུ་གུ་འབུས་དཀའ། འདེབས་འཛུགས་མ་བྱས་སྔོན་ལ་ས་བོན་ལ་ལེགས་བཅོས་བྱ་དགོས།

1.དྲོད་ཚད་སྲུང་འཛིན་བྱ་ཐབས།

ས་བོན་དེ་དྲོད་ཚད 60℃ཆུ་ནང་དུ་དུས་ཚོད 6~8སྦྱངས་རྗེས་ས་བོན་མང་ཆེ་བ་ཆུས་བངས་ནས་འཕོས་ཡོད་པ་ལ། ཆུ་བསྡུ་མ་ཐུབ་པ་རྣམས་རིམ་པ་གཉིས་སུ་བཀར་ཡོད། འདལ་མེད་པའི་ས་བོན་ཆུའི་འོག་དང་འདལ་ཡོད་པའི་ས་བོན་ཆུའི་ཐོག་ན་ཡོད། འོན་ཀྱང་ཆུའི་ཁར་གཡེང་མེད། ཆུ་མར་ཕོ་བ་དང་མཉམ་དུ་འདལ་ཡོད་པ་རྣམས་ཕྱི་རུ་འཕོ་ཚོག ཐེངས་འགའ་བྱས་ནས་འདལ་ཡོད་པ་རྣམས་མ་ལུས་པར་ཕྱིར་ལོན་རྗེས་འདལ་མེད་པ་རྣམས་ཆུའི་དྲོད་ཚད 100℃ཅན་གྱི་ཆུ་སྐོལ་ནང་དུ་སྐར་ཆ 10~20སྦྱངས་རྗེས་ཆུ་འཁྱགས་ནང་དུ་བཞག དེ་ནས་དྲོད་ཚད་ཧུའུ 60℃ཅན་གྱི་ཆུའི་ནང་དུ་དུས་ཚོད 3 ~5སྦྱངས་རྗེས་དེ་སྔོན་འདལ་ཡོད་པའི་ས་བོན་དང་མཉམ་དུ་བཞག་ནས་སྟེང་དུ་ཆུ་བླུགས་ནས་འབྱར་བག་ཅན་བཀྲུ། ཐབས་འདི་བཀོལ་རྗེས་ས་བོན་གྱི་སྨྱུ་གུ་འབུས་ཚད་ནི 91.3%དང་སྨྱུ་གུའི་ཐོན་ཚད་ནི 90%ཡིན།

2.ས་བོན་གཙང་མ་སྟོང་ཁེ་གཅིག་འདེམས་རྗེས 80%ཅན་གྱི་ལི་སོན་གསེར་ཁུ 20~30mlདང་མཉམ་དུ་དཀྲུགས་ནས་འདྲེས་རྗེས་ཆུ་ཚོད 4~7བཞག དེ་ནས་ཆུ་གཙང་མས་བཀྲུས་ནས་སྐམ་རྗེས་སུ་ས་བོན་དུ་བཀོལ་ཆོག

3.སོན་ཤུན་བཀྲུ་བ།

ཞིང་མངར་གྱི་ས་བོན་བཀྲུ་གཞོང་སྟེང་བཞག་ནས་བཀྲུ་དུས་ས་བོན་ཕྱི་པགས་ཀྱི་མདོག་འགྱུར་ལ་མཉམ་འཛོག་བྱེད་དགོས། ཕྱི་པགས་ཀྱི་མདོག་དཀར་སེར་འགྱུར་དུས་ཆུའི་དྲོད་ཚད 40℃ནང་དུ་ཆུ་ཚོད 2 ~4བཞག་རྗེས་ཆུ་གཙང་མས་ཕྱི་ངོས་ཀྱི་འབྱར་བག་ཅན་བཀྲུ། དེ་ནས་ས་བོན་ཏུ་བཀོལ་ཆོག སྨྱུ་གུ་འབུས་ཚད་ནི 85%ཡིན།

4.ས་བོན་འདེབས་པ།

འདེབས་འཛུགས་བྱེད་པའི་དུས་ཚོད་ནི་དཔྱིད་ཀྱི་ཟླ 3~4བར་དང་སྟོན་དུས་སུ་ཟླ 8~9བར་ཡིན། འདེབས་མཁན་གྱིས་ཀའི་གཏིང་ཚད་ལི་སྨི 3དང་པན་ཚུན་བར་ལི་སྨི 50 སྲུབ་བར་ལ་ལི་སྨི 20~25བཞག་རྗེས་ས་བོན་གཏོར་ནས་ཐོག་ཏུ་ས་འགེབས། ས་བརྐོས་ནས་འདེབས་མཁན་གྱིས་ས་བོན་འདེབས་ན་ལི་སྨི 50 ×ལི་སྨི 25ཡི་དོང་བརྐོ་བ་དང་ལྦང་པ་འཛུགས་ན་ལི་སྨི 25 ×ལི་སྨི 20ཡི་དོང་བརྐོས་ནས་བཙུགས་རྗེས་ས་འགེབས་དགོས། རྒྱུན་དུ་ས་སྣང་བཟོས་ནས་འདེབས་པ་དེ་ཡིན། ས་སྣང་གི་ཞེང་ལ་སྨི 1.2དང་མཐོ་ལ་ལི་སྨི 10 ~15 ས་སྣང་དང་ས་སྣང་བར་ལ་ལི་སྨི 30 སྣང་ངོས་བདེ་པོ་བཟོས་རྗེས་ས་བོན་གཏོར་ལ་ལྷགས་དྲའི་ཚགས་རྒྱབ་ནས་ས་སྣང་ངོས་སུ་མཐུག་ཚད་ལི་སྨི 1.2ཡི་ས་གཏོར་བ། ས་བོན་འདེབས་ཚད་སྤྱི་ཆིང་རེ་ལ་སྤྱི་ཀྲ 120~150ཡིན།

5.རྩ་བ་རྒྱུད་སྤེལ།

ཞིང་མངར་གྱི་རྩ་བ་ཚོགས་ཡོད་པ་དང་ཚོགས་རེ་རེ་ལྦང་པའམ་ཡང་ན་རྩ་བ་གསར་བ་ཞིག་ཏུ་འགྱུར་འགྲོ། ཅུང་སྦྲ་བའི་རྩ་བ་རྣམས་གཞུང་རྩད་ལས་བཅད་རྗེས་ལི་སྨི 20གཡས་གཡོན་ཅན་རེ་གཏུབས་པ་དང་རྩ་བ་རེ་ལ་མྱུག 1~2བཞག་ནས་ཀའམ་ས་དོང་བརྐོས་ནས་བཙུགས། དོང་གི་གཏིང་ཚད་ལི་སྨི 30

ཐོག་ཏུ་ས་གབ་རྗེས་སྨུར་དུ་ཆུ་མི་ལྷུག་པར་འབུས་ཚེ་ད་གཟོད་ཆུ་ལྷུག་དགོས།

ལྔ་བ། འཚོལ་བསྡུ་དང་ལས་སྟོན།

1.འཚོལ་བསྡུ་དུས་ཚིགས།

ཤིང་མངར་ནང་གི་གྲུབ་ཆ་གཙོ་བོ་ནི་ཀན་ཚའོ་སོན་དང་ཀན་ཚའོ་ཆུ་སོན་ཡིན། ཀན་ཚའོ་སོན་འདུས་ཚད་ནི་དཔྱིད་དུས་སུ་ཆེས་མཐོ་བ་དང་སྟོན་དུས་སུ་ཆེས་དམའ། དབྱར་དུས་ནི་ཤིང་མངར་སྐྱེ་སྟོབས་ཧ་ཅང་མགྱོགས་དུས་ཡིན་པ་དང་ཀན་ཚའོ་སོན་འདུས་ཚད་ཡང་ཉུང་། དེ་བས་དབྱར་དུས་འཚོལ་བསྡུ་བྱེད་མི་ཉན། འཚོལ་བསྡུ་བྱེད་པའི་ཆེས་ལེགས་ཤོས་ཀྱི་དུས་ཚིགས་ནི་དཔྱིད་མགོའི་སྨུ་གུ་མ་འབུས་གོང་ཡིན། མིས་འདེབས་འཛུགས་བྱས་པའི་ཤིང་མངར་ནི་ལོ་གསུམ་ལོན་པ་རྣམས་སྨན་དུ་བཏང་ན་བཟང་། འཚོལ་བསྡུ་བྱེད་སྐབས་རྩ་བ་སྐྱེ་བའི་ཁ་ཕྱོགས་ལྟར་བརྐོས་ནས་ཕྱི་ཤུན་ལ་གནོད་སྐྱོན་ཐེབས་པ་དང་རྩ་བ་གཅོད་པ་སོགས་མི་བྱེད་པ། ཐོག་བདར་གཙང་བྱེད་པ་ལས་ཆུས་བཀྲུས་མི་ཉན།

2.ལས་སྟོན་དང་པོ་བྱེད་ཐབས།

ཤིང་མངར་གྱི་གཞུང་རྩད་དང་རྩ་ལག ཡན་ལག་བཅས་སོ་སོར་བཅད་ནས་སྐམ་པ་དང་། སྐམ་ཐག་མ་ཆོད་བར་ལ་ཕྲ་སྦོམ་ལྟར་ཕྱོགས་གཅིག་ཏུ་ཆུང་ཆུང་རེ་བསྡམས་ནས་ཡོངས་སུ་བསྐམས་རྗེས་ཤིང་མངར་སྨན་གྱི་གྲུབ་རྫས་སུ་གྱུར་པ་ཡིན།

ས་བཅད་གཉིས་པ། ལྕུམ་རྩ།

ལྕུམ་རྩ་ནི་སྐྱེ་དངོས་ཀྱི་རིགས་ཤིག་སྟེ། དེའི་རྩ་བ་དང་གཞུང་རྟ་ནི་རྒྱུན་དུ་སྨན་དུ་བཀོལ་བཞིན་ཡོད། མིང་གཞན་ལ་པདྨ་རྩ་རིང་དང་། ཞིམ་ཤིང་། དོམ་ནག་ཁ་ཆུ། སེར་པོ་འོད་ལྡན། རྩབ་ཤིང་སོགས་ཟེར་ཞིང་སྨན་འདིའི་ནུས་པ་ཤིན་ཏུ་ཆེ་ཞིང་བཀོལ་རྒྱ་ཡང་ཧ་ཅང་ཁྱབ་ཆེ་ཞིག་ཡིན། རྫས་ཀྱི་གྲུབ་ཆ་གཙོ་བོ་ནི་ལྕུམ་རྩ་སྒྱུར་དང་། ལྕུམ་རྩ་རྒྱུ། ལྕུམ་རྩ་རྫིན། ལྕུམ་རྩ་ཙྪ་མིས་ཕུའུ་ཐའོ་ཐང་ཀན་སོགས་ཡིན་ལ། དེ་ལ་འབྲུ་གཤེར་གྱི་ནུས་པ་དང་ལྡན་པས། རྒྱུན་དུ་རྩ་སྐམ་པ་དང་ཤ་སེར་བ། སྐྱུར་གཤིས་རྒྱུ་ལྷག་གི་ནད། པགས་ནད། ཆུ་བོལ་དང་མིས་བསྲེག་པའི་རྨ་སོགས་ལ་བཀོལ་བཞིན་པ་དང་། ཉེ་བའི་ལོ་འགའི་རིང་གསོ་རིག་ཆེད་མཁས་པས་ཞིབ་འཇུག་བྱས་པ་ལྟར་ན། ལྕུམ་རྩས་ཁྲག་ཆོལ་མཐོ་བ་དང་འཇུ་བྱེད་མ་ལག་ལ་ཁྲག་ཤོར་བ། གཉན་ཚད་རྒྱས་པ། མཆིན་ཚད་དང་མཁལ་ནུས་ཉམས་པ། ཁྲག་རྩར་ཚ་རྒྱས་པ་སོགས་ཀྱང་གསར་རྟོགས་བྱུང་བས་རྒྱལ་ཕྱི་ནང་གི་གསོ་རིག་མཁས་པས་དེ་ལ་མཐོང་ཆེན་ཆེར་བྱེད་བཞིན་མཆིས། དེ་སྐྱེས་སའི་ཡུལ་ནི་གཙོ་བོ་མཚོ་སྔོན་དང་ཀན་སུའུ། སི་ཁྲོན་སོགས་ཡིན།

དང་པོ། རྩི་ཤིང་གི་རྣམ་པ།

ལོ་མང་པོར་ཆེར་སྐྱེས་པའི་རྩ་ལྕུམ་གྱི་རིགས་ཤིག་ཏེ། མཐོ་ཚད་ལ་སྨི······1.5~2ཙམ་དང་གཞུང་རྩ་ཙུང་སྦོམ། སྟེང་ཕྱོགས་སུ་ཡལ་ཁྲན་ཡོད་ཅིང་སྟེང་དུ་ཐུང་ལ་འཇམ་པའི་སྤུ་ཉག་མང་དུ་འདུག ལོ་འདབ་སྒོར་ཞིང་སྙིང་གཟུགས་སུ་འདུག་སྟེ་སྟེང་དུ་གས་སུལ་མང་དུ་ཡོད། ཕྱིར་ལྕུམ་རྩ་ལ་ཆེ་འབྲིང་ཆུང་གསུམ་ཡོད་དེ། སྡོང་པོ་སྦོམ་ཞིང་རིང་བ་ཚོགས་དང་བཅས་པ་ལ་ལྕུམ་ཆེན་ཟེར་བ་དང་།

སྔོང་བོ་མེད་པ་ངར་བ་ཆུང་བ་ལ་ལྷུམ་འབྲིང་བོ་དང་། རྒྱ་ཤོད་སོགས་སུ་སྐྱེས་པ་སྔོང་བོ་སླ་ལོ་འདྲ་ལ་མང་བ་ལོ་མ་ཐང་ཞོ་འདྲ་བ་ངར་བ་མེད་པ་འབྲས་སུ་སྨ་མ་འདྲ་ཡང་གོས་སོགས་ལ་འབྱུར་བ་དེ་ལྷུམ་རྩ་ཆུང་བའམ་ཆུ་ལྷུམ་ཡིན། ཀུན་ཀྱང་རྩ་བ་སེར་པོ་ཡིན་པ་གཅིག་མཚུངས་ཡིན།

གཉིས་པ། སྐྱེ་དངོས་རིག་པའི་ཁྱད་ཆོས།

སྐྱེ་དངོས་འདི་ནི་གྲང་ངར་ཆེ་ཞིང་བསིལ་བའི་གནས་སུ་སྐྱེས་ཤིང་འདེབས་འཛུགས་བྱ་ཆོག་སྟེ། དེའང་ས་རྡོང་ཙུང་སྲབ་ཅིང་ pH6.5 ~7.5ཙམ་གྱི་སའི་ནང་དུ་ཆུ་ལུད་སོགས་འོས་འཚམས་ཡིན་པའི་སར་འདེབས་འཛུགས་བྱེད་དགོས། ས་དེ་སྐྱུར་གཤིས་དྲགས་ཚེ་དེ་སྐྱེ་བར་མི་ལེགས་པ་དང་ས་སོབ་དང་རླན་འོས་འཚམས་མིན་པའི་གནས་སུ་འདེབས་འཛུགས་བྱས་ཚེ་ཡལ་ཐྲན་མང་དུ་སྐྱེས་པ་དང་སྲུས་ཀ་ཞན་པར་འགྱུར་བ་སོགས་ཀྱི་སྐྱོན་མང་དུ་ལྡན་པར་འགྱུར་བས་ཞིང་ས་ལ་དོ་སྣང་བྱ་དགོས་སོ།།

གསུམ་པ། སོན་འདེབས་ལག་རྩལ།

1. ས་ཁོད་སྒྲོམས་སའི་ཞིང་ས་འདེམས་པ།

འདེབས་འཛུགས་བྱེད་སའི་ས་དེ་སོབ་སོབ་དང་ཆུའི་བཞུར་རྒྱུན་ལེགས་པ། བྱེ་ཟགས་དང་ལྡན་ན་ཙུང་ལེགས་པའི་ས་ཡིན། དེའི་རྗེས་སུ་གཏིང་ཚད་ལ་ལི་སྨི 30ཙམ་བརྐལ་བའི་སར་བཙུགས་རྗེས་ལུད་སྐོང་ཁེ 37500 ~45000ཙམ་གཞག་པར་བྱ། དེའི་རྗེས་ཆུ་ཀ་བཟོས་ཏེ་ཆུའི་བཞུར་རྒྱུན་ལེགས་པར་བྱ་དགོས་སོ།།

2. ས་བོན་འདེབས་པ།

ས་བོན་འདེབས་པའི་དུས་ཚིགས་ནི་གལ་ཏེ་སྟོན་དུས་སུ་གདབ་པར་བྱ་ན་ཟླ་དགུ་པ་ནས་བཅུ་པའི་དུས་སུ་བཏབ་ན་ལེགས་ཤིང་། དཔྱིད་དུས་སུ་གདབ

ན་ཟླ་གསུམ་པ་ནས་བཞི་བའི་བར་བཏབ་ན་འཚམ་པར་འདུག་སོད། དུས་དེ་གཉིས་ལས་སྔོན་དུས་སུ་བཏབ་ན་ཙུང་ལེགས་པ་ཡིན། སྔོན་དུས་སུ་སྨྱུ་གུ་ལས་ལི་སྨི་ལྔ་ནས་བདུན་གྱིས་མཐོ་སར་ས་མཐུག་ཅིང་ལེགས་པོར་བཀབ་ན་བཟང་སྟེ་དེས་འཁྱགས་པས་མི་ཤི་བ་ཡིན། དཔྱིད་དུས་སུ་གདབ་པར་བྱས་ཚེ་སྨྱུ་གུ་དེ་སའི་ཁར་ཐོན་ཙམ་བྱས་པས་ཆོག་གོ།

3.ཞིང་སའི་བདག་གཉེར།

(1)ཡུར་མ་ཡུར་བ། སྤྱིར་བཏང་དུ་འདེབས་འཛུགས་བྱས་ཟིན་པའི་ལོ་དེར་ལྡུམ་རིགས་སོགས་སྐྱེས་སླ་བས་ཟླ་གཉིས་རེ་མཚམས་སུ་ཐེངས་རེར་ཡུར་མ་ཡུར་དགོས་ལ་ཕྱི་ལོར་རྩྭ་རྣམས་ལྡང་མགོ་བརྩམས་རྗེས་ཡུར་དགོས་ཏེ། དེ་ནི་ཟླ་གསུམ་རེར་ཐེངས་གཅིག་ལ་ཡུར་ན་ཆོག་པ་ཡིན། ལོ་གསུམ་པར་དུས་དེའི་དཔྱིད་ཀར་ཐེངས་གཅིག་ལ་ཡུར་མ་ཡུར་རྗེས་ཡུར་མ་ཡུར་མཚམས་བཞག་ཀྱང་ཆོག

(2)ལུད་འཇོག་པ། ལུད་བཞག་ན་ལྕུམ་རྩའི་སྐྱེ་སྟོབས་ཆེར་འཕེལ་བས་ལོ་རེར་ཐེངས་གཉིས་ལ་ལུད་འཇོག་དགོས་ཤིང་དེ་ནི་རོང་ཁྱིམ་གྱི་རང་བྱུང་ལུད་རྫས་ཡིན་ན་རབ་ཡིན། ས་ཀུང་ཆིང་གཅིག་ལ་ལུད་རྫས་སྟོང་ཁེ 30000~45000ཙམ་འཇོག་དགོས། ལུད་རྫས་གཏོང་སྐབས་ལྕུམ་རྩའི་གཞུང་ཏར་མི་གནོད་པའི་ངང་རྩ་བའི་ཉེ་འགྲམ་དུ་བཞག་རྗེས་སས་ལེགས་པར་འགེབ་དགོས།

ལྕུམ་རྩ་བཙུགས་ཏེ་ལོ་གསུམ་ནས་བཞིའི་བར་འགོར་རྗེས། ལོ་རེར་ཟླ་ལྔ་བ་ནས་དྲུག་པའི་བར་དུ་མེ་ཏོག་བཞད་པར་བྱེད་དེ། དེ་དུས་གཞུང་རྐང་མ་གཏོགས་པ་ཡལ་ཕྲན་སོགས་གཅོད་པར་བྱ། དེ་ལྟར་བྱས་ཚེ་སྐྱེ་འཕེལ་གྱི་སྟོབས་ཇི་སྙེད་ལྕུམ་རྩའི་གཞུང་རྐང་ལ་ཐིམ་འགྲོ་ཞིང་། དེ་ནི་སྨན་གྱི་ནུས་པ་སྤུས་ཀ་ལེགས་ཤོས་དེའང་ཡིན་ནོ།།

བཞི་བ། འབྲུ་སྲིའི་གནོད་པ་དང་དེའི་སྔོན་འགོག

འབྲུ་སྲིའི་གནོད་པ་གཙོ་བོ་དང་དེའི་སྔོན་འགོག་བྱེད་ཐབས།

1.ལྷུམ་རྩའི་རྩད་རུལ་ནད།

ནད་འདི་ནི་ལོ་རེའི་ཟླ་བདུན་པ་ནས་བརྒྱད་པའི་བར་ཚད་པ་ཆུང་རྒྱས་པའི་དུས་སུ་འབྱུང་བ་མང་སྟེ། ནད་འབུ་འདིས་བརྒྱབ་རྗེས་གཞུང་ཧྲ་སོགས་ལ་ནག་ཐིག་འབྱུང་ཞིང་མདོག་འགྱུར་བར་བྱེད་ལ། དེའི་རྗེས་འཕྲལ་མར་ཆེ་རུ་སོང་སྟེ་མདོག་ཀྱང་ནག་པོར་འགྱུར་ཞིང་རིམ་གྱིས་ནད་འབུས་ཟོས་ཚར་ནས་ཐམས་ཅད་རུལ་ནས་ཤི་བར་འགྱུར་བ་ཡིན།

སྔོན་འགོག་བྱེད་ཐབས།

སྲན་རིགས་དང་སྔོ་ཚལ་སོགས་ལོ་བཞི་ནས་ལྔ་བར་འདེབས་འཛུགས་དང་། དུས་ལྟར་ཆུ་གཏོང་མཚམས་བཞག་སྟེ་ཞིང་སའི་བརླན་ཚད་དམའ་རུ་གཏོང་བ། ནད་འབུ་བརྒྱབ་སའི་གནས་དང་རྩ་བ་སོགས་རྩར་ནས་ཕྱུང་སྟེ་མེ་ལ་སྲེག་པར་བྱེད་པ། ཡང་ན་ནད་འབུ་བརྒྱབ་སའི་གནས་ཉིན་བདུན་ནས་བཅུའི་བར་ཐེངས་གཅིག་ལ་སྨན་ཆུ་ནང་དུ་སྦྲངས་ཤིང་། དེ་ལྟར་བསྐྱར་མར་ཐེངས་གཉིས་ནས་གསུམ་བར་བྱེད་དགོས།

2.ལྷུམ་རྩའི་སད་སེར་གྱི་ནད།

འདི་ནི་ཟླ་བཞི་བའི་ཟླ་དཀྱིལ་དང་ཟླ་སྨད་དུ་འབྱུང་བ་མང་སྟེ་དེ་ནི་དྲོད་ཚད་དང་རླན་ཚད་མཐོ་བའི་གནས་དང་དུས་དེར་འབྱུང་ཉེན་ཆེ་སྟེ། ནད་འབུ་ཕོག་སའི་གནས་དེར་ལོ་མ་སེར་པོར་གྱུར་ཏེ་ཤི་བར་འགྱུར་བ་ཡིན།

སྔོན་འགོག་བྱེད་ཐབས།

གཞུང་ཧྲར་ནད་འབུ་བརྒྱབ་རྗེས་དེ་ཉིད་རྩར་ནས་ཕྱུང་ཞིང་གནས་དེར་ལོ་ཏོག་གཞན་འདེབས་འཛུགས་བྱེད་པའམ། ཡང་ན་ནད་འབུ་མ་བྱུང་གི་སྔོན་

ནམ་བྱུང་དུས་སུ 58%ཅན་གྱི་རེ་ཏུའུ་མའི་མིན་ཤིན་ལྷུ་བ 600~700ཡི་ནང་དུའམ། 75%ཅན་གྱི་པའེ་ཅིན་ཆེན་ལྷུ་བ 800དང་། 25%ཅན་གྱི་ཙ་ཧྲོང་ལིན་ལྷུ་བ 600ཡི་ནང་དུ་ཉིན་བཅུ་རེའི་ནང་དུ་ཐེངས་རེར་གཅིག་དང་ཐེངས་གཉིས་ནས་གསུམ་དུ་གཏོར་བར་བྱའོ།།

3.སོ་འདབ་ཏུལ་བའི་ནད། སྤྱིར་བཏང་ཟླ་དྲུག་པའི་ཟླ་སྨད་དུ་ནད་འབུ་རྒྱུག་མགོ་བཙམས་ཤིང་ཟླ་བདུན་པ་ནས་བརྒྱད་པའི་བར་དུ་ཉེན་ཚབས་ཆེ། དེའི་ཚེ་སོ་འདབ་རྣམས་སེར་ཞིང་མདོག་ཀྱང་དོ་མི་མཉམ་པར་གྱུར་ཏེ་མཐར་ཤི་བར་འགྱུར་བ་ཡིན།

སྔོན་འགོག་བྱེད་ཐབས། སོ་འབྲས་བསྡུས་རྗེས་ཏུལ་རྐྱེད་དུ་གྱུར་པའི་ཡལ་ཕྲན་དག་གཙང་གཙོད་བྱས་ཏེ་མེ་ལ་སྲེག་པར་བྱེད་པ་དང་། ནད་འབུ་རྒྱུག་མགོ་བཙམ་དུས 50%ཅན་གྱི་ཐའོ་པུའུ་ཆེན་ལྷུ་བ 1000ཅན་གྱི་སྨན་ཆུ་དེ་གཏོར་བར་བྱེད་པ་དང་། ཉིན་བཅུའི་ནང་དུ་ཐེངས་རེ་དང་ཐེངས་གཉིས་ནས་གསུམ་དུ་གཏོར་བར་བྱ། གལ་ཏེ་ཚབས་ཆེ་བར་འདུག་ན 50%ཅན་གྱི་ཏའོ་ཅིན་ལིན་ལྷུ་བ 500 ~000དང་ཡང་ན་ཐའོ་པུའུ་ཆེན་ལྷུ་བ 800ཡི་ནང་དུ་ཉིན་བདུན་ནས་བཅུའི་བར་དུ་ཐེངས་གཉིས་ནས་གསུམ་ཙམ་དུ་གཏོར་བར་བྱའོ།།

4.ལྷུམ་རྩའི་རླུམ་རིས་ཀྱི་ནད། སྦུ་གུ་དེ་ས་ཁར་ཐོན་རྗེས། ནད་འབུ་ཐོག་སའི་སོ་མ་དེ་མདོག་སྐྱ་ལ་མཐའ་མི་གསལ་བ། རླུམ་གཟུགས་ཀྱི་རྣམ་པར་འབྱུང་ཞིང་ཚབས་ཆེ་དུས་སྐམ་ནས་ཤི་བར་འགྱུར་རོ།།

སྔོན་འགོག་བྱེད་ཐབས། སྔོན་ཁ་དང་དགུན་སྨད་དུ་ནད་འབུས་བརྒྱབ་པའི་ཡལ་ཕྲན་དག་གཙང་གཙོད་བྱས་ཏེ་མེ་ལ་སྲེག་པ་དང་། ནད་འབུ་འབྱུང་དུས་སུ 50%ཅན་གྱི་ཏའི་སེན་མིན་ཞེན་ལྷུ་བ 500འམ་ཡང་ན 50%ཅན་གྱི་ཏའོ་ཅིན་ལིན་ལྷུ་བ 500ཡི་སྨན་ཆུ་ཐེངས་གཉིས་ལ་གཏོར་བར་བྱ་དགོས།

ནད་འབུ་གཙོ་བོ་དང་དེའི་སྔོན་འགོག་བྱེད་ཐབས།

1. ཅིན་ཀོས་ཙོ་ནད་འབུ། འདི་ནི་དབྱར་ཁ་མང་དུ་འབྱུང་ལ་དེས་ལོ་མ་དང་གཞུང་རྟ་དག་ལ་གནོད་པ་བྱས་ཏེ་གཅོད་པར་བྱེད་ལ། ཚབས་ཆེ་ན་ཐོན་ཚད་དང་སྤུས་ཀ་ལའང་གནོད་པར་བྱེད་དོ།།

སྔོན་འགོག་བྱེད་ཐབས། ནད་འབུ་དག་གི་ཟས་སུ་མི་འགྱུར་བའི་ཕྱིར་དུ་སྔོན་དུས་དང་དགུན་དུས་སུ་སའི་གཏིང་རིམ་དུ་སྲས་ཤིང་ལུད་རྫས་མོད་པོ་བཞག ཡང་ན 40%ཅན་གྱི་ལི་ཀོ་རའོ་སྨུམ་ལྷབ 1000གཏོར་བའམ་ཡང་ན 40%ཅན་གྱི་ལི་སི་པིན་རའོ་ཞེས་པའི་སྨུམ་ཏའོ་ཏྲིན 500ཙམ་དུ་འཇོག་པར་བྱ།

2. ཏིའི་ལའོ་ཏའོ། སྲིར་བཏང་ཟླ་བདུན་པ་ནས་བཅུ་བའི་བར་དུ་གནོད་སྐྱེལ་བ་མང་ཞིང་ཟླ་བརྒྱད་པར་ཚབས་ཆེན་པོས་ལོ་མ་རྣམས་ཟོས་ཚར་བར་བྱེད།

སྔོན་འགོག་བྱེད་ཐབས། ས་སྲོད་ཀྱི་དུས་སུ་སྨན་ཆུ་གཏོར་བར་བྱ། 2.5%ཅན་གྱི་ཀོང་ཕྲའོ་རའོ་སྨུམ་ཞེས་ལྷབ 3000ཅན་ནམ་ཡང་ན 40%ཅན་གྱི་ལའོ་ཆེན་ཙུས་ཀྲིས་རའོ་སྨུམ་ཞེས་ལྷབ 1000ཅན་གྱི་སྨན་ཆུ་གཏོར་བར་བྱ་སྟེ་ཉིན་བཅུ་རེར་ཐེངས་གཅིག་དང་ཐེངས་གཉིས་ནས་གསུམ་དུ་གཏོར་བར་བྱ་དགོས།

ལྔ་བ། བསྟུ་ལེན་ལག་རྩལ།

སྐྱེ་འཕེལ་བྱེད་ཐབས་གཙོ་བོ་དེ་ས་བོན་བསྟུ་གསོག་བྱེད་པ་གཙོར་འཛིན་དགོས་པ་ཡིན་ཏེ།

1. ཐོག་མར་སྨུ་གུ་རྒྱས་པ་དང་རྗེས་སུ་འདེབས་འཛུགས་བྱེད་པ།

སྐྱེ་སྟོབས་བཟང་ཞིང་ནད་འབུ་སོགས་གང་གིས་ཀྱང་གནོད་མེད་པ་ལོ་གསུམ་འགོར་བའི་མ་རྐང་བདག་གཉེར་བྱེད་པ་དང་། ཟླ་ལྔ་བ་ནས་དྲུག་པའི་བར་དུ་ཡལ་ཕྲན་ཞིག་བླངས་ཏེ་མ་རྐང་གི་འགྲམ་དུ་བཙུགས་ཏེ་བསྙམས་པར་བྱས་ལ། མེ་ཏོག་བཞད་རྗེས་སུ་བསིལ་སར་འབྲས་བུ་སྨིན་དུ་འཇུག་པར་བྱ།

དེའི་རྗེས་ས་བོན་རྣམས་གསོག་གཉེར་བྱས་ན་ཆོག

2.ས་བོན་བཏབ་སྐྱེ་སྨྱུ་གུ་འབུས་པ།

སྨྱུ་གུ་འདེབས་སའི་ཞིང་ས་དེ་ནི་ཉི་འོད་བཟང་ལ་ཆུའི་བཞུར་རྒྱུན་ལེགས་པ། ལུད་མོད་པོ་འཛོམས་པའི་གནས་ཤིག་བདམས་ན་ལེགས་ཏེ། ཀུང་ཆིང་རེར་ལུད་རྫས་སྟོང་ཁ་30000 ~45000ཙམ་དུ་འདེབས་པར་བྱ། དཔྱིད་སྟོན་གཉིས་ལ་བཏབ་ཆོག་སྐྱེ་དཔྱིད་ཀར་འདེབས་དུས་སུ་ཚ་ཚད་ལ་20℃ཡིན་པའི་ཆུའི་ནང་དུ་ཆུ་ཚོད་དྲུག་ནས་བརྒྱད་པར་སྦངས་པ་དང་། རྗེས་སུ་ཡང་ཡང་དཀྲུགས་ཏེ་དྲོད་ཚད་སྙོམས་པར་བྱ། 10%ས་བོན་ཁ་གས་པའི་ཚེ་བཏང་ཆོག་སྟེ། ས་བོན་སའི་འོག་ཏུ་སྦས་ཏེ་མིག་གིས་མི་མཐོང་བ་ཙམ་དུ་བྱེད་དགོས་སོ།།

3.སྨྱུ་གུ་འབུས་དུས་ཀྱི་དོ་དམ།

ས་བོན་བཏབ་སྐྱེ་ཉིན་འགའ་འགོར་རྗེས་སུ་སྨྱུ་གུ་འབུས་པར་བྱེད་ལ། དེ་དུས་རྩྭ་བཀབ་བདག་གཉེར་བྱ། རྗེས་སུ་སྨྱུ་གུ་རྣམས་དོ་མཉམ་པར་འབུས་འགོ་བརྩམས་ཚེ་ཡུར་མ་ཡུར་ཏེ་རྩྭ་ལྷུམ་རྣམས་མེད་པར་བཟོ་དགོས། སྟོན་དུས་སུ་སྨྱུ་གུ་རྣམས་འབུས་འགོ་བརྩམ་པ་ན་བརླན་དང་དྲོད་ཚད་རྣམས་འོས་འཚམ་བྱས་ཏེ་བདག་ཉར་བྱ་དགོས།

4.ས་བོན་རྒྱུད་སྤེལ།

ལྕུམ་རྩའི་གཞུང་རྟའི་སྟེང་དུ་སྨྱུ་གུའི་མིག་ཆུང་ངུ་དག་ཡོད་ལ། དེ་དག་གིས་ལེགས་པར་བཞར། ནད་མེད་དུག་མེད་ཀྱི་སྨྱུ་གུ་མིག་ཆུང་དག་ནི་རྒྱུད་སྤེལ་བྱེད་ཀྱི་ས་བོན་ལེགས་ཤོས་དེ་ཡིན་ཞིང་། བཅད་ཟིན་པའི་རྨ་ཁ་དག་ནི་མི་རུལ་བའི་ཕྱིར་དུ་རྩྭ་ལྷུམ་གྱི་ཐལ་བས་སྐར་གསོ་བྱས་ཀྱང་ཆོག

དྲུག་པ། བསྡུ་ལེན་དང་བཟོ་བཅོས།

1.བསྡུ་ལེན།

ཟླ་དགུ་པ་ནས་བཅུ་པའི་དུས་སུ་ལྕུམ་རྩའི་གཞུང་རྩ་དང་ལོ་མ་དག་སེར་པོར་འགྱུར། དེ་དུས་བསྡུ་ཆོག་སྟེ་དུས་འགྱངས་ན་རྡུལ་བའི་ཉེན་ཁ་ཡོད་པ་དང་ཁྱད་པར་གྱི་ནུས་པ་དག་ཉམས་ཀྱང་སྲིད་པས་སྨན་གྱི་ནུས་པ་དང་སྤུས་ཀ་ཉམས་པར་བྱེད་པའི་རིགས་ལ་དོ་སྣང་བྱ་དགོས། ས་ནས་ཡར་འབལ་པའི་དུས་སུ་ཐོག་མར་གཞུང་རྩ་བླངས་རྗེས་དེའི་སྟེང་ཡོད་པའི་ས་འདམ་དག་གཙང་སེལ་བྱ། དེའི་རྗེས་བཟོ་སྐོན་བྱ་སར་དཔོར་སྐྱེལ་བྱས་ན་ཆོག་པ་ཡིན།

2. བཟོ་སྐོན།

མཚོ་སྔོན་དུ་ལྕུམ་རྩ་ས་ནས་བཏོན་རྗེས་སྟེང་གི་པགས་ཤུན་བཤུས་ཤིང་ཆུས་མི་བཀྲུ་བ་དང་། དེའི་རྗེས་དེ་ཉིས་གཏུབ་ཅིང་ཙུང་ཆུང་བ་དེ་ཟླུམ་གཟུགས་སུ་གཞོགས་རྗེས་ཉི་མར་སྐམ་པ་དང་ཡང་མེར་སྐམ་པར་བྱེད། ཡང་ན་ལི་སྨི 1 ཙམ་དུ་བཅད་གཏུབ་བྱས་ཏེ་ཉི་མར་སྐམ་པ་དང་བསིལ་སྐམ་བྱེད་པ། ཡང་ན་ཐག་པ་ཕྲ་མོ་སོགས་ལ་བཏགས་ཏེ་བསིལ་དྲོད་སྙོམས་པ་གཙོ་བོ་རླུང་རྒྱུག་ལེགས་པའི་གནས་སུ་ཉིན་བརྒྱ་ཡས་མས་སུ་བསིལ་སྐམ་བྱས་ཏེ་ཚོང་རྫས་སུ་སྤྱོད་བཞིན་ཡོད།

ས་བཅད་གསུམ་པ། ཧྲང་ཀུ།

ཧྲང་ཀུའི་དབྱིབས་ནི་ཆར་གདུགས་དང་འདྲ་ཞིང་སྐྱེ་དངོས་ཀྱི་ཁོངས་སུ་གཏོགས། མིང་གཞན་ལ་བྱི་ཧྲིང་ཙུ་ཟེར། གཙོ་བོ་མོ་ནད་ཕྱོགས་སུ་བཀོལ་སྤྱོད་བྱེད་བཞིན་པའི་ཀྲུང་སྨན་ཞིག་ཡིན། ནང་གི་རྫས་འགྱུར་གྱི་གྲུབ་ཆ་གཙོ་བོ་ལ། ཁྲག་འདོན་སྤྲོད་དང་ཟླ་མཚན་མི་སྙོམས་པ། ཚ་བ་གཅོག་པར་བྱེད་པ། རྒྱ་མ་བདེ་བར་བྱེད་པའི་ཕན་ནུས་ཡོད། གཙོ་བོ་ཟླ་མཚན་རྒྱུན་ལྡན་མིན་པ་དང་བུ་སྐྱོད་ལས་ཁྲག་འབྱུང་བ། མགོ་བོ་ན་བ་སོགས་ཀྱི་ནད་ལ་ཕན། སྨན་འདིས་ཐོན་ཁུངས་གཙོ་བོ་ནི་ཀན་སུའུ་ས་ཁུལ་གྱི་རོང་མི་རྫོང་དང་ཀྲང་ཞན་སོགས་སུ་ཡོད། ཀན་སུའུ་ས་ཁུལ་གྱི་སྨན་རྫས་ཤིག་ཡིན། ལྷག་པར་དུ་མིན་གོས་ས་ཁུལ་གྱི་སྨན་རྫས་རྒྱུ་ཕྱུས་ཧ་ཅང་བཟང་། རྒྱལ་ཁབ་ཕྱི་ནང་དུ་ཁྱབ་རྒྱ་ཧ་ཅང་ཆེ། གཞན་ད་དུང་སི་ཁྲོན་དང་ཡུན་ནན་ས་ཁུལ་དུ་འདེབས་འཛུགས་བྱེད་བཞིན་ཡོད།

གཅིག སྐྱེ་དངོས་ཀྱི་ཕྱིའི་རྣམ་པ།

ལོ་མང་དུ་སྐྱེ་བའི་རྩི་ཤིང་ཡིན་ལ་མཐོ་ཚད་ལ་ལི་སྨི 50~100ཡོད། དེའི་རྩ་བ་ཆེ་ཞིང་དྲི་ཞིམ་ལྡན་ལ་དབྱིབས་ནི་ཀ་བ་དང་འདྲ། ཕྱི་ཤུན་གྱི་ཁ་དོག་ནི་སེར་པོ་ཡིན། བར་ཤུན་གྱི་ཁ་དོག་ནི་དཀར་པོ་ཡིན་ཞིང་། བྱིངས་ལུག་མིག་མེ་ཏོག་གི་དབྱིབས་ཡིན།

གཉིས། སྐྱེ་དངོས་རིག་པའི་ཁྱད་ཆོས།

ཧྲང་ཀུ་ནི་མཁའ་དབུགས་ཙུང་བསིལ་ཞིང་བརླན་ས་ཆེ་བའི་ཁོར་ཡུག་ལས་སྐྱེས། རྒྱ་མཚོའི་ངོས་ལས་སྨི 2000 ~3000ས་ནས་སྐྱེས། སྤུ་གུ་འབུས་དུས་ཉི་འོད་ཀྱི་དྲང་འཕྲོ་ཡིས་གནོད། བསིལ་གྲིབ་ཀྱི་ཇྲོད་ཚད 80% ~90%བར་འོས་

འཚམས་ཡིན་ལ། དེ་རྗེས་སྟོད་ཚད་ཇེ་མཐོར་བཏང་ན་ལེགས། སྟོད་ཚད་ཀྱི་རིགས་ལ་ཧ་ཅང་གཟབ་དགོས། ས་དམའ་སར་སྐྱེ་དངོས་འདིའི་རིགས་འདེབས་འཛུགས་བྱས་ན་དབྱར་ཁར་སྟོད་ཚད་མཐོ་བའི་དབང་གིས་སྐམ་འགྲོ། ཆར་འབབ་ཚད་མཐོན་ཐོན་སྐྱེད་མང་པོ་བྱེད་ཐུབ། ལོ་རེའི་ཆར་འབབ་ཚད་ཧོ་སྨི 500 ~700 བར་འོས་འཚམ་ཡིན། ཡིན་ནའང་ཆར་ཆུ་མང་དྲགས་ན་རྩ་བ་རུལ་འགྲོ། བར་འཚམས་ཀྱི་ས་རིམ་མཐུག་པོ་ཡིན་པ་དང་རྗེ་ཟགས་འདྲེས་པའི་ནང་དུ་ཐོན་ཁུངས་དེ་ལས་ཀྱང་མང་། བསྟུད་མར་ལོ་མང་དུ་འདེབས་འཛུགས་བྱེད་མི་རུང་། ཧྲང་ཀུ་ནི་སྟོད་ཚད་དམའ་སར་སྐྱེས་པའི་སྐྱེ་དངོས་ཤིག་ཡིན། འཚོ་བཅུད་འཛོམས་པ་ནས་སྐྱེ་འཕེལ་འཚར་སྐྱེའི་བར་མ་མཐའ་ཡང་ལོ་རིམ་གཉིས་བརྒྱུད་དགོས། སྟོད་གྲང་ཁོར་ཐིག་ཡས་མས་དང་དུས་ཚོད 12 རིང་ལ་ཉེ་འོད་འཕྲོ། དེའི་རྐྱེན་གྱིས་མི་རྣམས་ཀྱིས་འདེབས་འཛུགས་བྱེད་ན་ལོ་དང་པོ་ལ་སྨྱུ་གུ་འབུས་སུ་འཇུག་པ་དང་། ལོ་གཉིས་པར་ད་གཟོད་གནས་སྤར་ནས་གསོག་ཉར་བྱས་པའི་རྩ་བ་རྣམས་སྨན་རྫས་སུ་འགྱུར་བ་ཡིན། ལོ་གསུམ་པའི་ནང་ལོ་ཏོག་སྐམ་ནས་ས་བོན་ལེན་དགོས། འོན་ཀྱང་རྩ་བའི་ནུས་པ་ཉམས་པས་སྨན་རྫས་ནུས་པ་མི་ལེགས། ཧྲང་ཀུ་ཆེས་ཐོག་མའི་ལོ་འདབ་དེ་གནས་སྤོར་རྗེས་ཀྱི་ལོ་དེར་མེ་ཏོག་སྐམ་ནས་འབྲས་བུ་བསགས་ན་བཟང་ཞིང་དེའི་རྩ་བ་སྟོང་པོར་གྱུར་ནའང་སྨན་གྱི་ནུས་པ་ཉམས་མི་སྲིད་ཀྱང་ཐོན་སྐྱེད་ལ་གནོད་པ་བཟོ་སྲིད། ཡིན་ཡང་དེ་ཕྱོགས་ལ་ཞིབ་འཇུག་བྱས་ནས་སྡོམ་ཚིག་འགོད་མ་ཐུབ། ཐོག་མར་འདེབས་འཛུགས་བྱེད་པའི་དུས་ཚོད་ཆ་སྙོམས་ཡིན་དགོས། དེའི་ཆེ་ཆུང་ལ་ལི་སྨི 0.2~0.5 ཡིན་ན་འོས་འཚམ་ཡིན།

གསུམ། འདེབས་འཛུགས་ལག་རྩལ།

(གཅིག) ས་གཤིས་འདེམས་པ།

ཧྲང་ཀུ་འདེབས་འཛུགས་བྱེད་པའི་ས་ཁུལ་ནི་རྒྱ་མཚོ་ངོས་ལས་སྨི 2200 ~

2400མཚམས་ཀྱི་རི་ཁུལ་དུ་བཏབ་ན་འཚམ། ས་རིམ་ཐུང་གཏིང་ཟབ་ཅིང་མཐུག་པོ་ཡིན་ལ་ས་སོབ་ཅན་ཡིན་དགོས། བརླན་གཤེར་ཆེ་བའི་རྫ་ཟྭགས་ཀྱི་ས་ཁུལ་ཐུང་བཟང་། ངོས་མི་སྙོམས་པའི་ས་ཁུལ་དུ་འདེབས་པ་ལས་ཆུ་འཁྱིལ་བ་དང་མཁའ་དབུགས་མི་གཙང་ཞིང་ཐན་པ་མང་བ། བ་ཚྭའི་ས་ཁུལ་བཅས་སུ་འདེབས་འཛུགས་བྱ་མི་རུང་། དེའི་ནང་དུ་གཙོ་བོ་ཀེ་ཚོའི་རིགས་བཏབ་ན་བཟང་། སྲན་མའི་རིགས་བཏབ་ན་ནད་འབུ་རིགས་ཀྱི་ནད་འབྱུང་སླ་བས་གཏན་ནས་འདེབས་འཛུགས་བྱ་མི་རུང་།

སོན་བཏབ་ལོ་ཏོག་བསྡུས་ཚར་རྗེས་མགྱོགས་མོར་སྟེང་འོག་བརྗེས་ནས་ས་བརླན་ཉེ་སྐམ་བྱེད་དགོས། དགུན་འཁྱག་མ་བྱུང་གོང་ཡང་བསྐྱར་བརྗེས་ནས་ས་བཅུད་འཛོམས་པར་བྱེད་དགོས། དཔྱིད་འགོ་ཚིགས་དུས་ས་ཞིང་གྲུ་བཞི་མ་གཅིག་གི་ནང་དུ་ཞིང་ཧྭའོ་ཧྥིན 3000~4000དང་། འབྲུ་སྣུམ་ཧྭའོ་ཧྥིན 750 ཞིང་སྨན་བྱེད་དགོས། འབྲུ་མ་བཏབ་གོང་ས་སློག་བྱེད་དགོས། ས་འཕུར་མཉེ་བྱས་ནས་ས་བོན་དང་འདྲེས་སུ་བཅུག་ནས་ས་སློག་ཞོར་དུ་འདེབས་དགོས། ཉིན་མཚན་པར་སྟོང་འཛོག་མི་རུང་། ས་ཞིང་རླངས་འགྱུར་བྱས་པས་ཉེན་ཁ་ཡོད་པའི་སར་འཛོག་དགོས།

(གཉིས)ས་བོན་འདེམས་པ།

འདེམས་འཛུགས་མ་བྱས་པའི་གོང་ལ་ས་བོན་འདེམས་དགོས། གནོད་སྐྱོན་ཇེ་ཉུང་དུ་གཏོང་ཆེད་ས་བོན་ལ་གས་ཆག་ཤོར་བ་དག་ཕྱིར་དོར་དགོས། སྨྱུ་གུ་ཆེ་དྲག་ན་སྟོང་ཟ་ཇེ་ཆེ་རུ་འགྱུར་ཉེན་ཆེ། འགྱུར་ཚད 80%~100%ཡིན། སྨྱུ་གུའི་རྩེ་མོ་རྣོ་དྲགས་ན་བཀོལ་མི་རུང་བར་རུལ་སླ། ཆེ་ཆུང་ཡོད་ཅིང་གྲུལ་དག་པ། ཚངས་ཐིག 0.3~0.5ཡོད་ན་སྨྱུ་གུ་བཟང་པོ་སྐྱེས་ཐུབ།

(གསུམ)འདེབས་འཛུགས་ཀྱི་དུས་ཚོད་དང་བྱ་ཐབས།

འདེབས་འཛུགས་བྱེད་པའི་དུས་ཚོད་ནི་ཟླ་བཞི་པའི་ཟླ་དཀྱིལ་ལ་འཚམས། འདེབས་འཛུགས་ཀྱི་བྱ་ཐབས་ལ་སྙོམས་འདེབས་དང་ས་གཞི་གཡོགས་པ་གཉིས་ཡོད། སྙོམས་འདེབས་ནི་ས་རྨོད་བཏུལ་ཡོད་པའི་ས་ཞིང་ལི་སྨི 30ཁུང་བརྐོ་དགོས། ཁུང་གཅིག་གི་ནང་སྨྱུ་གུ་གཉིས་འདེབས་འཛུགས་བྱེད་དགོས། བར་ཐག་ལི་སྨི 1~1.5བཞག་ནས་འདེབས་དགོས།

(བཞི)ས་གཡོགས་པ་དང་འགེབ་ཐབས།

ཐོག་མར་རྫི་དང་གད་སྙིགས་སྙོམས་དགོས། སའི་ཕྱི་ཤུན་ལ་གནོད་འཚེ་ཐེབས་པས་ས་ཤུན་འཛོག་དགོས། ས་ཤུན་བར་ལི་སྨི 70 ~90ཡིན། སྨྱུ་གུའི་བར་ལི་སྨི 25~30ལྟར་འདེབས་འཛུགས་བྱེད་དགོས།

(ལྔ)འབྲུ་སྲིན་གྱི་གནོད་འཚེ་འགོག་ཐབས།

1.སྣ་ཁུ་ནད་ནི། ཞིང་ས་བརྒྱུད་ནས་འགོས་པའི་ནད་རིགས་ཤིག་ཡིན། ཧང་ཀུ་འདེབས་འཛུགས་བྱས་ཡོད་པའི་ས་ཆར་ནད་བྱུང་ཚད 86%ཡིན། ནད་རྒྱུ་ནི་སྟོང་སྐམ་གྱི་རྩ་བ་ན་ཡོད་པའི་སྐྱུད་འབུ་དང་གཞན་དག་ཡིན། སྟོང་སྐམ་གྱི་འོག་ལི་སྨི 10~20མཚམས་སུ་སྐྱུད་འབུ་མང་པོ་འདུས་སྡོད་བྱས་ཡོད། ཧང་ཀུ་འདེབས་འཛུགས་བྱས་པ་ནས་བསྟུ་བའི་བར་དུ་ཉེན་ཁ་ཡོད། ནད་རྟགས་ནི་ཤ་པགས་སྨུག་མདོག་ཏུ་གྱུར་ནས་ཁ་གས་ཏེ་ཕྲུ་མང་པོ་མགོ་དང་ལུས་ཡོངས་སུ་ཡོད། ས་ཁ་ན་རྟགས་གཞན་མེད། ནང་སྙིང་གི་ཆགས་ཚུལ་ནི་འཁྱིག་སོབ་ལྟར་ཡིན། རྨུམ་མེད་པར་གྱུར་ནས་སྨན་རྫས་ཀྱི་རྒྱུ་ཕྲུས་མེད་པར་གྱུར་འགྲོ།

འགོག་སྲུང་བྱེད་ཐབས། འོག་སྐོར་འདེབས་རས་བྱེད་དགོས། གྲོའི་ལོ་ཏོག་ཙུང་བཟང་། སྲན་མའི་རིགས་མི་བཟང་། སྨྱུ་གུ་ནད་ཅན་གཅིག་བསྡུས་བྱས་ནས་བསྲེག་པའམ་ས་འོག་ཏུ་བཙུག་ནས་ནད་རྒྱུ་མེད་པར་བྱེད་དགོས། ས་སློག་བྱས་ནས་ཞིང་སྨན་བཏབ་སྟེ་སྨྱུ་གུའི་ནད་འགོག་གི་ནུས་པ་ཆེར་འདོན་དགོས།

ཞིན་ལིག་ལེན་འབྲུ་མར་50%ནང་སྐར་མ་5 ~10བར་སྦངས་དགོས། དེ་རྗེས་བླངས་ནས་འདེབས་འཛུགས་བྱ་དགོས། ཞིན་ལིག་ལེན་འབྲུ་མར་3%ཅན་གྱི་ནང་དུ་ས་བཏབ་ནས་ཁྱུང་ནང་དུ་བཞག་ན་འགོག་སྲུང་གི་ནུས་པ་ཧ་ཅང་ཆེ། སྐྱིད་འབུ་འགོག་སྲུང་གི་ནུས་པ་དེ་ལས་ཆེ།

2.རྩ་རུལ་ནད་ནི། འབུ་ཕྲའི་ནད་རིགས་ཤིག་ཡིན། ནད་རྒྱུ་ནི་ཅ་ལན་ཏོ་འབུ་ཕྲ། ཡན་མེ་ལན་ཏོ་འབུ་ཕྲ། ཅན་པོ་ལེན་ཏོ་འབུ་ཕྲ་དག་ཡིན། དབྱར་སྟོན་ཚ་བ་དང་ཆར་ཆུ་མང་བའི་དུས་སུ་བྱུང་། ནད་བྱུང་དུས་སྡོང་རྩ་སྨུག་པོར་གྱུར་ནས་རྨ་བྱུང་། དེ་རྗེས་སྡོང་པོ་ཡོངས་རུལ་འགྲོ།

འགོག་སྲུང་བྱེད་ཐབས། འོག་སྐྱོར་འདེབས་རས་བྱེད་དགོས། གྲོའི་ལོ་ཏོག་ཚུང་བཟང་། སྲན་མའི་རིགས་མི་བཟང་། མྱུ་གུ་ནད་ཅན་གཅིག་བསྡུས་བྱས་ནས་བསྲེག་པའམ་ས་འོག་ཏུ་བཅུག་ནས་ནད་རྒྱུ་མེད་པར་བྱེད་དགོས། ས་སློག་བྱས་ནས་ཞིང་སྨན་བཏབ་སྟེ་མྱུ་གུའི་ནད་འགོག་གི་ནུས་པ་ཆེར་འདོན་དགོས། ཞིན་ལིག་ལེན་འབྲུ་མར་50%ཡི་ནང་སྐར་མ་5~10བར་སྦངས་དགོས། དེ་རྗེས་བླངས་ནས་འདེབས་འཛུགས་བྱ་དགོས། ཞིན་ལིག་ལེན་འབྲུ་མར་3%ཅན་གྱི་ནང་དུ་ས་བཏབ་ནས་ཁྱུང་ནང་དུ་བཞག་ན་འགོག་སྲུང་གི་ནུས་པ་ཧ་ཅང་ཆེ། ནད་བྱུང་བའི་སྡོང་པོ་ཡོད་ཚེ་མྱུར་དུ་རྩ་བ་ནས་དོར་དགོས།

3.ས་འབུ་དཀར་པོ། ཏང་ཀུའི་རྩ་བ་ངོས་མི་ཉམས་པར་རྩ་བ་ཆད་ནས་སྡོང་སྐམ་དལ་མོར་འཁྱུམ་ནས་ཤི་འགྲོ།

འགོག་སྲུང་བྱེད་ཐབས། ལོ་ཏོག་ཚུང་བཟང་། སྲན་མའི་རིགས་མི་བཟང་། མྱུ་གུ་ནད་ཅན་གཅིག་བསྡུས་བྱས་ནས་བསྲེག་པའམ་ས་འོག་ཏུ་བཅུག་ནས་ནད་རྒྱུ་མེད་པར་བྱེད་དགོས། ས་སློག་བྱས་ནས་ཞིང་སྨན་བཏབ་སྟེ་མྱུ་གུའི་ནད་འགོག་གི་ནུས་པ་ཆེར་རྒྱས་སུ་འཇུག་དགོས།

ས་བཅད་བཞི་བ། ཀྱི་ལྕེ།

ཀྱི་ལྕེ་ནི་ལུང་ཏན་ཁེའུ(龙胆科)རིགས་ཀྱི་ཁོངས་གཏོགས་ལོ་མང་སྐྱེས་པའི་རྩི་ཤིང་གི་རིགས་ཤིག་ཡིན། མིང་གཞན་ལ་མཛེ་མོ་བཤུད་རིང་དང་། ཀྱི་ལྕེ་ནག་པོ་ཟེར། ཀྱི་ལྕེ་དང་ཀྱི་ལྕེ་དམན་པ་གང་ཡིན་ཀྱང་དེ་ཡི་རྩ་བ་དང་མེ་ཏོག་སྐམ་པོ་སྨན་དུ་བཀོལ་སྤྱོད་བྱེད་ལ། དེས་གྲུམ་བུའི་ནད་དང་མཆེར་བའི་ནད་སེལ་བ་ལ་ཤིན་ཏུ་ཕན། ད་དུང་རྩ་རྒྱུད་འཁུམས་པ་དང་དུས་ཚིགས་ན་བ། བྱིས་པའི་དྭངས་མ་མ་ཞུ་བ་དང་ཚ་རྒྱས་པ་སོགས་ལ་ཕན། ཀྱི་ལྕེ་མང་ཆེ་ཤས་རི་སྐྱེས་ཡིན་ལ་ཁྱིམ་ཚང་གིས་འདེབས་འཛུགས་བྱེད་པའང་ཡོད། གཙོ་བོ་བྱང་ཤར་གྱི་ཞིང་ཆེན་གསུམ་དང་ནུབ་བྱང་ས་ཁུལ། སི་ཁྲོན། ཡུན་ནན་སོགས་སུ་ཡོད།

གཅིག རྩི་ཤིང་གི་རྣམ་པ།

ཀྱི་ལྕེ་ནི་ལོ་མང་སྐྱེས་པའི་རྩི་ཤིང་གི་རིགས་ཤིག་སྟེ། སྡོང་རྐང་གི་མཐོ་ཚད་ལ་ལི་སྨི 30~65དང་། གཞུང་རྩ་དྲང་ཞིང་སྦོམ་ལ་མང་ཆེ་ཤས་རྐང་གཅིག་ཡིན། ཁ་ཤས་ཉིས་ཚབ་བྱུས་ཤིང་ཐུང་ཙམ་འཁྱོག་ཡོད། ཁ་དོག་སེར་པོ་དང་ཁམ་སེར། སྡོང་པོ་འཛམ་ཞིང་ཚིགས་མཚམས་ཡོད། ལོ་མ་རུལ་རྗེས་སྐྱུད་པ་དང་འདྲ་ལ་སྡོང་འོག་ལ་འདུས་ཡོད། ལོ་མའི་དབྱིབས་ཁབ་དབྱིབས་དང་འདྲ་ཞིང་རྩ་བ་ལས་གྲིས་པའི་ལོ་མ་ཆེ་ལ། སྡོང་པོ་ལས་གྲིས་པའི་ལོ་མ་ཐུང་ཆུང་། ལོ་མ་འཛམ་ཞིང་སྤུ་སོབ་སོབ་ཀྱིས་གཡོགས་པ། ལོ་འདབ་ལྗང་དང་ལྡན་པ། མེ་ཏོག་སེར་སྐྱ་དྲིལ་ཆུང་དབྱིབས་འདབ་མ་ལྔ་ཅན། སིལ་ཏོག་སྙིང་དབྱིབས་དང་འདྲ་ལ་འབྲས་བུ་ཆུང་ཞིང་མདོག་ཁམ་སེར། འོད་ལྡན་པ་ཞིག་ཡིན།

གཉིས། སྐྱེ་དངོས་རིག་པའི་ཁྱད་ཆོས།

ཀྱི་ལྷེའི་རིགས་ནི་མཚོ་ངོས་ལས་སྨི2400~3500བར་གྱི་གནམ་གཤིས་གྲང་ངར་ཆེ་ས་དང་ཆར་ཆུ་མོད་ས། ཉི་འོད་དང་ལྡན་པ་བཅས་ཀྱི་མཐོ་སྒང་ས་ཁུལ་དུ་ཁྱབ་ཡོད། ཁྱད་པར་དུ་ས་གཤིས་གཤིན་པོ་ཡིན་སའི་རི་ཁུལ་དང་རྩ་གསེབ་ཏུ་སྐྱེས་ཡོད། ཀྱི་ལྷེ་དམན་པ་ནི་གནམ་གཤིས་རྡོད་འཇམ་ས་ཆར་སྐྱེས་ལ། གྲང་ངར་དང་ཐན་པ་ཐུབ་པ། མཚོ་ངོས་ལས་སྨི200 ~2800ཡས་མས་ཀྱི་རི་ཁུལ་དང་རི་མ་ཐང་གི་ཁུལ། ནགས་ཚལ་གྱི་འགྲམ། སྔོང་ཕྲན་ནགས་རྫུབ་སོགས་སྒྲིབས་སུ་སྐྱེས་པ་ཙུང་ལེགས། ས་རིམ་ཟབ་མོ་དང་ས་གཤིས་གཤིན་ས། བྱེ་ནང་དུ་སྐྱེས་པའང་ཙུང་བཟང་། ཆུ་མང་པོ་བསགས་པ་དང་བ་ཚྭ་ཅན། འོད་དྲག་པོ་སོགས་ལ་འཛེམ་དགོས།

གསུམ། འདེབས་འཛུགས་ལག་རྩལ།

(གཅིག)ཞིང་ས་འདེམས་པ།

མཚོ་ངོས་ལས་སྨི2500ཡས་མས་ཀྱི་རྡོད་འཇམ་གྱི་ས་ཞིག་འདེམས་ནས་དེར་བྱེ་མ་འདྲེས་པའི་ཞིང་ས་དང་རུལ་སྲུངས་ཀྱི་ས་གཤིན་པོ་ཡོད་ན་ལྷག་ཏུ་བཟང་། དེ་ནས་ས་ཞིང་ལི་སྨི30ཡས་མས་སུ་རྨོ་རྐོ་བྱེད་པ། རྒྱ་ཁྲིན་སྨི་གྲུ་བཞི་མ་ཁྲི་རེར་ལུད་སྟོང་ཁེ22500~30000རེ་འཇོག་པ།

(གཉིས)རྒྱུད་སྤེལ་ཐབས་ལམ།

དེ་ལ་ས་བོན་སྐྱེ་འཕེལ་དང་ཡལ་གའི་སྐྱེ་འཕེལ་གཉིས་ཡོད།

1.ས་བོན་སྐྱེ་འཕེལ་ལ་དབྱིད་ཀ་དང་སྟོན་དུས་སུ་འདེབས་པ་གཉིས་ཡོད། འདེབས་འཛུགས་བྱེད་དུས་ས་བོན་དང་བྱེ་མའི་སྦྱར་བ1:3ཡིན་དགོས་ལ་སོས་ཀའི་དུས་སུ་ས་དོང་སྨི3ཙམ་མཁོ། གྲལ་རེའི་བར་ཐག་ལི་སྨི20~30ཡོད་དགོས། དེ་རྗེས་ས་བོན་འདེབས་དགོས། ཟླ8~9བར་སྟེ་སྟོན་དུས་འདེབས་འཛུགས་བྱེད་པར་

ལོ་དེར་སྨྱུ་གུ་ལོ་མ་གཉིས་ཅན་འབུས་པ་དང་དེ་དུས་གནས་བརྗེ་སྤོར་བྱས་ཆོག སྨི་གྲུ་བཞི་མ་ཁྲི་རེར་ས་བོན་སྟོང་ཁེ 7.5~15བཙུགས་ཆོག

2.ཡལ་གའི་སྐྱེ་འཕེལ་ལ་དབྱིད་དུས་དང་སྟོན་དུས་སུ་འཛུགས་པ་གཉིས་ཡོད་ལ། དབྱིད་དུས་སྨྱུ་གུ་མ་འབུས་གོང་ལ་རྩ་བ་བསློག་ནས་ཡལ་ག་འགའ་རེ་གནས་གཅིག་ཏུ་འཛུགས་པ། ཡལ་ག 1~2སྐོར་གཅིག་བྱས་ནས་ལི་སྨི 10~20མཚམས་སུ་འཛུགས་པ། གྲལ་རེའི་བར་ཐག་ལི་སྨི 20~30བྱས་ནས་སྨྱུ་གུའི་རིང་ཚད་ལྟར་འཛུགས་དགོས། ཕལ་ཆེར་ལི་སྨི 3ཡས་མས་ཀྱི་ས་འོག་ལ་འཇུག་པ་དང་ཆུ་གཏོར་བ། སྨི་གྲུ་བཞི་མ་ཁྲི་རེར་ཡལ་ག་ཁྲི 15ཙམ་འཛུགས་དགོས།

(གསུམ)ཞིང་ནང་གི་དོ་དམ།

1.སྨྱུ་གུ་འབུས་ནས་ལི་སྨི 4~5ཡིན་དུས་སྨྱུ་གུ་ཕན་ཚུན་གྱི་བར་ཐག་ལི་སྨི 20×30བྱས་ནས་སྨྱུ་གུ་ཁ་ཤས་དོར་བ་དང་། སྨྱུ་གུ་ལི་སྨི 6~8ཡིན་དུས་གཏན་འཁེལ་བྱས་ཤིང་ཆུ་གཏོང་ལུད་འཛོག་བྱ་དགོས།

2.ཡུར་མ་ཡུར་བ། ལོ་རེར་ཡུར་མ་ཐེངས 3~4ལ་ཡུར་དགོས།

3.ཆུ་གཏོང་བ་དང་ལུད་འཛོག་པ། ཡུར་མ་ཡུར་རྗེས་ཁྱིམ་ལུད་འཛོག་ལ་སྨི་གྲུ་བཞི་མ་ཁྲི་རེར་ལུད་སྟོང་ཁེ 2250~30000འཛོག་པ་དང་ཡང་ན་ཀུང་ཆིང་རེར་ཕྲུ་ཧྲུའུ་སྣུམ་གོར(腐熟油饼) སྟོང་ཁེ 750~1500སྟེང་དུ་ཆུ་སྟོང་ཁེ 1500སྣོན་དགོས། ལུད་རྫས་ལས་འདྲེས་སྦྱོར་རྫས་ཅུང་བཟང་བ་དང་སྦྱོར་བཏང་དུ་སྔོང་ཀང་དུ་ཆུ་གཏོང་བའི་དུས་སུ་འཛོག་དགོས་ལ་མུའུ་རེར་སྟོང་ཁེ 20ཡིན། མེ་ཏོག་བཞད་པའི་དུས་སུ་ལོ་མར་ལིན་སོན་ཆེན་ཨར་ཙྭ་གཏོར་ན་ཆོག ཡང་ན་ཀུང་ཆིང་རེར་སྟོང་ཁེ 4~5ཐེངས་མང་པོར་བླུག་ན་ཕན།

(བཞི)གནོད་འབུ་འགོག་པ།

གནོད་འབུ་མང་ཆེ་ཤས་སྣ་ཏྲུག་པ་དང་བདུན་པའི་བར་དུ་བྱུང་བ་དང་།

ཚབས་ཆེ་དུས་སྔོང་རྐང་རྙེད་ནས་ཤི་འགྲོ་ལ་དུས་ཐོག་ཏུ་གཙང་སེལ་བྱེད་པ་དང་གཞོགས་གཅིག་ཏུ་བསྡུས་ནས་མེར་བསྲེག་པ། གནོད་འབུས་གནོད་འཚེ་ཐེབས་མ་ཐག་དགོས་ངེས་ཀྱི་སྨན་རྫས་སྤྱད་དེ་འབུ་སྲ་སྔོན་འགོག་བྱེད་དགོས།

བཞི། བསྡུ་ལེན་བྱེད་པ།

ཀྱི་ལྗི་སྐྱེས་ནས་ལོ་གསུམ་ལོན་རྗེས་མེ་ཏོག་བཞད་ཅིང་འབྲས་བུ་སྨིན་པ། སྤྱིར་བཏང་དུ་ཟླ་དགུ་པ་ནས་བཅུ་པའི་བར་མེ་ཏོག་སེར་སྐྱ་བཞད་དུས་སྔོང་རྐང་དང་བཅས་འབྲས་བུ་བསྡུ་ལེན་བྱེད་པ་དང་རླུང་རྒྱུ་སར་བཞག་ནས་སྐམ་དགོས་ལ། ས་བོན་བླངས་རྗེས་སྐམ་སར་ཉར་ཚགས་བྱས་ན་ལེགས།

ས་བོན་བཏབ་ནས་ལོ་གཉིས་ནས་གསུམ་བར་བསྡུ་ལེན་བྱས་ཆོག་ལ། ཟླ་དགུ་ནས་བཅུ་གཅིག་བར་མཆེ་བ་མར་ཁོར་དུས་རྩད་པ་ནས་བསློག་པ་དང་ལོ་མ་དང་གཞུང་རྟའི་འདམ་གཙང་སེལ་བྱས་ནས་སྐམ་ཐག་མ་ཆོད་གོང་ཕྱོགས་གཅིག་ཏུ་བྱས་ནས་ཉིན་གཅིག་ནས་གཉིས་ལ་འཛོག་པ་དང་། དེ་རྗེས་བཀྲམ་ནས་སྐམ་ཐག་ཆོད་དགོས། གཞུང་རྩད་ལོ་གཅིག་ལ་སྐྱེ་འཕེལ་བྱེད་བཅུག་ནས་བསྡུ་ཆོག

ས་བཅད་ལྔ་བ། ཟི་ར་དཀར་པོ།

ཟི་ར་དཀར་པོ་ནི་གདུགས་དབྱིབས་ཅན་ལོ་མང་སྐྱེས་པའི་རྩ་ལྗུམ་རིགས་ཤིག་ཡིན་ལ། མིང་གཞན་ལ་ཟི་ར་སྨུག་པོ་དང་ཟི་ར་དམར་པོ། བྱང་ཧུའུ་ཁྲའི་བཅས་ཟེར། ཟི་ར་དཀར་པོའི་རྩ་བ་སྐམ་པོ་སྨན་དུ་གཏོང་བ་དང་རྫས་འགྱུར་གྱི་གྲུབ་ཆ་གཙོ་བོ་ནི་ཧའི་ཧྲ་ཡིག་དང་། ཧུའུ་ཁྲའི་ཁྲུང་ཡིག་སོན། ཞའི་ཁྲིན་སོན། རྒྱུན་འབྱུམ་མང་ར་ཆ། ཙའོ་ཀན་སོགས་ཡོད། ཐོན་ཁུངས་དང་རྣམ་པ་མི་འདྲ་བའི་སྒོ་ནས་སྔོན་མ་དེར་རི་སྐྱེས་ཀྱི་ཟི་ར་དཀར་པོ་ནི་གཙོ་བོ་རང་རྒྱལ་གྱི་ཤར

བྱང་དང་ཧྭ་པེ། ནང་སོག ཧེ་ནན། ཧྲན་ཞི། ཀན་སུའུ་སོགས་ལ་ཁྱབ་ཡོད། ཁྲིམ་ཚང་གི་འདེབས་འཛུགས་བྱས་པའི་ཟེ་ར་དཀར་པོ་དེ་གཙོ་བོ་ཧྲེན་ཞི་དང་ཀན་སུའུ། ནང་སོག་སོགས་ཀྱི་ཞིང་ཆེན་དུ་ཁྱབ། ཟེ་ར་དཀར་པོ་དེ་གཙོ་བོ་ཧྲན་ཞི་དང་ཀན་སུའུ། ནང་སོག་སོགས་ཀྱི་ཞིང་ཆེན་དུ་ཁྱབ། ཟེ་ར་དཀར་པོའི་རོ་ཁ་ལ་ཚུང་བསིལ། ཕན་ནུས་གཙོ་བོ་ནི་ཆམ་རིམས་དང་དབུགས་མི་བདེ་བ། ཚ་རྒྱག་པ་དང་གྲམ་ཤུམ་བྱེད་པ། མཆིན་ཚད། མཁྲིས་ལམ་རལ་བ། ཟླ་མཚན་མི་སྙོམས་པ། བུ་སྐྱོད་ལུག་པ། གཞང་ལུག་པ་སོགས་ལ་ཕན་ནོ།།

གཅིག སྐྱེ་དངོས་རྣམ་པ།

(གཅིག)ཟེ་ར་དཀར་པོ།

ལོ་མང་སྐྱེས་པའི་རྩ་ལྕུམ་གྱི་རིགས། སྡོང་རྐང་གི་མཐོ་ཚད་ལ་ལི་སྨི 45 ~85དང་ལྕུམ་པོ་ཡིན། ལ་ལར་ཡལ་ག་གྱེས་པ་དང་ལ་ལར་གྱེས་མེད། སྡོང་པོ་སྦྲ་མཁྲེགས་ཅན་མེ་ཏོག་སྐུམ་ནག་གམ་ཐ་མདོག་ཡིན། སྡོང་རྐང་དྲང་མོར་སྐྱེས་པ་དང་སྟོད་དུ་ཡལ་ག་གྱེས་ཡོད་པ་དང་ཡི་གེ“云”དབྱིབས་ལྟར་འཁྱོག་ཡོད། ལོ་མ་རྒྱུང་བར་སྐྱེས་ལ་རྩ་བ་ནས་ལོ་མ་སྐྱེས་ཡོད། སྡོང་རྐང་ནས་སྐྱེས་པའི་ལོ་མའི་དབྱིབས་འཛོང་འཛོང་གི་ཚེར་མས་གཡོགས་པ། ལོ་མའི་རིང་ཚད་ལ་ལི་སྨི 5~12 དང་ཞེང་ལ་ལི་སྨི 0.5~1.5རྩེ་སྦྲ་ལ་མཐའ་སྙོམས་པ། ལོ་མ 5~9མཉམ་གཞིབ་བྱས་པ་དང་རྒྱབ་ཕྱོགས་སུ་དེའི་མེ་ཏོག་གདུགས་དབྱིབས་དང་འདྲ་ཞིང་། ཕྱིའི་ལོ་འདབ 1~2རྒྱུན་དུ་ལྷུང་བ་དང་ལོ་འདབ་ཆུང་བ 5~7ཡོད། མེ་ཏོག་ཆུང་བ་ལ་ཁ་དོག་སེར་པོ་ལ་ཟེའུ་འབྲུ་ལྡ་ཅན། འཛོང་དབྱིབས། མེ་ཏོག་གི་རྐང་གཉིས་ཅན་ཡོད་ལ་འཛོང་དབྱིབས་ལེབ་མོ་ཞིག་ཡིན། རིང་ཚད་ལ་ཧྲོའོ་སྨི 30~60དང་ཡལ་གའི་འབྲས་བུར་རྩེ་ལྡ་ཡོད། ཟླ་བདུན་ནས་དགུ་བའི་མེ་ཏོག་གི་དུས་དང་ཟླ་བརྒྱད་པ་ནས་བཅུ་བར་འབྲས་བུའི་དུས་ཡིན།

（གཉིས）ལོ་ཞིང་ཕྲ་བའི་ཟི་ར།

ལོ་མང་སྐྱེས་པའི་རྩ་ལྡུམ་གྱི་རིགས། མཐོ་ཚད་ལ་ལི་སྨི 30～60དང་ལོ་མ་ཁེར་སྐྱེས་སྐྱུད་པ་དང་འདྲ་ལ། ལོ་མའི་རིང་ཚད་ལ་ལི་སྨི 7～17དང་ཞེང་ལ་ལི་སྨི 2～6 རྩེ་ཕྲ་ལ་རྩ་བར་ཤིན་ཏུ་ཕྲ་བའི་རྩ་ཕྲན 5～7ཙམ་ཡོད། མཐའ་འཁོར་དུ་ཁ་དོག་དཀར་པོ་ཁྲབ་ཡོད། མེ་ཏོག་གདུགས་དབྱིབས་ཅན་མང་པོ་སྒོར་དབྱིབས་སུ་གྲུབ་ཡོད། ཟླ 7～9བ་ནི་མེ་ཏོག་གི་དུས་དང་ཟླ 8～10བར་ནི་འབྲས་བུའི་དུས་ཡིན།

གཉིས། སྐྱེ་དངོས་རིག་པའི་ཁྱད་ཆོས།

（གཅིག）སྐྱེ་མཚར་ཁྲོད་ཀྱི་ཁྱད་ཆོས།

རི་སྐྱེས་ཟི་ར་དཀར་པོ་ནི་ཉི་འོད་དང་ལྡན་པའི་ས་རྒོད་ཀྱི་རི་ལྡེབས། སྟོང་ཕྲན་ནགས་རྫུབ། དེའུ་འབུར། ནགས་འདབས། ནགས་གསེབ་ཏུ་སྐྱེས་ལ། དེར་གྲང་ངར་དང་ཐན་པ་ཐེག་ཐུབ་པའི་ཁྱད་ཆོས་དང་ལྡན་པ་དང་དུས་རྒྱུན་བསིལ་ས་དང་ཅུང་བརླན་གཤེར་ཆེ་སར་གོམས་ཡོད། ཚ་བ་ཆེ་དྲགས་པ་དང་ཆུའི་ནང་དུ་སྐྱེས་པར་མི་འཚམ། བྱེ་མའི་ས་རྒྱུ་གཤིན་པོ་དང་བཅུད་ལྡན་གྱི་ཞིང་སར་སྐྱེས་པ་ལེགས། ས་གཤིས་ཚད pHཅན 5.5～6.5ནས་སྐྱེ་བར་འཚམས། ལོ་ཧྲིལ་པོར་སྟོང་ཀང་ཁ་ཤས་མ་གཏོགས་ཚང་མ་ཁོག་སྟོང་མིན་པའི་གཞུང་རྟ་ཡིན། རྩ་བ་ནས་སྐྱེས་པའི་ལོ་མ་ཁ་ཤས་ཟླ 10བའི་ཟླ་དཀྱིལ་དུ་རྙིད་ནས་དགུན་ཉལ་བྱེད་པ་རེད། ལོ་གཉིས་པར་མེ་ཏོག་བཞད་པ་ནས་འབྲས་བུ་སྨིན་པར་ཉིན 45～55ཙམ་མགོ་ལ་སྟོང་ཀང་འཚར་ལོངས་བྱུང་བར་ཉིན 185～200ཡིན།

（གཉིས）ས་བོན་གྱི་སྐྱེ་དངོས་རིག་པའི་ཁྱད་ཆོས།

ཟི་ར་དཀར་པོའི་ས་བོན་ཅུང་ཆུང་ཞེང་རིང་ཚད་ལ་ཧའོ་སྨི 2.5～3.5 ཚངས་ཐིག་ལ་ཧོའོ་སྨི 0.7～1.7མཐུག་ཚད་ལ་ཧོའོ་སྨི 1ཡས་མས་ཙམ། བྱེ་

དབྱིབས་ཀྱི་ཧྲེ་བག་ཙུང་ཆེ་བ་དང་ངོས་རྩུབ་པོ་ཞིག་ཡིན་ལ། ཁ་དོག་ཁམ་སེར་དང་ཁམ་ཁམ་ཡིན་ལ་ཙུང་ཚུང་། ས་བོན་སྐྱེ་འཚར་བྱུང་བའི་ས་ཁུལ་ལ་རྒྱུ་རྐྱེན་གང་མང་གི་དབང་གིས་ས་བོན་གྱི་ལྗིད་ཚད་ལའང་ཁྱད་པར་ཤིན་ཏུ་ཆེ། ས་བོན་ཆིག་སྟོང་གི་ལྗིད་ཚད་ལ་ཁེ 1.35~1.85ཡོད། བསྡུ་ལེགས་བྱས་མ་ཐག་པའི་ས་བོན་བསིལ་སར་བཞག་ནས་ཟླ་གཅིག་འགོར་ཆེ་མྱུ་གུ་འབུས་པའི་གྲངས་ནི 50%~60%ཡིན། གལ་ཏེ་ས་བོན་ཕྱི་རོལ་ཏུ་བཞག་ནས་ཟླ་ཕྱེད་འགོར་རྗེས་དང་དྲོད་ཚད 5℃མན་གྱི་ཁོར་ཡུག་ཏུ་བཞག་ནས་ཟླ་ཕྱེད་འགོར་ཆེ་མྱུ་གུ་འབུས་ཚད 60%~70%ཡིན། ཉར་ཚགས་མཐུན་རྐྱེན་གཅིག་མཚུངས་ཡིན་པའི་ས་བོན་ཆུ་ལ་སྦྲངས་ནས་དུས་ཚོད 24འགོར་ཆེ་མྱུ་གུ་འབུས་པའི་ཚད་དེ 10%~15%ཡིས་ཇེ་མཐོར་འགྲོ་བ་དང་། མྱུ་གུ་འབུས་པར་ཆེས་འཚམ་པའི་དྲོད་ཚད་ནི 15℃~22℃ཡིན་པ་དང་ཉིན 10~15རྗེས་ནས་མྱུ་གུ་འབུས་འགོ་རྩོམ་ངེས། དྲོད་ཚད 15℃ལས་དམའ་ཆེ་ས་བོན་མྱུ་གུ་འབུས་ཚད་ཙུང་དལ་བ་དང་དྲོད་ཚད 15℃ལས་དམའ་ཆེ་ས་བོན་ལ་མྱུ་གུ་འབུས་ཚད་ཙུང་དལ་བ་དང་དྲོད་ཚད 25℃ལས་མཐོ་ཆེ་མྱུ་གུ་འབུས་པར་བཀག་རྐྱེན་བཟོས་ཡོད། ཟླ 12རིང་ལ་དེར་ཉར་ཚགས་བྱས་རྗེས་མྱུ་གུ་འབུས་ཚད་ཕལ་ཆེར་སླད་གོར་ཡིན། དེའི་རྐྱེན་གྱིས་ས་བོན་འཛུགས་དུས་ལོ་གཅིག་འགོར་བའི་ས་བོན་འཛུགས་མི་རུང་།

གསུམ། འདེབས་འཛུགས་ལག་རྩལ།

(གཅིག)ཞིང་ས་འདེམས་པ།

ཁོར་ཡུག་བཙོག་བཟོ་མེད་པའི་རྒྱང་གཞིའི་སྟེང་ས་རྒྱུ་སོབ་ཅིང་གཤིན་པོ་ཡིན་པའི་བྱེ་མའི་ས་རྒྱུའམ་ཡང་ན་རྡུལ་སྲུངས་ཡིན་པའི་ས་རྒྱུ་གཤིན་སར་ས་བོན་བཏབ་ན་དེའི་ཆ་རྐྱེན་ནི་ས་ངོས་སྙོམས་པོ་ཡིན་པ་དང་ས་ངོས་གཟར་ཚད 20°མན་ཆད་ཡིན་དགོས། ད་དུང་ས་དེར་འཁྱིལ་ཆུ་ཕྱིར་ཐུད་པའི་རང་བཞིན་དང་

ལྷན་དགོས་པ་དང་ཉེ་འགྲམ་དུ་ཆུ་མཛོད་ཡོད་དགོས། ས་སེར་དང་ཟེགས་ས། ཆུ་འཁྱིལ་སླ་བའི་གཤོང་ས། སྐམ་སླ་བའི་སྨང་འབུར་སོགས་སུ་འདེབས་མི་རུང་། ས་ཞིང་གཏན་འཁེལ་བྱས་རྗེས་གཏིང་ཚད་ལ་ལི་སྨི 25~30ཀོ་བ་དང་རྡོ་སོགས་དབྱུང་བ། སྨི་གྲུ་བཞི་མ་ཁྲི་རེར་གནོད་འཚེ་མེད་པའི་འཕྲོད་སྙེན་ཚད་གཞིར་བསླེབ་པའི་ཁྱིམ་ལུད་སྟོང་ཁ 11250~1500འཛོག་པ། ཞིང་བར་དུ་གྲོ་དང་ནས། ཚོད་ནག་སོགས་བཏབ་ཀྱང་ཆོག

(གཉིས)སྣ་ཁ།

ཟེ་ར་དཀར་པོར་རིགས་ཙུང་མང་ལ་འཛམ་གླིང་སྟེང་ཕལ་ཆེར་རིགས 150ཙམ་ཡོད། རང་རྒྱལ་དུ་རིགས 60ལྷག་ཙམ་དང་སྨན་དུ་བཀོལ་ཆོག་པའི་རིགས 20ལྷག་ཡོད། དེའུ་ནང་ལོ་མ་ཆེ་བའི་ཟེ་ར་ལ་དུག་ཤས་ཆེ་བས་མིག་སྔར་བཀོལ་མི་ཆོག་རང་རྒྱལ་གྱི་སྨན་གཞུང་དུ་ཨན་པའི་ཟེ་ར་དང་སྔོ་ཟེ་ར་ཚད་ལྡན་ཐོན་རྫས་སུ་བཞག་ཡོད། རིགས་ཁ་ཤས་ཤིག་སྐྱེས་ཡུལ་ནས་མ་གཏོགས་བཀོལ་སྤྱོད་བྱེད་ཀྱིན་མེད།

(གསུམ)འདེབས་འཛུགས་བྱ་ཐབས།

ཟེ་ར་དཀར་པོ་ནི་གཙོ་བོ་ས་བོན་བཏབ་པ་ལས་སྐྱེ་འཕེལ་བྱེད་ཀྱིན་ཡོད། ས་བོན་སྐྱེ་འཕེལ་ལའང་ཐད་ཀར་ས་བོན་འདེབས་པ་དང་མྱུ་གུ་འཛུགས་པ་གཉིས་ཡོད། འདེབས་འཛུགས་དུས་ཚིགས་ནི་སྟོན་དུས་དང་དཔྱིད་དུས། དབྱར་དུས་གསུམ་ཡིན་ལ་དེ་ལས་དཔྱིད་ཀ་དང་སྟོན་ཀ་འཛུགས་པ་ཙུང་མང་། དབྱར་དུས་འཛུགས་ཚེ་ས་བོན་མྱུ་གུ་འབུས་ཚད་དམའ་བ་དང་ཐོན་ཚད་མཐོ་བས་དེ་སྤྱོད་མི་འོས།

1.ས་བོན་འདེབས་པ། ས་བོན་གྱི་བཟང་ངན་དེ་སྨན་རྫས་ཀྱི་རྒྱུ་སྤྲུས་བཟང་ངན་ལ་ཤུགས་རྐྱེན་བཟོ་བའི་རྒྱུ་རྐྱེན་གཙོ་བོ་ཡིན་པས་འདེབས་འཛུགས

བྱ་དུས་ངེས་པར་དུ་ས་བོན་ལེགས་པོ་ཞིག་འདེམ་དགོས། གཅིག་ནས་ས་བོན་གཤའ་མ་ཡིན་དགོས་པ། གཉིས་ནས་རང་འགྲུལ་དུ་སྨྱུ་གུ་འབུས་ཚད་ཅུང་མཐོ་དགོས་པ། གསུམ་ནས་ས་བོན་སྟོང་རེའི་ལྗིད་ཚད་ཅུང་མཐོ་བ། བཞི་ནས་ས་བོན་གྱི་གཙང་ཚད་འདེབས་འཛུགས་ཀྱི་ཆ་རྐྱེན་ལ་ཐོན་དགོས་པ། ལྔ་ནས་འདེབས་འཛུགས་བྱེད་སའི་ས་ཆ་དེ་ས་བོན་ཐོན་ཁུངས་དང་འདྲ་བར་རང་བྱུང་ཁོར་ཡུག་དང་གནམ་གཤིས་སོགས་ཀྱི་ཆ་རྐྱེན་བཟང་དགོས།

2. ས་བོན་གཙང་སེལ་བྱེད་པ། ལོ་དེར་སྤྱད་པའི་ས་བོན་ལ་གཙང་སེལ་མ་བྱས་པར་སྟོན་དུས་བཏབ་ཆོག དེར་བེད་སྤྱོད་རིན་ཐང་ཆེ་ལ་སྨྱུ་གུའི་སྐྱེས་ཚད་ཡང་མང་། དཔྱིད་དུས་འདེབས་དུས་ས་བོན་དྲོད་ཚད་30℃ཅན་གྱི་ཆུ་ལ་སྦངས་ནས་དུས་ཚོད་24འཇོག་པ་དང་བར་དུ་ཆུ་ཐེངས་གཅིག་བརྗེ་བ། ཆུར་སྦངས་ཚེ་ས་བོན་གཙང་མར་བཀྲུ་བ་དང་ས་བོན་ལ་འདྲེས་པའི་མི་གཙང་བ་གཞན་དག་ཕུད་པ་རེད། གལ་ཏེ་ཀཪ་མིན་སོན་རྣ་བཞུས་ཁུ་ནང་དུ་སྦངས་ཚེ་ནད་འབུ་སེལ་བའི་ནུས་པ་ཐོན།

3. ས་བོན་འདེབས་པ། སྟོན་དུས་བ་མོ་མ་ཆགས་གོང་དུ་ས་བོན་བཏབ་ཚར་དགོས་པ་དང་དཔྱིད་དུས་ཟླ་གསུམ་པའི་ཟླ་སྨད་ནས་ཟླ་བཞི་བའི་ཟླ་སྟོད་བར་དུ་འཛུགས་པ། ས་བོན་འདེབས་དུས་ས་རྒྱུ་སོབ་སོབ་བྱེད་པ་དང་གྲལ་རེའི་བར་ཐག་ལི་སྨི20~25ཡིན་པ། གྲོ་ནས་སོགས་ཟེ་ར་དཀར་པོའི་གསེབ་ཏུ་འདེབས་དུས་ཀྱང་གྲལ་རེའི་བར་ཐག་གཅིག་མཚུངས་ཡིན་དགོས། གཏིང་ཚད་ལ་ལི་སྨི2.5~3རྐོ་བ་དང་ཐོག་ཏུ་བཀབ་པའི་སའི་མཐུག་ཚད་ལ་ལི་སྨི1.5~2བྱས་ཏེ་ཅུང་ཙམ་ནོན་དགོས། སྨི་གྲུ་བཞི་མ་ཁྲི་རེར་ས་བོན་སྟོང་ཁེ18.75~22.50འདེབས་པ། སྟོན་ཀ་དང་དཔྱིད་དུས་གང་ཡིན་རུང་ས་བོན་བཏབ་རྗེས་ཐོག་ཏུ་ཆུ་ཤོག་འགེབ་པ། དེར་འཚམ་འཛིན་གྱི་ནུས་པ་ལྡན་པ་མ་ཟད་ས་སྐམ་ནས་སྲུ

མཁྲིགས་ཏུ་མི་འགྱུར། སྨྱུ་གུ་ས་ཁར་འབུས་ལ་ཉེ་དུས་རྩ་རྣམས་བླངས་ནས། སྨྱུ་གུ་སོ་མ་འབུས་པ་ནས་བར་དུ་ཉིན 10~15མཁོ། ས་བོན་འདེབས་དུས་ས་ཐོག་བརླན་བཤེར་ཡིན་དགོས་ལ་ཐན་པས་སྐམ་པར་སྔོན་འགོག་བྱེད་དགོས། ཆུ་གཏོང་ཚེ་ངེས་པར་ཞིང་སར་འདྲེན་པའི་ཆུ་ཚད་ལྡན་ཡིན་དགོས། ཆུ་གཏོང་ཚེ་དུས་སྟེ་སེ་ཁ་དབུགས་རྩུང་འཁྱུགས་པའི་དུས་ཡིན་ན་བཟང་། སྨྱུ་གུ་འབུས་རྗེས་ཆུའི་མང་ཞུང་ལ་ཚོད་འཛིན་བྱས་ཏེ་ལོ་མ་སྐྱེ་དྲགས་པར་མི་བྱ། སྔོན་དུས་འདེབས་འཛུགས་བྱས་ན་དཔྱིད་དུས་ལས་བཟང་བ་ནི་ལག་ལེན་ལས་བདེན་དཔང་བྱེད་ཐུབ།

གནས་ཚུལ་གང་མང་འོག་ཏུ་ཟེ་ར་དཀར་པོ་ས་བོན་གཞན་དང་སྡྲགས་ཏེ་འདེབས་འཛུགས་བྱས་ཚེ་སྨྱུ་གུ་འབུས་ཚད་ཤིན་ཏུ་མང་།

4.སྨྱུག་གསོ་བརྗེ་སྤོར། སྨྱུག་གསོ་ལའང་རྫིད་ཁང་དུ་གསོ་བ་དང་ཕྱི་རོལ་གྱི་གཞུ་དབྱིབས་གསོ་ཁང་གསོ་སྐྱོང་བྱེད་པ་གཉིས་ཡོད། རྫིད་ཁང་ནང་གི་གསོ་སྐྱོང་ཟླ་གསུམ་པའི་ཟླ་སྟོད་དུ་བྱེད་པ་དང་ཁང་བའི་ཕྱི་རོལ་གྱི་གཞུ་དབྱིབས་གསོ་ཁང་དུ་གསོ་སྐྱོང་བྱེད་པ་དང་ཁང་བའི་ཕྱི་རོལ་གྱི་གཞུ་དབྱིབས་གསོ་ཁང་དུ་གསོ་སྐྱོང་བྱེད་པ་དེ་ཟླ་གསུམ་པའི་ཟླ་སྨད་དང་ཟླ་བཞི་བའི་ཟླ་དཀྱིལ་བར་དུ་བྱས་ན་བཟང་། གཅིག་ནི་སྨྱུག་གསོ་སྡེར་མའི་ནང་དུ་འཛུགས་པ། གཉིས་ནི་ཞིང་ལ་རྣང་མ་ལས་ནས་དེར་འདེབས་པ། རྣང་མའི་མཐོ་ཚད་ལ་ལི་སྨི 5~6དང་ཞིང་ལ་སྨི 1~1.2 སྨྱུ་གུ་གྲལ་རེའི་བར་ཐག་ལ་ལི་སྨི 10~15ཡིན་དགོས། རྫིད་ཁང་ནང་དང་ཁང་བའི་ཕྱི་རོལ་གྱི་སྨྱུག་གསོ་གང་ཡིན་རུང་ས་གཤིས་བརླན་གཤེར་ཡིན་དགོས་པ་དང་དྲོད་ཚད་འཚམ་དགོས། དྲོད་ཚད་མཐོ་དུས་རླུང་རྒྱུ་རུ་འཇུག་པ། སྨྱུ་གུ་སྤོ་འཛུགས་བྱེད་སྐབས་བཟང་ཆ་གཙོ་བོ་ནི་ས་བོན་ཐད་ཀར་བཏབས་པ་ལས་སྨྱུ་གུ་འབུས་པ་ཉིན་སུམ་ཅུ་གཡས་གཡོན་དུ་སྔ་བསྐྱུར་བྱས་ཡོད། ཡིན

ཡང་དེར་སྐྱོན་ཆ་ཡང་ཡོད། དཔེར་ན་སྤོ་འཛུགས་བྱེད་དུས་ལུས་ཤུགས་དང་ཆུ་ཚོད་མང་པོ་གཏོང་དགོས། སྤོ་འཛུགས་བྱེད་དུས་སྨྱུ་གུ་འབུས་ནས་མཐོ་ཚད་ལ་ལི་སྨི 5~6དང་ལོ་མ 4~5སྐྱེས་དུས་ས་དོང་རེ་ལ་སྨྱུག་རྐང 2~3འཛུགས་པ། གྲལ་རེའི་བར་ཐག་ལི་སྨི 20 ~25དང་སྨྱུག་རྐང་རེའི་བར་ཐག་ལི་སྨི 10ཡིན་དགོས། ཆུ་བཏང་ནས་ཉིན 7~10རྗེས་སྐྱེས་ཐུབ།

5.ཞིང་ཁའི་དོ་དམ། ཟི་ར་དཀར་པའི་སྨྱུ་གུ་འབུས་དལ་བ་དང་དུས་དེར་ལྗུམ་བུ་སོགས་སྐྱེས་ཚད་མགྱོགས་པས་ཡུར་མ་ཡུར་དགོས། སྡོང་རྐང་གི་མཐོ་ཚད་ལ་ལི་སྨི 5~6དང་ས་དོང་རེ་ལ་རྐང་གཅིག་རེ། སྡོང་རྐང་ཕན་ཚུན་གྱི་བར་ཐག་ལི་སྨི 3~4 སྨྱུ་གུ་སྐམ་ཡོད་པའི་ཚབ་ཏུ་བསྐྱར་འཛུག་བྱེད་པ། ཟླ་དྲུག་པར་གནམ་གཤིས་རྗེ་འགྲོར་ཕྱིན་པ་དང་བསྟུན་སྐྱོང་རྐང་གི་སྐྱེས་ཚད་ཡང་རྗེ་མགྱོགས་སུ་འགྲོ་བཞིན་ཡོད་པས་ཟླ་ལྔ་པའི་ཟླ་སྨད་ནས་བཟུང་ལུད་རྫས་ཏན་ཞུང་ཙམ་རེ་བཞག་ན་སྐྱེ་འཚར་བྱུང་བར་ཕན་ཐོག་ཡོད། ལུད་འཛོག་པ་ལའང་རྩ་བར་འཛོག་པ་དང་སྟེང་དུ་འཛོག་པ་གཉིས་ཡོད། རྩར་ལུད་འཛོག་དུས་ཀྱང་ཞིང་རེར་སྟོང་ཁེ 150~225འཛོག་པ་དང་། སྟེང་དུ་ལུད་འཛོག་དུས་གར་ཚད 0.3%~0.5%བར་དུ་ཚོད་འཛིན་བྱ་དགོས། ཟླ 7~8པའི་བར་ནི་སྡོང་རྐང་སྐྱེས་པ་ཆེས་མགྱོགས་པའི་དུས་ཡིན་ལ་སྡོང་རྩད་ལ་ས་སྣོན་དགོས། དེ་དུས་ཆར་ཆུ་མོད་པའི་དུས……ཀྱང་ཡིན་པས་སྡོང་རྩད་ལ་ཆུ་འཁྱིལ་དུ་མི་འཇུག་པ་དང་ཆར་རྗེས་སུ་ས་བརྐོས……ནས་དབུགས་རྒྱུ་བ་རྗེ་བཟང་ཏུ་གཏོང་བ་དང་གནོད་འབུ་ཡང་རྗེ་ཉུང་དུ་གཏོང་དགོས། དུས་རྒྱུན་གནོད་འབུ་ཡོད་མེད་དང་གནོད་འཚེ་ཐེབས་ཡོད་མེད་ལ་ལྟ་ཞིབ་གསལ་པོ་བྱས་ནས་དུས་ལྟར་སྨན་བཏང་ནས་ཁྱབ་རྒྱ་རྗེ་ཆུང་དུ་གཏོང་བ། ཟླ་བརྒྱད་པའི་ཟླ་སྟོད་དང་ཟླ་སྨད་གཉིས་ལ་ལོ་མང་ལུད་ཐེངས་རེ་འཛོག་དགོས། ལུད་རྫས་ལ་གཙོ་བོ་ལྤིན་དང་ཏྲ་བྱེད་དགོས། དཔེར་ན་ལྤིན་སོན་དབྱང་གཉིས་

ཡི་གར་ཚད 0.3%~0.5%ཡིན་དགོས། རྒྱུ་མཚན་ནི་ལྷིན་གྱིས་བཅུད་ལྡན་དངོས་རྫས་གསོག་པ་དང་ཐ་ལུད་ཀྱིས་སྟོང་བའི་འགོག་གཤིས་ཇེ་ཆེར་གཏོང་ཐུབ། ཡང་ན 1% ~2%ཙམ་སྟོང་ཕང་གི་རྩ་བར་བླུག་ན་བཟང་། གར་ཚད་དམའ་བའི་ལུད་ཆུ་ལོ་མར་གཏོར་ན་རྩི་ཤིང་རྒྱས་སླ་བར་མ་ཟད་ས་གཤིས་བུལ་འགྱུར་བྱེད་མི་སླ།

ཟེ་ར་དཀར་པོ་ནི་གཙོ་བོ་སྙོལ་འདེབས་བྱས་ནས་གསོ་སྐྱོང་བྱ་དགོས། ལོ་དང་པོའི་ཞིང་ཁའི་རྡོ་དམ་ནི་སྙོལ་འདེབས་གཞིར་བཟུང་ནས་གཏན་ལ་ཕབ་དགོས། སྙོལ་འདེབས་བྱས་པའི་ལོ་ཏོག་བསྡུ་ལེན་བྱས་རྗེས་ལོ་གཉིས་པར་སྤོ་ལྡང་དུ་མ་གྱུར་གོང་དུ་ཏུལ་བསྐལ་ལངས་པའི་ལུད་རྫས་ཐོག་ཏུ་འགེབས་པ། སྨི་གྲུ་བཞི་མ་ཁྲི་རེར་སྟོང་ཁ 11250 ~15000འཇོག་པ། དེ་རྗེས་ཆུ་ཉུང་ཙམ་གཏོང་བ་དང་སོས་ཀའི་རྗེས་སུ་ཡུར་མ་ཡུར་དགོས། ལོ་འདི་ནི་བསྡུ་ལེན་བྱེད་པའི་ལོ་ཡིན་པས་ཞིང་ནང་གི་ལྡུམ་བུ་དང་རྩ་འཐོག་ནས་རྩ་བ་རྒྱས་ཤིང་འཚོ་བཅུད་བསྡུ་ལེན་བྱེད་པར་ཁག་ཐེག་བྱ་དགོས་ལ། སྨན་གྱི་རྒྱུ་སྤུས་དང་ཐོན་ཚད་ལ་ཁག་འཁུར་བྱ་དགོས།

6.འབྲུ་ནད་དང་དེའི་སྔོན་འགོག　གནོད་པའི་སྔོན་འགོག་ལ་ཞིང་སྨན་བཀོལ་སྤྱོད་ཇེ་ཉུང་དུ་གཏོང་བ་དང་དུས་རྒྱུན་ལྟ་ཞིབ་བྱས་ཏེ་སྔ་མོ་ནས་འགོག་བཅས་བྱ་དགོས། ཆར་ཆུ་མོད་དུས་ཆུའི་གནོད་འཚེ་འགོག་པ་དང་གནོད་འབུས་གནོད་འཚེ་ཐེབས་པའི་དུས་དང་སྟོང་ཕང་གི་ནད་རྟགས་ཤེས་ཐུབ་དགོས་པ་མ་ཟད་ཉེན་ཁ་མེད་ཅིང་ཐབས་བཀོལ་བཟང་བོ་སྤྱད་ནས་སྔོན་འགོག་བྱ་དགོས།

1.གཙོ་བོ་ལོ་མར་གནོད་འཚེ་ཐེབས་ནས་ལོ་མའི་སྟེང་དུ་ཚོངས་ཐིག་ཧྲའོ་སྨི 1~3ཅན་གྱི་སྒོང་དབྱིབས་དང་ཡང་ན་འཛོང་དབྱིབས་ཤིག་ནག་པོར་གྱུར་ཡོད། གནོད་འཚེ་ཐོག་པའི་ནད་སྲིན་དེ་ཁྱབ་ནས་ལོ་མ་རྡིལ་བོ་སྐམ་ནས་ཤི་བའང་ཡོད།

ནད་འབྱུང་བའི་ཆོས་ཉིད། ནད་འབུ་དེ་སྲིན་སྐུད་ནད་འབུ་དང་མཚན་

མེད་འཕེལ་ནུས་ཕྲ་ཕུང་གི་གྱིས་ཚུལ་ལྟར་ནད་ཅན་སྔོང་རྐང་གི་རོ་མའི་སྙིང་དགུན་བསྐྱལ་བ་ཡིན། དཔྱིད་ཀ་སླེབས་དུས་མཚན་མེད་ཕྲ་ཕུང་དག་དཔྱིད་རླུང་དང་ཆར་བ་ལ་བརྟེན་ནས་འགོས་ཁྱབ་ཏུ་སོང་ནས་གནོད་སྐྱོན་སྐྱོང་སྲིད་པ་མ་ཟད་མུ་མཐུད་ནས་འགོས་ཁྱབ་ལ་ཕན་པ་དང་། སྤྱི་ཟླ 7~8ནི་འགོས་ཁྱབ་ཀྱི་ཚད་ཆེས་མཐོ་བའི་དུས་ཡིན།

སྔོན་འགོག་བྱེད་ཐབས། སྔོང་རྐང་སྐམ་རྗེས་ར་སྐོར་ནང་དུ་གཙང་སེལ་བྱེད་པའམ་མེར་བསྲེགས་པ། ཡང་ན་ས་འོག་ཏུ་སྦས་པ་སོགས་ཀྱི་བྱེད་ཐབས་བརྒྱུད་དེ་ནད་འབུའི་འབྱུང་ཁུངས་ཇེ་ཉུང་དུ་གཏོང་བ། དེ་ནས་གང་ལ་གང་འཚམ་གྱིས་ཆུ་ལུད་འཛོག་པ། ཆར་ཞོད་ཆེ་དུས་ཆུ་ཕྱིར་གཏོང་བ། ནད་ལྷང་དུས་དགོས་ངེས་ཀྱི་སྨན་ཁབ་རྒྱབ་ནས་སྔོན་འགོག་བྱེད་དགོས།

དེ་ལས་གཞན་བཙའ་ནད་ཀྱིས་ཟིན་པའི་སྔོང་རྐང་དང་ལོ་མའི་གནོད་སྐྲུན་སེལ་བར་སྔོན་ནས་གཙང་སེལ་གྱི་བྱ་བ་བསྒྲུབ་དགོས་པ་དང་འབུས་ཟིན་ཟིན་པའི་སྔོང་རྐང་གི་སྙིགས་རོ་དོར་དགོས།

བཙའ་ནད་བྱུང་དུས་ཀྱི་གསོ་བཅོས་དང་སྔོན་འགོག་བྱ་ཐབས། ཚ་བ་ཆེ་ཞིང་ཆར་ཞོད་ལྡན་པའི་དུས་ཞིང་བར་གྱི་ཆུ་རྐ་འགག་ཚེ་རྩ་བ་རུལ་བའི་ནད་འབྱུང་ཞིང་དེར་རྩ་རུལ་ཞེས་བྱ། སྐབས་དེར་ཆུ་འཁྱིལ་ཕྱིར་གཏོང་བར་མཉམ་འཛོག་དང་དོ་སྣང་བྱ་དགོས། གཞན་སོག་ཤུལ་བརྗེས་ནས་འདེབས་པ་མ་གཏོགས་བསྟུད་མར་བཏབ་ན་མི་བཟང་།

2. གནོད་འབུ། གཙོ་བོ་སྐྱེ་དངོས་གནོད་འབུས་སྔོང་པོའི་གཞུང་རྐང་ལ་གནོད་པ་བཏང་བ་ཡིན་ལ་གནོད་འབུ་རྒྱུན་དུ་ཁྱུ་ཚོགས་བྱས་ཏེ་གཞུང་རྐང་ཁྲོད་ཀྱི་གཤེར་ཆ་འཛིབ་པར་བྱེད། འདིར་སྐྱེ་དངོས་ཞིང་སྨན་བཀོལ་ནས་གནོད་འབུ་གསོད་པ་དང་ཟློས་ནས་གནོད་འཚེ་གཏོང་བར་དུག་འཛོག་པའམ་འཛིན་དགོས།

བཞི་བ། སོན་བཟང་འདེབས་གསོ་དང་ཉར་འཛོག

སོན་བཟང་འདེབས་གསོ་བྱེད་པར་གཤམ་གྱི་ཐབས་ལམ་གཉིས་སྤྱོད་དགོས།

(གཅིག)སོན་བཟང་རྐྱང་བ་ཉར་འཛོག

ཐོག་མར་ས་བོན་སྲབ་འདེབས་བྱེད་དགོས་ལ་ལོ་དང་པོའི་ནང་དེར་ཆུ་ལུད་འཛོག་པའི་བྱ་བ་གཟབ་ནན་སྒྲུབ་ནས་མྱུ་གུ་གསོན་ཤུགས་ལྡན་པར་བྱེད་པ། དེ་ནས་ལོ་རེ་རེའི་མེ་ཏོག་བཞད་པའི་སྐབས་སུ་ཆུ་ལུད་འཛོག་པར་མཉམ་འཛོག་དགོས་ཏེ། གང་ལ་གང་འཚམ་སྙིམས་ལུད་རྫས་ཇེ་མང་དུ་གཏོང་དགོས་པ་མ་ཟད་དུས་ལྟར་སྡོང་རྐང་གི་སྙིགས་རྩེ་དོར་བ། དེ་ནས་འོས་འཚམ་གྱིས་མེ་ཏོག་ཇེ་ཉུང་དུ་གཏོང་བ། ལྷག་པར་དུ་མེ་ཏོག་རྫོགས་པའི་དུས་མེ་ཏོག་གི་དུས་ཛ་བར་འཚོ་བཅུད་མཁོ་སྤྲོད་བྱེད་པས་ས་བོན་ལ་སྟོབས་རྒྱས་པར་བྱེད་ཅིང་སྨེ་མ་རིང་ལ་འབྲུ་ཕོག་རྒྱགས་པ་ཡིན། གཞན་འབྲུ་སྨིན་དུས་ཀྱང་ཕལ་ཆེར་གོང་དང་མཚུངས་པས་དེ་ལས་ཐོབ་པའི་འབྲུ་ཕོག་གི་ཕྱུས་ཀ་ལེགས་ལ་མྱུ་གུ་འབྱུས་ཚད་མཐོ་བ་ཡིན།

(གཉིས)སྡོང་རྐང་དུས་སྐབས་བདེམས་ནས་ཉར་འཛོག་བྱ་དགོས།

ཟི་ར་དཀར་པོ་ལོ 6 ~8བར་འཚོ་ཐུབ་ལ་ལོ་གཉིས་ནས་བཞི་བར་གྱི་སྡོང་རྐང་དེ་སྐྱེས་སྟོབས་ལྡན་ཞིང་དར་བའི་དུས་སུ་སླེབས་ཡོད་པས་འབྲུ་ཕོག་ཆེ་ཞིང་རྒྱགས་པ། སྐྱེས་སྟོབས་འཛོམས་པའི་ཁྱད་ཆོས་ལྡན། སྐབས་དེར་སོན་བཟང་ཉར་འཛོག་བྱས་ན་ཤིན་ཏུ་ལེགས། སྡོང་པོ་ཇེ་ལྟར་རྒས་ན་དེ་ལས་ཐོན་པའི་འབྲུ་ཕོག་རྒྱགས་ཤིང་ལྕི་བ། སྨིན་ཚད་མཐོ་བའི་ཁྱད་ཆོས་ལྡན་ནའང་ས་བོན་དེའི་མྱུ་གུ་འབྱུས་ཚད་སྟོབས་བཙས་ཀྱིས་ཉུང་དམའ་ཞིང་གནོད་འགོག་ནུས་པ་ཞན། དེ་བས་འདི་དུས་ས་བོན་ཉར་འཛོག་མི་བྱའོ།།

གོང་གསལ་གྱི་སོན་ཉར་ལག་རྩལ་གཉིས་ཀ་ཕན་ཚུན་གཞོགས་འདེགས་ཀྱི་ནུས་པ་ཐོན་ཞིང་སོ་སོར་འབྱེད་དཀའ། གཞན་ད་དུང་རྒྱུད་འདྲེས་སྣེབ་སྦྱོར་

གྱི་ཐབས་སྐྱུད་དེ་སྨྱུ་གུ་གསོ་བ་དང་ལོ་དུས་གཏན་ཁེལ་ལྟར་ས་བོན་བརྗེ་བ་སོགས་ཀྱི་ཐབས་ལམ་བཀོལ་ནས་སོན་བཟང་ཉར་འཛོག་བྱ་དགོས། ས་བོན 85%ཡན་གྱི་མདོག་སྔོན་པོ་ནས་སེར་པོའམ་ཁམ་མདོག་མདངས་དུས་སྨེ་མ་བྲིག་ཆོག མིའམ་འཕྲུལ་ཆས་ལ་བརྟེན་ནས་འབྲུ་སྨེ་མ་ལས་ལེན་པ་དང་སྙིགས་རྫོར་ནས་བསིལ་སྐམ་བྱ།

ལྔ་བ། བསྒྱུ་ལེན་དང་ལས་སྟོན།

(གཅིག)བསྒྱུ་ལེན།

ཟེ་ར་ཡི་རྩ་བ་སྨན་དུ་གཏོང་ལ་འདེབས་འཛུགས་བྱས་ནས་ལོ་གཉིས་ལོན་རྗེས་བཏུས་ཆོག སྤྱིལ་རྒྱུན་ལྟར་ན་ཟེ་ར་བསྒྱུ་ལེན་བྱེད་པའི་དུས་ནི་ས་བོན་སྨིན་རྗེས་སམ་ཡང་ན་ས་ངོས་ཡན་གྱི་སྡོང་རྐང་ཆ་ཤས་སྐམ་པ་དེ་གཞིར་འཛིན་པ་ཡིན། ཟེ་ར་ཡི་འཚར་ལོངས་བྱུང་ཚད་ཀྱི་མཚན་ཉིད་དང་ནུས་ལྡན་གྲུབ་ཆ་དེ་འབྲས་ལྡན་གྲུབ་ཆ་དེ་ལས་འབྲས་ལྡན་དུས་སུ་འདུས་ཚད་ཆེས་ཆུང་བ་ཡིན། མཚར་ལོངས་བྱུང་ཚད་ཀྱི་མཚན་ཉིད་དང་ནུས་ལྡན་གྲུབ་ཆ་དེ་འབྲས་ལྡན་དུས་སུ་ཚད་མཐོ་བ་ཡིན།

ཟེ་ར་འཚོལ་སྡུད་བྱེད་པར་མིས་བཀོ་འཕྲུལ་ཆས་ཀྱིས་བཀོ་བ་དང་མིས་བཀོ་བ་གང་རུང་བྱས་ཆོག བསྒྱུ་ལེན་བྱེད་སྐབས་ནམ་གཤིས་བཟང་ཞིང་ས་གཞིའི་བརླན་གཤེར་སྐོམས་པའི་དུས་ཚོད་འདེམས་ནས་བཀོས་རྗེས་ས་ངོས་ཡན་གྱི་ཆ་འབྲིག་པ་དང་རྩ་བ་ཉི་མར་སྐེམ། གཞུང་རྐང་སོ་མ་རྙིང་བ་དེ་ལ་སྨི 5མན་གྱི་རིང་ཐུང་མི་འདྲ་བར་བཏུས་ནས་བཟོ་བ། བསིལ་སྐམ་མམ་ཉི་མར་སྐེམ་ནས་དེའི་ནང་གི་ནུས་ལྡན་གྲུབ་ཆ་བླངས་ནས་ལུགས་དང་མཐུན་པའི་བཀོལ་སྤྱོད་ཀྱི་ཐོན་རྫས་ཐོན་ཁུངས་ལ་སྲུང་སྐྱོབ་བྱེད། བཀོ་དུས་གང་ནུས་ཅི་ཐུབ་སྔོས་རྩ་བ་མ་ཆད་པར་ཆ་ཚང་བཀོ་དགོས།

(གཉིས)ལས་སྟོན།

བསྐོས་ཟིན་པའི་རྩ་བ་དག་ལ་སྐམ་བསེད་ལེགས་པར་བྱས་ཏེ་འདམ་དང་རྩེ་མོ། ལོ་མ་དོར་ནས་བསིལ་སྐམ་བྱ། བསིལ་སྐམ་བྱེད་སའི་ར་བའམ་མཐའ་ཁོར་གཙང་ཞིང་འབག་བཙོག་བཟོས་མེད་པའི་ཡུལ་ཡིན་དགོས། ཨར་གཅལ་སྟེང་དུ་བསིལ་སྐམ་བྱས་ན་ལྷག་ཏུ་བཟང་། ཉིན་1~2ལ་བསིལ་སྐམ་བྱས་ཏེ་དབྱུག་པ་ཆུང་ངུས་བརྡུང་ནས་འདམ་སྙིགས་རྣམས་གཙང་སེལ་བྱེད་དགོས། སྐམ་ཐག་མ་ཆོད་གོང་གཙང་ཞིང་དུག་དང་དྲི་མ་མེད་པའི་ཐ་གུ་ཕྲ་མོས་ཚོམ་བུར་བཅིངས་དགོས། ཚོམ་བུ་རེའི་ཚངས་ཐིག་ལ་ལི་སྨི10ལས་བརྒལ་མི་རུང་། དེ་ནས་མུ་མཐུད་དུ་སྐམ་ཐག་ཆོད་དུ་འཇུག་དགོས།

གཞན་བསྐོས་མ་ཐག་པའི་རྩ་བ་དེ་སྡོང་ཁང་དང་ལོ་མ་དོར་ནས་ཆུ་གཙང་མས་བཀྲུ་བ་དང་། དེའི་རྗེས་སུ་གཡུག་ནས་སྐམ་པ་དང་ཡང་ན་རྫས་ཀྱི་ཆུ་རྡུལ་སྐམ་རྗེས་དུམ་བུ་བཟོ་དགོས། དེ་ནས་ཉི་མར་སྐམ་པའམ་དྲོད་སྐམ་བྱ། དྲོད་སྐམ་བྱ་སྐབས་དྲོད་ཚད60℃ ~70℃བར་ཡིན་དགོས། ཕྱིའི་རྣམ་པ་སྦྲ་མཁྲེགས་དང་ལྡན་ལ་རྩ་བ་རིང་བ། གཙང་ཞིང་སྙིགས་རོ་མེད་པ་ནི་ཆེས་ལེགས་པ་ཡིན།

ས་བཅད་དྲུག་པ། ཁྲིན་ཞང་།

ཁྲིན་ཞང་གི་གཟུགས་དབྱིབས་གདུགས་དང་འདྲ་ལ་ལོ་མང་པོར་སྐྱེས་པའི་རྩི་ཤིང་གི་རིགས་སུ་གཏོགས་པ་ཡིན། མིང་གཞན་ལ་ཧྲུ་ཞོང་ཟེར། ཁྲིན་ཞིང་ནི་སི་ཁྲིན་ས་གནས་ཀྱི་སྨན་རིགས་ཤིག་ཡིན། སྐམ་ཤས་ཆེ་བའི་རྩད་པ་དེ་བཀོད་སྤྱོད་བྱེད་པ་གཙོ་བོ་ཡིན། ནང་གནས་ཀྱི་རྩི་ཆེན་སྐྱུར། ནང་གནས་ཀྱི་ཁྲིན་ཞིང་སྐྱུར། ཁྲིན་ཞིང་ཆེན། ཡལ་སྣུམ། མངར་སྣུམ། ཁྲིན་ཞིང་ནང་ཞག་སོགས་ནུས་

ལྡན་གྱི་གྲུབ་ཆ་ལྡན། ནུས་པ་ནི་ཁྲག་གསོ་ཞིང་ཁྲག་གི་རྒྱུ་བ་གསོ། གཞན་རླུང་ནད་དང་། ན་ཟུག་གཅོག་པ། མཆིན་ཚད་སེལ་བའི་ནུས་པ་ཡོད། གཙོ་བཅོས། མགོ་ན་བ། རྩིབ་ལོགས་ན་བ། ཟླ་མཚན་དུས་སུ་ན་བ་དང་གསུས་པ་གཟེར་བ། དྲེག་གྲུམ་ནད། བརྡབ་ཆག་རྨས་སྐྱོན་སོགས་ཀྱི་ནད་ལ་ཕན། ཐོན་རྫས་མོད་པའི་ས་ཁུལ་གཙོ་བོ་སི་ཁྲོན་ཞིང་ཆེན་ཁྲིན་ཏུ་བདེ་ཐང་ས་ཁུལ་གྱི་གོན་རྫོང་དང་། ཁྲོན་ཆེན་སོགས་ཡིན། འདེབས་གསོ་བྱེད་པའི་ལོ་རྒྱུས་ཡུན་རིང་ལྡན་པས་སྨན་གྱི་ཕྲུས་ཚད་ལེགས་པ་ཡིན། སྔན་གྲགས་ཀྱང་རྒྱལ་ཁབ་ཕྱི་ནང་ཀུན་ཏུ་ཁྱབ་ཡོད་པ་མ་ཟད། ཉེ་བའི་དུས་ཀྱི་ཀྲུང་གོ་དང་ཕྱི་རྒྱལ་གྱི་ཞིང་ཆེན་མང་པོ་ན་འདེབས་འཛུགས་བྱེད······བཞིན་ཡོད། དཔེར་ན། ཅང་ཞིས། ཧོ་པེ། ཡུན་ནན། ཧུན་ཞིས། ཀན་སུའུ། མཚོ་སྔོན་སོགས་ས་གནས་མང་པོ་ནའང་འདེབས་འཛུགས་གསོ་སྐྱོང་བྱེད་བཞིན་ཡོད།

དང་པོ། རྩ་ཤིང་གི་རྣམ་པ།

ལོ་མང་སྐྱེས་པའི་རྩ་རྒྱུ་དང་མཐོ་ཚད་ལི་སྨི30 ~70བར་ཡིན། སྡོང་པོའི་རྩ་བའི་དབྱིབས་ནི་གཏན་འཁེལ་མེད་པར་མདུད་འབུད་དང་ཁུ་ཚུར་དབྱིབས······ལྟར་འདུས་རྗོག་དང་། ཕྱི་ཚུལ་ཁམ་སྨུག སྡོང་པོ་ཆེ་སྟེ་ཁོག་སྟོང་ལ་དབྱིབས་ཟླུམ་པོ། ཀེར་བའམ་གྱེན་དུ་འགྲེང་བ། མགོའི་ཡལ་ག་ཆེར་རྒྱས་ཏེ་ཆེན་པོ······གཞོང་དབྱིབས་ལྟ་བུ་ཡོད། ལོ་མ་ཆ་རེ་སྐྱེ་ལ་ལོ་གཉིས་ནས་གསུམ་འགོར་རྗེས་སྒྲོ···དབྱིབས་ལྟ་བུའི་ལོ་མའི་གྲངས་ཀྱང་མང་དུ་གྱེས་སྲིད། རྩ་བ་རྒྱ་ཆེར་རྒྱས་པ། ལོ···འདབ་ཆུང་བ 3~4ཆ་གཅིག སྒྲོ་དབྱིབས་གཏིང་གསལ་བ་གདུགས་དབྱིབས་ལྟར་གྱི་མེ་ཏོག བང་རིམ་ནས་ཡལ་ག་སྐྱེ་བཞིན་ཡོད། མེ་ཏོག་ཆུང་ལ་མདོག་དཀར་བ། འཕྲུང་འབྲས་ཟུང་ལྡན་སྒོང་དབྱིབས་འདྲ་ལ། མེ་ཏོག་བཞད་དུས་ཟླ 6 ~7པའི་བར་དང་། འབྲས་བུ་སྨིན་དུས་ཟླ 7~8པའི་བར་ཡིན།

གཉིས། སྨི་དངོས་རིག་པའི་ཁྱད་ཆོས།

ཉམས་དགའ་ལ་གནམ་གཤིས་ལེགས་པའི་གནས་པ་དང་། ཆར་ཆུ་མོད་པ། ཉི་འོད་ཐོག་པ་འདང་བའི་གནས་དང་ཡང་ན་ཚུང་བརླན་པའི་འཁོར་ཡུག འོན་ཀྱང་ཁྲོན་ཞིང་ལེན་གྱུང་གི་དུས་རིམ་སྐྱིད་བསྲིང་དང་གསོག་ཉེར་གྱི་དུས་སོགས་བསིལ་གྲང་གི་གནམ་གཤིས་ཆ་རྐྱེན་ལྡན་དགོས། འདེབས་གསོ་ས་རྒྱུའི་བླང་བྱ་ནི་ས་རྒྱུ་སོབ་སོབ། ས་རིམ་ཟབ་མོ། ས་རྒྱུ་གཤིན་ཚད་ཀྱི་ཚད་ནི་འཁྲིང་ཙམ་གྱི་ཚད་ལས་ཚུང་མཐོ་བའམ་སྐྱུར་གཤིས་ཙམ་གྱི་ས་གཤིན། འབྱར་ཉམས་ཀྱི་ས་རྒྱུ་དང་དེ་བཞིན་ཆུ་ཚུང་དཀོན་པ་ཀྱོང་ས་ཅན་འདེམས་དགོས། ཁྲིགས་རྗེས་ཐེངས་གཅིག་ལ་རྨོ་བར་བྱ།

གསུམ་པ། འདེབས་འཛུགས་ལག་རྩལ།

(གཅིག)ཞིང་ས་འདེམ་པ།

ཞིང་ས་འདེམ་གསེས་ཕྱོགས་ནས་སྨན་རྩ་འདིའི་རིགས་སྐྱེས་ཐུབ་པའི་ས་ཞིང་གཤིན་པོ་ཡིན་དགོས། ཐོག་མར་ཞིང་ལ་སོག་བརྒྱབ་ནས་ས་སྤུངས་ཤུར་ཅན་རིང་པོར་བཟོ་དགོས། འཕྲེད་དུ 1.6m དང་གཏིང་ཚད་ལ 25cm ཅན་རུས་སྦལ་གྱི་རྒྱབ་དབྱིབས་ལྟ་བུ་བཟོ་དགོས་སོ།།

(གཉིས)འདེབས་འཛུགས།

འདེབས་འཛུགས་དུས་ཚོད་ནི་སྟོན་མགོ་ཚུགས་རྗེས་དང་ཡང་ན་ཕྱི་ཟླ་8པའི་ཟླ་མཇུག་ལ་ཐོན་སྐབས་སྨོ་འདེབས་བྱེད་དགོས། ཆེས་སྔ་བ་དང་ཚ་བ་ཏ་ཙང་ཆེ་དུས་སྨྱུ་གུ་སྐམ་པ་བཅས་ཀྱི་བར་ཆད་འབྱུང་ངེས། དེ་ལས་གཞན་ཆེས་འཕྱི་བ་དང་ནམ་ཟླ་ཏ་ཙང་འཁྱགས་དུས་ལོ་འདབ་རྒྱས་པར་གནོད་པ་ཡོད། སྤྱིར་བཏང་འདེབས་འཛུགས་བྱེད་དུས་ནི་ནམ་ཟླ་དྭངས་ཤིང་བསིལ་དྲོད་སྙོམས་པའི་ཉིན་མོ་བདམས་ན་བཟང་། སྔོན་ལ་སྨྱུ་གུ་སྐྱོན་ཅན་གྱི་རིགས་བཀར་ནས་སྐྱེས

སྐོབས་ཚུང་བཟང་བ་སྨི 30 ~40ཡི་ཚད་ཡིན་དགོས། གཏིང་ཚད་ལི་སྨི 3ལྷག་བརྐོས་ནས་འཛུགས་པར་བྱ། མཐར་སྨྱུ་གུ་རྣམས་བཙུགས་པ་དང་ཕན་ཚུན་ལ་གནོད་མི་བྱེད་པར་གྲལ་དག་པོ་ཡིན་དགོས།

(གསུམ)གཉེར་སྐྱོང་བྱེད་ཐབས།

1.ཕལ་ཆེར་ཐེངས་གསུམ་ལ་ཡུར་མ་ཡུར་དགོས། ཐེངས་དང་པོ་སྨྱུ་གུ་བཙུགས་རྗེས་ཀྱི་ཟླ་བརྒྱད་པའི་ཟླ་སྨད་ཡིན་དགོས། ཉིན་ཉི་ཤུའི་ནང་ཡུར་མ་ཐེངས་གཅིག དེའི་གཞུག་ཏུའང་ཉིན་ཉི་ཤུའི་རྗེས་ཡུར་མ་ཡུར་དགོས།

2.ལུད་འཛོག་པ། ཁྲོན་ཞོང(川芎)འདེབས་འཛུགས་བྱས་རྗེས་ཀྱི་ལོ་དང་པོ་དང་གཉིས་པ་ནི་ལོ་འདབ་རྒྱས་པའི་དུས་ཡིན་པས་ལུད་བཙུད་བསྡུ་ལེན་བྱེད་པར་ས་གནས་ངེས་ཅན་ཞིག་ཆགས་ངེས། དུས་དེར་སྨན་སྡོང་སྟེང་གི་སྐམ་ལ་ཉེ་བའི་ཡལ་ག་གཅོད་པ་དང་གཡས་གཡོན་གྱི་སྐྱེ་དངོས་གཞན་རྣམས་གཙང་མ་བྱས་ན་ད་བཟོད་ལུད་རྫས་བསྡུ་ལེན་བཟང་པོ་བྱེད་ཐུབ་ལ་སྐྱེས་སྟོབས་སྟེར་ལས་ཇེ་བཟང་དུ་འགྲོ་ངེས་སོ།། འདེབས་འཛུགས་བྱས་རྗེས་ཀྱི་ཐོག་མའི་ཟླ་གཉིས་ནང་ལུད་རྫས་བསྐུད་མར་ཐེངས་གཉིས་ལ་འཛོག་དགོས། ཐེངས་དང་པོར་ཀུང་ཆིང་རེར་ཁྲིམ་ལུད་སྤྱི་ཀྲ 15000 ~22500དང་། ལུད་རྡུལ་ཅན་སྤྱི་ཀྲ 625 ~750 མཉམ་བསྲེས་བྱས་ཏེ་འཛོག་པར་བྱ། ཐེངས་གཉིས་པར་ཀོན་ཆིན་ཀུང་ཆིང་རེར་ཁྲིམ་ལུད་སྤྱི་ཀྲ 22500 ~300000དང་ལུད་རྡུལ་སྤྱི་ཀྲ 450 ~750ས་ལུད་སོགས་སྤྱི་ཀྲ 7500མཉམ་བསྲེས་སྐམ་ལུད་སྨན་སྡོང་གི་རྩ་བར་སྦྲས་དགོས།

(བཞི)དུག་འབུ་སྔོན་འགོག་དང་གསོད་ཐབས།

1.དུག་འབུ་སྔོན་འགོག་དང་སེལ་ཐབས།

ལོ་འདབ་སྐམ་པའི་ནད། ནད་འདི་མང་ཆེ་བ་ཟླ 5 ~7པའི་ནང་འབྱུང་སྲི། འབྱུང་དུས་ལོ་མའི་སྟེང་ནག་ཐིག་མང་དུ་འབྱུང་སྲིབ་དང་ལོ་མ་ཁ་ཁར་འབྱུང

རྗེས་སྨྱུར་དུ་ལོ་མ་གཞན་རྣམས་ལ་ཁྱབ་ཏེ་སྨན་སྡོང་གི་ལོ་མ་རྣམས་རྙིད་དེ་སྐམ་པར་བྱེད་ངེས།

སྔོན་འགོག་བྱ་ཐབས། ནད་བྱུང་མ་ཐག་ཏུ་འབུ་གསོད་བྱེད་ཀྱི་སྨན་ནང་ཆུ་གཙང་ལྡབ 1000ཙམ་བསྲེབས་ཏེ་སྨན་སྡོང་སྟེང་རྒྱག་དགོས། སྨན་ཆུ་ཉིན་བཅུ་རེ་ནང་ཐེངས་གཅིག་ལ་གཏོར་རྒྱུ་དང་བསྟུད་མར་ཐེངས་གསུམ་ནས་བཞི་ལ་གཏོར་དགོས།

ནད་འབུ། (白粉病)ནད་འདི་ཟླ་དྲུག་པའི་ཟླ་མཇུག་ནས་ཟླ་བདུན་པའི་བར་དང་། ཚད་པ་ཧ་ཅང་ཆེ་དུས་སུ་འབྱུང་ངེས། ཐོག་མར་ནད་འདི་ལོ་མར་བྱུང་རྗེས་མདོག་དཀར་སྐྱ་ཅན་ཞིག་ཏུ་འགྱུར་ཏེ་རིམ་བཞིན་ལོ་མ་གཞན་རྣམས་ལ་འགོས་ཁྱབ་བྱུང་སྟེ། མཐའ་མར་ལོ་མའི་སྟེང་ནག་ཐིག་ཆགས་པ་མ་ཟད་ཆེས་ཐུ་བའི་དུས་སུ་ལོ་མདོག་སེར་པོར་གྱུར་ནས་སྐམ་པར་བྱེད་དོ།།

སྔོན་འགོག་བྱེད་ཐབས། ནད་ཅན་གྱི་སྨན་སྡོང་རྣམས་མཉམ་དུ་བཅད་ནས་མེར་བསྲེག་བྱ་དགོས། ནད་བྱུང་སྐབས་དུས་ཐོག་ཏུ 25%ཅན་གྱི་ཧྥུན་ཞིས་ཉིན(粉锈宁)ལྡབ 1500ཅན་དང་། 50%ཅན་གྱི་ཐའོ་པུའུ་ཅིན(托布津)ལྡབ 1000ཅན་གྱི་སྡོང་པོར་གཏོར་དགོས། ཉིན་བཅུ་རེ་ནང་ཐེངས་གཅིག་དང་བསྟུད་མར་ཐེངས་གཉིས་ནས་གསུམ་བྱ།

ཡལ་འདབ་རུལ་སུངས་ཀྱི་ནད། སྨན་སྡོང་སྐྱེས་པའི་སྐབས་དང་སྨིན་པའི་སྐབས་སུ་འབྱུང་སླ་བའི་ནད་ཅིག་ཡིན། ནད་འདིས་སྨན་སྡོང་གི་རྩ་བ་རུལ་ཏེ་མདོག་སེར་པོ་ཅན་དང་། ཆུ་མང་པོ་ཐིམ་པའམ་ཟགས་པ། དྲི་ངན་སྦྲོ་བ་ཞིག་ཏུ་འགྱུར་བ་ཡིན།

སྔོན་འགོག་བྱེད་ཐབས། སྨྱུ་གུ་བཙུགས་མ་ཐག་པར་ནད་འདི་བྱུང་བ་དག་སྨྱུར་དུ་སེལ་དགོས་ལ། མཉམ་གཅིག་མེར་བསྲེག་བྱ་དགོས། ལྷག་པར་དུ་ཚ་

དུས་ཆར་ཆུ་མང་བའི་དུས་སུ་ཆུ་མང་པོ་མི་བསྐྱིལ་བར་མྱུར་དུ་བཞུར་བར་བྱ་ལ། སྨྱུ་གུ་ནད་ཅན་རྣམས་འདེབས་འཛུགས་མི་བྱ་བར་དོ་སྣང་བྱེད་རྒྱུ་གལ་ཆེའོ།།

ནད་འབུ་གཙོ་ཆེའི་རིགས་ཀྱི་སྔོན་འགོག་བྱེད་ཐབས། ཁྲིན་ཤོན(川芎) ཚོགས་འབུ་ཕྲ་མོ། འབུ་ཕྲན་འདིའི་རིགས་ཕྲུ་གུའི་དུས་སུ་ལོ་མ་དང་ཡལ་ག་ཁ་ཟས་བྱས་ཏེ་ལིན་ཙི(苓子)སྐྱེས་སྟོབས་ལ་གནོད་པ་ཆེན་པོ་ཐེབས་ངེས། ཆེས་ཐུ་བའི་དུས་སྨན་སྟོང་མང་ཆེ་བ་སྐམ་པར་བྱེད་དོ།།

2.སྔོན་འགོག་བྱེད་ཐབས། ལིན་ཙི་བཏབ་རྗེས་དང་ཉར་ཚགས་སྐབས 80%ཅན་གྱི་ཏི་ས་པེ་ཁྲུང་ལྡབ 1000~15000ཅན་གཏོར་དགོས། འདེབས་འཛུགས་སྔོན་ལ 40%ཅན་གྱི་ལེག་ཀོ་ལྡབ 1000ཅན་ནང་ལིན་ཙི་དུས་ཚོད་གསུམ་ལ་སྦངས་རྗེས་འདེབས་དགོས།

ས་འབུ་དཀར་པོ། ནད་འདི་ཡོད་པར་ཤེས་པའི་གནས་སྐབས་ན་རྒྱུན་སྲོལ་ལྟར་འགོག་སྲུང་བྱ་དགོས། ལྷག་པར་དུ་ཟླ 9~10བར་ལྡང་བུ་གསར་སྐྱེས་ཡིན་པའི་དུས་དང་བསྟུན་ནས་དེ་ལ་འགོག་སྲུང་བྱ་དགོས།

བཞི་པ། སོན་བཟང་ཉར་འཛོག་ལག་རྩལ།

སྐྱེ་འཕེལ་གྱི་ཐབས་ཤེས་ལག་ལེན་བྱ་དགོས། ཁྲིན་ཞིང་འདེབས་གསོའི་རྒྱུ་ཆ་ནི་ས་ཁར་བུད་པའི་ཡལ་ག་ཡིན། ཡོངས་གྲགས་ལིན་ཙི་ཡང་ན་ཤོང་ལིན་ཙི་ཟེར། གསོ་སྐྱོང་གི་ཐབས་ཤེས་གཉམ་གསལ་ལྟར་ཡིན།

1.ས་འདེམས་ཁོད་སྒྲོམས།

གནམ་གཤིས་བསིལ་དྲོད་ལྡན་པ་དང་། རི་མཐོ་ལ་ཉེན་རི་ཡིན་པ། ཡང་ན། རི་དམའ་ལ་བསིལ་དྲོད་སྒྲོམས་ལ་ས་རྒོད་པའི་གནས། ལོ 2~3རིང་གི་ས་རྒོད། བཏུ་སྔོན་དུ། རྩ་ལྷུམ་སྣ་ཚོགས་གཙང་སྦྲ་བྱས་རྗེས། ས་རྒྱུ་ལི་སྨི 30སློག་དགོས།

2.སྐྱེ་འཕེལ་ལིན་ཙི།

ཟླ་དགུ་བ་ནས་བཟུང་སང་ལོའི་ཟླ་4བའི་ཟླ་སྨད་བར་ཁྲིན་ཞང་བསྐོ་དགོས། རྩ་བ་དང་ས་འདམ་ལེགས་པར་གཙང་སྦྲ་བྱས་རྗེས། དེ་ལ་ཐྱུ་ཝོང་ཟེར། དེ་རྗེས་རྒྱ་མཚོ་ངོས་ལས་ཅུང་མཐོ་བའི་སར་ཁྱེར་ནས་འདེབས་གསོ་བྱ། ལེན་ཅི་དྭངས་གསལ་དུས་ཚིགས་ཀྱི་སྔོན་ལ། ཐྱུ་ཝོང་ཆེ་འབྲིང་ཆུང་གསུམ་རིམ་པ་མཐོ་དམའ་ལྟར་བཀོད་ཏུང་། སྔོང་ཀྲང་གི་བར་མཚམས་གཞིར་བཟུང་ནས་ཚན་ཁག་སོ་སོའི་བར་ཐག་ལི་སྨི30 ལི་སྨི30 ལི་སྨི25 ལི་སྨི25 ལི་སྨི30 ལྟར་གྲུ་བཞི་བསྐོ་ལ། གྲུ་བཞི་མའི་ཟབས་ཚད་ལི་སྨི6 ~7བར་ཡིན་དགོས། ས་དོང་གཅིག་གི་ནང་ལ་ཐྱུ་ཝོང་ཆེ་བ་གཅིག་དང་། ཡང་ན་ཆུང་བ་གཉིས་བཙུགས་ཆོག ཁ་ཀྱིན་དུ་པསྐོར་ཅས་གནོན་བརྟན་ཐེགས་ངོས་བྱ། དེ་རྗེས་ལུད་དང་ཆུ་ལུད་འདེད་ལ་གསང་ངོས་དེ་བཞལ་ལ་བསུབས་པར་བྱ།

3.གསོ་སྐྱོང་དོ་དམ།

ཟླ5བའི་ཟླ་སྟོད་དུ་སྨུ་གུ་འབུས། སྨུ་གུ་མཉམ་པོར་སྨིན་རྗེས་ཐེངས་གཅིག་ལ་གསང་སྦྱོད་བྱ། སྔོན་ལ་ས་རྒྱུའི་ཁ་ཕྱེ་ནས། འཕྲེད་རྒྱུག་རྩ་བ་ཅན་གྱི་རྩེ་མོ་ཙམ་མངོན་པར་བྱ། སྐྱེ་སྟོབས་ཚད་ལྡན་ཞིག་གི་སྐྱེ་ཚད་རྩ་བ8~10བར་ཡིན། དེ་རྗེས་ཚང་མ་འབལ་བར་བྱ། ཟླ5བའི་ཟླ་སྨད་ནས་ཟླ6པའི་ཟླ་མཇུག་བར་རྩ་ངན་བཀོག་པ་སོགས་གསང་སྦྱོད་ཐེངས་གཅིག་བྱ་དགོས།

4.ལེན་ཅི་བསྡུ་གསོག

ལོ་རེའི་ཟླ་བརྒྱད་པའི་ཟླ་མཇུག་ལ་སྨན་སྔོང་ཆེར་རྒྱས་ཤིང་མདོག་ཁམ་སེར་གྱུར་ཡོད་པའི་སྐབས་རེར་ནམ་ཟླ་ཚ་གྲང་སྙོམས་པའི་ཉིན་མོ་ཞིག་གི་སྔ་དྲོ་ནས་མགོ་བཟུང་སྟེ་སློག་པར་བྱའོ།། སྨན་རྣམས་སློག་བསྡུ་ཚར་བའི་རྗེས་ཏུལ་སྲུངས་ཅན་རྣམས་དོར་ཏེ། སྒྲོམ་ལ་རིང་བའི་རིགས་རྣམས་ཆུན་པོར་བསྡམས་ཏེ་བསིལ་གྲིབ་སྙོམས་པའི་གནས་སུ་ཉར་ཚགས་བྱ།

5. ཞིན་ཅི་ཉར་ཚགས་བྱ་ཚུལ།

ཉར་ཚགས་བྱ་ཡུལ་ནི་ས་ཁྲུང་དང་བསིལ་གྲིབ་སྐམས་པོ་ལྡན་པའི་ཁང་བར་སྟན་དུ་རྩ་སྐྱ་བཏང་རྗེས་ཕན་ཚུན་མཉམ་སྡེབ་ཚུལ་དུ་ཉར་བར་བྱ། ཉིན་བདུན་ནས་བཅུ་ཡས་མས་སུ་ཐེངས་རེར་སྟེང་འོག་བརྗེས་བར་བྱ་རྒྱུ། དེ་ནས་སྟོན་མགོ་མ་ཚུགས་སྔོན་ཞིན་ཅི་རིང་ཐུང་ལི་སྨི 3~4 རིང་ཚད་གཏུབ་སྟེ། གཏུབ་མཚམས་རེར་ཚིགས་མཚམས་གཅིག་རེ་ལྡན་དགོས། དེ་ལྟར་བྱས་ཚར་རྗེས་ཚད་ལྡན་གྱི་ཞིན་ཅི་བསྒྱུ་ཞིན་གྱི་བྱ་བ་མཇུག་རྫོགས་སོ།།

ལྔ་བ། བསྒྱུ་ཞིན་དང་ལས་སྟོན།

1. བསྒྱུ་ཞིན། སྨན་འདེབས་མཁན་གྱིས་སྨན་བཏབ་ཟིན་རྗེས་ཀྱི་ཕྱི་ལོའི་དབྱར་ཚུགས་སྔ་ཕྱིའི་སྐབས་སུ་བསྒྱུ་ཞིན་བྱ་དགོས། བསྒྱུ་ཞིན་ཆེས་སྔ་ཚེ་སྨན་སྐྱེ་འཚར་རྫོགས་མེད་པས་སྨན་ཐོན་ཚད་དམའ་ངེས། བསྒྱུ་ཞིན་གྱི་དུས་འཕྱི་ཚེ་སྨན་སྐྱེ་འཚར་རྫོགས་ཏེ་སའི་འོག་སྐམ་ནས་རུལ་བར་འགྱུར་རོ།།བསྒྱུ་ཞིན་གྱི་དུས་ངེས་ཅན་ནི་གནམ་ངོ་དྭངས་ཤིང་གསལ་བའི་ཉིན་མོ་ཞིག་ལ་སློག་ན་བཟང་ངེས། བསློགས་རྗེས་ཡལ་འདབ་དང་ས་འདམ་སོགས་གཙང་མར་བཀྲུས་ནས་ལས་སྟོན་བྱ་དགོས།

2. ལས་སྟོན། བསྒྱུ་ཞིན་བྱས་རྗེས་དུས་ཐོག་ཏུ་སྐམ་བསེད་བྱ་རྒྱུ་གལ། ཕྱིར་བཏང་ཚ་ཐབ་སྟེང་བཀྲམ་རྗེས་མེ་རན་པར་དུས་ནས་ཐེངས་མང་པོར་སྟེང་འོག་བརྗེས་ཏེ་སྐམ་བསེད་བྱས་ན་བཟང་། བསྐུད་མར་ཉིན་གཉིས་ནས་གསུམ་རིང་སྐམ་བསེད་བྱས་རྗེས་དྲི་ཞིམ་འཕྱུལ་བའི་དུས་སྒྱུག་ཚགས་ནང་དྲངས་ཏེ་བདག་ཉར་བྱ་དགོས། ས་དང་ལོ་མ་རྩ་ཕྲན་སོགས་དོར་ནས་ཉར་ཚགས་བྱ། སྐམ་ཚད 30%~35% ཡིན་ན་ཧ་ཅང་བཟང་།

ས་བཅད་བདུན་པ། ཐེན་ནན་ཞིན།

ཐེན་ནན་ཞིན་ནི་ཐེན་ནན་ཞིན་ཚན་པའི་ཐེན་ནན་ཞིན་རིགས་ཀྱི་སྐྱེ·········དངོས་ཞིག་ཡིན་པ་དང་། མིང་གཞན་ནན་ཞིན་དང་ཀྲང་ཡེ་པན་ཞིན། ཧུའུ·····ཀྲང་ནན་ཞིན། དབྱི་ཡེ་ཐེན་ནན་ཞིན། ཡི་པ་སན་སོགས་ཡོད། སྔོང་དབྱིབས་ཅན་གྱི་གཞུང་རྐང་དེ་སྨན་དུ་བཀོལ་བ་ཡིན། དེ་ལ་རླུང་སེལ་བ་དང་སྙིང་ཁམས་བདེ་བ། སློ་ལུ་འགོག་ཅིང་ལུད་པ་དྲངས་པ་སོགས་ཀྱི་ཕན་ནུས་ལྡན་ལ། གཙོ་བོ་གདོང་གི་དབང་རྩ་སྲིད་པ་དང་གཞོགས་ཕྱེད་ཉམས་པ། ཁྱིས་གདོན། འཛུམ་བུ་ལྷག་དཀྱི། མངལ་འབྲས་སོགས་ལ་ཕན་ནུས་ཆེན་པོ་ལྡན། ཕྱི་ཏུ་ཕྱུགས་ན་འབྲུམ་ཐོར་དང་འབུ་སྲིན་སོགས་ཀྱིས་སོ་བཏབ་པ་སོགས་ལ་ཡང་ཕན། ཐེན་ནན་ཞིན་རྔོན་པར་དུག་ཤས་ཆེ་ལ་དུག་ཐོག་ཚེ་ལྡེ་དང་གྲེ་བ་རྐན་སོགས་ལ་ཟ་འཕྲུག་ལངས་ནས་སྐྲངས་བ་དང་། ཚབས་ཆེན་དབུགས་ཀྱི་རྒྱུ་བ་འགག་ནས་ཤི་བར་འགྱུར། ནད·····དུག་ཐོག་པ་ཚབས་ཆུང་ན་སྐྱུར་ཁུ་དང་ཇ་ཁྲབ། སྔོང་ང་སོགས་ཀྱིས་དུག་སེལ·····བྱས་པས་ཆོག ཉེ་བའི་ལོ་འགའི་ནང་དུ་རི་སྐྱེས་ཐོན་ཁུངས་ཉུང་བ་དང་བཀོལ་རྒྱུ་ཆེ་བ། མིས་འདེབས་འཛུགས་ཉུང་བ་སོགས་ནི་ཀྲུང་ལུགས་སྨན་རྫས་དཀོན་པའི་རྒྱུ་རྐྱེན་གྲས་ཀྱི་གཅིག་ཡིན། ཐེན་ནན་ཞིན་ནི་མང་ཆེ་བ་རི་སྐྱེས་ཡིན་པ་དང་། གཙོ་བོ་བྱང་ཤར་ཞིང་ཆེན་གསུམ་དང་ཧེ་པེ། ཧྲན་ཞི། ཀན་སུའུ། མཚོ་སྔོན། ཧེ་ནན། ཧུའུ་ནན། སི་ཁྲོན། ཡུན་ནན། ཀོའི་ཀྲུའུ། ཨན་ཧེ། ཀྲེ་ཅང་སོགས་ན·····ཡོད། རང་རྒྱལ་གྱི་ལྷོ་བྱང་ས་ཁུལ་མང་པོར་འདེབས་འཛུགས་བྱས་ཆོག

གཅིག སྐྱེ་དངོས་ཀྱི་རྣམ་པ།

ལོ་མང་སྐྱེས་པའི་རྩ་ལྷམ་རིགས་ཡིན་པ་དང་མཐོ་ཚད་ལ་ལི་སྨི 40~90

ཙམ་ཡོད། གཞུང་ཆང་དབྱིབས་ནི་ལྷང་རིལ་ཅན་ལ་པགས་པ་མདོག་ཁམས་སེར་དང་། ལོ་མ་གཞུང་ཆང་གི་རྩེ་མོ་ནས་སྐྱེས་པ། ལོ་མའི་ངར་བ་ཀ་གདོང་གི་དབྱིབས་ཅན། ཤ་མཛེར་དྲང་མོར་སྐྱེས་པ་གཞུང་ཆང་གི་དབྱིབས་དང་འདྲ་བ། འདབས་འོག་ཤུབ་གཟུགས་སུ་གྲུབ་པ། གཞུང་རྟའི་གནས་སུ་མདོག་ལྗང་དཀར་དང་སྨུག་མདོག་གི་ཤུན་པགས་ཕྱི་ནང་གསལ་བའི་ཤུབ་བུ་རིང་པོ་ཡོད་པ། ལོ་མ་འགྱེད་འཕྲེའི་དབྱིབས་ལྷར་གས་པ་ལྷ་བུ་ལེབ་མོ 7 ~23ཅན་མང་པོ་ལོ་འདབ་གྱི་རྩེ་མོར་ཕྱོགས་བཞིར་ཆར་གདུགས་ཀྱི་དབྱིབས་སུ་ཆགས་ཡོད། གས་པའི་ལོ་མ་ཁབ་ཀྱི་དབྱིབས་དང་ལྡན་ལ་རྩེ་མོ་རྣོ་ལ་འཇམ་ཞིང་མཉེན་ལ་སྤུ་མེད་པ་ཞིག་ཡིན། མེ་ཏོག་བང་རིམ་སྐྱེ་དབྱིབས་ཅན་ཡིན་ལ་ཤུབ་གཟུགས་ཀྱི་གང་བུ་ཆེན་པོའི་ནང་ཡོད་པ་དང་། མེ་ཏོག་བང་རིམ་གྱི་ཡལ་གའི་རྩེ་མོ་མཇུག་རིང་གི་གཟུགས་ཅན་ཡིན་པས་གང་བུའི་ཕྱི་རུ་བསྒྲིངས་ཡོད། ཚོ་ཞུང་ཡིའུ་ཀྲུའོ(雌雄异珠)ཅུ་བ་ལྡན་པའི་འབྲས་བུ་སྒོང་དབྱིབས་ཅན་དང་མདོག་དམར་པོ་ཡིན། མེ་ཏོག་ཡུན་ཚད་ཟླ་5~6བར་དང་འབྲས་བུའི་ཡུན་ཚད་ཟླ 7~8པའི་བར་ཡིན།

གཉིས། སྐྱེ་དངོས་རིག་པའི་ཁྱད་ཆོས།

འདིར་བརྟན་ཞིང་གཤེར་བའི་ས་གཤིས་གཤིན་པོའི་ཁོར་ཡུག་དགོས་པ་དང་། ཐེན་ནན་ཞིན་ལ་བརྟན་གཤེར་འཕྲོད་པ་དང་གཞུང་ཆང་གིས་གྲང་རེག་མི་བཟོད་མོད། འོན་ཀྱང་ས་བོན་ལ་སྨྱུ་གུ་འབུས་པའི་ལོ་དང་པོར་ལོ་མ་ཆུང་ངུ་གཅིག་སྐྱེས་པ་དང་། ལོ་གཉིས་པ་དང་གསུམ་པའི་རྗེས་སུ་ལོ་མ་ཆུང་ངུའི་གྲངས་རིམ་གྱིས་ཇེ་མང་དུ་འགྲོ་བར་མ་ཟད་གྲང་རེག་ཀྱང་བཟོད་ནུས་པར་འགྱུར། མེས་བཟོས་འདེབས་འཛུགས་བྱེད་པར་སྡོང་ཆང་རིང་བའི་ལོ་ཏོག་གི་ཁྲིད་དང་། ཡང་ན་བསིལ་གྲིབ་ཡོད་པའི་ནགས་འདབས་དང་ནགས་ཚལ་གྱི་མཐའ། གཞན་ཡང་བརྟན་གཤེར་དང་ལྡན་པའི་གྲོག་རོང་སོགས་ཀྱི་ཁོར་ཡུག་བདམས་ན་བཟང་། ས་

གཉིས་ཐད་ནས་སོབ་སོབ་ཅན་གྱི་གཉེན་ས་དང་ཆུ་སྐམ་ཉུས་པ་ཙུང་བཟང་བའི་བྱེ་གསེག་མདོག་སེར་པོ་ཡིན་ན་ལེགས། གཤོང་ས་དང་ཁ་ཁྲུག་མང་ལ་ཆུ་ཐུད་པའི་ཉུས་པ་ཞན་པ་སོགས་ཀྱི་ས་གང་ཡིན་རུང་འདེབས་འཛུགས་བྱེད་མི་འོས།

གསུམ། འདེབས་འཛུགས་ལག་རྩལ།

(གཅིག)ས་ཁོད་སྙོམ་པ་དང་ལུད་རྒྱག་པ།

ས་གཉིས་བདམས་ཚར་རྗེས་སྟོན་དུས་སུ་ས་གཞི་གཏིང་ཚད་ལི་སྨི 20~25 བར་བསློག་པ་དང་། ཁོད་སྙོམ་པ་དང་བསྡུན་ནས་སྤྱི་ཆེང་རེའི་ས་རུ་ལུད་རྫས་སྟོང་ཁ 45000 ~75000 བརྒྱབ་ནས་ས་ནང་དུ་བཙུག་ནས་ལུད་རྫས་ཀྱི་གཞི་མ་བྱེད་པ། འདེབས་འཛུགས་སྔོན་དུ་ཡང་བསྐྱར་ཐེངས་གཅིག་རྨོ་དགོས། དེའི་རྗེས་སུ་ཤལ་བརྒྱབ་ནས་ཁོད་བསྙམས་ཏེ་ཞེང་ལ་སྨི 1.2 ཅན་གྱི་རྣང་མ་མཐོན་པོ་དང་རྣང་མ་ཁོད་སྙོམ་པོ་བཟོས་རྗེས་ཕྱོགས་བཞིར་ཆུ་འགྲོ་ས་བཟོ་དགོས། རྣང་མ་རུས་སྦལ་གྱི་རྒྱབ་དང་འདྲ་བའི་དབྱིབས་བཟོ་དགོས།

(གཉིས)འདེབས་འཛུགས་གནས་སྤོར།

དཔྱིད་དུས་ཟླ 4 ~5 བའི་ཟླ་སྟོད་དུ་སྨྱུ་གུའི་མཐོ་ཚད་ལ་ལི་སྨི 6 ~9 ཙམ་ཡོད་པའི་དུས་སུ། གནམ་འཐིབས་པའི་དུས་ཤིག་བདམས་ནས་སྐྱེས་སྟོབས་ཀྱིས་ཁེངས་པའི་སྨྱུ་གུ་དེའི་མཐའ་ཡི་ས་དང་མཉམ་དུ་གྲལ་ཤར་ལྟར་ཞིང་ས་ཆེན་པོ་རུ་སྤོར་འཛུགས་བྱེད་པ་དང་། གྲལ་ཤར་རེའི་སྡོང་རྐང་གི་བར་མཚམས་ལི་སྨི 15 ~20 ཡིན་དགོས། བཙུགས་ཚར་རྗེས་རྩ་བ་བརྟན་ཕྱིར་ཆུ་ལྷུག་དགོས་པ་དང་དེ་ལྟར་བྱས་ན་སྨྱུ་གུའི་སྐྱེས་སྟོབས་ལ་ཕན་པ་ཡིན།

(གསུམ)ཞིང་སའི་དོ་དམ།

1. ས་སོབ་སོབ་བཟོ་བ་དང་ཡུར་མ་ཡུར་བ། ལུད་འཇོག་པ། སྨྱུ་གུའི་མཐོ་ཚད་ལ་ལི་སྨི 6 ~9 ཙམ་གྱི་དུས་སུ་ཐེངས་དང་པོར་ས་སོབ་སོབ་བཟོ་བ་དང་ཡུར

མ་ཡུར་དགོས། ཡུར་མ་ཡུར་སྐབས་ཟབ་ཚད་འོས་འཚམ་ཡིན་དགོས། ཞལ་རྒྱག་པའི་སྐབས་སུ་ས་སྟེང་གི་རིམ་པར་ཞལ་བརྒྱབ་ན་ཆོག་པ་ཡིན། དེའི་རྗེས་སུ་མི་དང་སྒོ་ཕྱུགས་ཀྱི་བཤང་གཅི་འཇོག་པ་དང་། སྤྱི་ཆིང་རེར་སྟོང་ཁ་15000~22500ཙམ་དགོས། ཐེངས་གཉིས་པ་ཟླ་བ་6པའི་ཟླ་དཀྱིལ་དང་ཟླ་མཇུག་གི་དུས་སུ་ས་སོབ་སོབ་བྱེད་རྒྱུ་ཐུར་ལས་འོས་འཚམ་གྱིས་ཇེ་ཟབ་ཏུ་གཏོང་བ་དང་། དེ་དང་སྦྲགས་ནས་ལུད་ཐེངས་གཅིག་འཇོག་དགོས། ལུད་ཀྱི་མང་ཉུང་གི་ཚད་ཐེངས་སྔོན་མ་དང་གཅིག་པ་ཡིན། ཐེངས་གསུམ་པ་ནི་ཟླ་7པའི་ཟླ་མཇུག་དང་། འདི་དུས་ནི་ཐེན་ནན་ཞིན་སྐྱེས་སྟོབས་ཆེས་བཟང་བའི་དུས་སྐབས་ཡིན། ཡུར་མ་ཡུར་ནས་ས་སོབ་སོབ་བཟོས་ཏེ་སྤྱི་ཆིང་རེར་ལུད་སྟོང་ཁ་22500 ~30000བར་འཇོག་དགོས། གྲལ་ཤར་རེའི་བར་དུ་ས་ཁུག་བརྐོས་ནས་ལུད་འཇོག་པ་དང་དེའི་སྟེང་དུ་ས་བཀབ་ནས་འཇོག་པ་ཡིན། ཐེངས་བཞི་བ་ནི་ཟླ་8པའི་ཟླ་མཇུག་དང་། དེའི་སྐབས་སུ་ཡུར་མ་ཡུར་ནས་ས་སོབ་སོབ་བཟོས་ཏེ་སྤྱི་ཆིང་རེར་གཅིན་རྒྱ་སྟོང་ཁ་150 ~300ཙམ་ཆུ་དང་བསྲེབས་ནས་རྒྱག་པ་དང་། གཞན་ཡང་འབབ་ཆའི་ལུད་སྟོང་ཁ་750དང་འོས་འཚམ་གྱི་ལིན་ཙ་ལུད་རྫས་གཉིས་བསྣན་ན་ཐོན་སྐྱེད་ཡོང་འབབ་ཇེ་མང་དུ་འགྲོ་བར་ཕན།

2.ཆུ་སྤུད་པ་དང་ལྷུག་པ། ཐེན་ནན་ཞིན་ལ་བརླན་གཤེར་འཕྲོད་པར་བརྟེན། འདེབས་འཛུགས་བྱས་ཚར་རྗེས་རྒྱུན་པར་ས་གཤིས་ཀྱི་བརླན་ཆ་རྒྱུན་བསྲིང་དགོས་ལ་ཆུ་ལྷུག་རྒྱུར་བརྩོན་དགོས། ཆར་དུས་སུ་ཆུ་སྤུད་པར་མཉམ་འཇོག་བྱས་ནས་ཞིང་སའི་བར་དུ་ཆུ་འཁྱིལ་བར་འགོག་བསྲུང་བྱེད་དགོས། གལ་ཏེ་ཆུ་མང་དྲགས་ན་ལོ་མ་སེར་པོར་གྱུར་ནས་སྐྱེས་སྟོབས་ལ་གནོད་པ་ཡིན།

3.མེ་ཏོག་བཏུ་དུས། ཟླ་5 ~6པའི་ནང་དུ་ཐེན་ནན་ཞིན་གྱི་མེ་ཏོག་བང་རིམ་སྔེ་དབྱིབས་ཅན་དེ་ཤུབ་གཟུགས་ཀྱི་གང་བུའི་ནང་ནས་ཕྱིར་ཐོན་པའི་སྐབས་

སུ་གཞུང་ཆང་བསྲུར་ནས་མེ་ཏོག་བང་རིམ་སྐེ་དབྱིབས་ཅན་ཁོ་ན་གཙོད་པ་དང་། རྒྱུ་མཚན་ནི་བཙུད་ཚུད་སོས་སུ་མི་འགྲོ་བའི་ཕྱིར་དང་ཐོན་སྐྱེད་ལ་ཕན་པ་ཡིན།

4.སྐྱེ་དངོས་གཞན་གསེང་འདེབས་པ། ཐེན་ནན་ཞིན་བཙུགས་ཚར་རྗེས་ཀྱི་ལོ་སྔོན་མ་གཉིས་ལ་སྐྱེས་སྟོབས་དལ་བ་དང་། རྣང་བཅད་ཀྱི་སྟེང་ནས་སྟོང་ཆང་རེའི་བར་དུ་ལི་སྨི་30ཡི་སར་སྲན་རིགས་དང་ཡང་ན་སྨན་རྩས་གཞན་འདེབས་འཛུགས་བྱེད་པ་དང་། དེ་ལྟར་བྱས་ན་ཐེན་ནན་ཞིན་ལ་བསིལ་གྲིབ་ཡོད་པར་མ་ཟད་དཔལ་འབྱོར་ཐོན་འབབ་དང་ཡོང་སྒོ་ཡང་མང་དུ་འཕར་བ་ཡིན།

(བཞི)ནད་འབུའི་གནོད་པ་དང་འགོག་སྲུང་།

1.ནད་འབུ་ཕྲ་མོ། སྟོང་ཆང་ཡོངས་ལ་གནོད་བྱེད་པ། ཉད་དུག་ཡོག་སྐབས་ཐེན་ནན་ཞིན་གྱི་ལོ་མའི་སྟེང་དུ་སྨུ་མདོག་སེར་ཁྲ་འདྲ་མིན་སྣ་ཚོགས་སྐྱེས་ནས་ལོ་མ་ཁྲ་ཐིག་ཏུ་འགྱུར་བའི་རྟགས་མཚོན་པ་དང་། དེ་དང་མཉམ་དུ་ལོ་མའི་དབྱིབས་འགྱུར་ནས་གཉིས་རིས་ཆགས་ནས་བསྐུམ་སྟེ་མི་སྡུག་པའི་གཟུགས་ཆགས་པར་བྱེད། དེས་སྟོང་ཆང་གི་འཚར་སྐྱེ་ལ་གནོད་པ་དང་མཐུག་ཏུ་སྐམ་པར་འགྱུར་བ་ཡིན།

འགོག་བསྲུང་ཐབས་ལམ། ནད་འགོག་ནུས་པ་ཡོད་པའི་རིགས་འདེབས་འཛུགས་བྱེད་པ། དཔེར་ན་ཞིང་སའི་བར་དུ་སྐྱོན་མེད་པའི་སྟོང་ཆང་ཁེར་སྐྱེས་བཙུགས་ནས་དེ་ལ་ལྷིན་དང་ཐྭ་སོགས་ལས་གྲུབ་པའི་ལུད་རྫས་བཞག་ནས་སྟོང་ཆང་གི་ནད་འགོག་ནུས་པ་ཆེར་བསྐྱེད་པ་དང་། དེའི་དུས་སུ་དུས་ཚོད་དམ་འཛིན་བྱས་ནས་ནད་འབུ་གསོད་སྤྱོད་ཀྱི་སྨན་རྒྱག་དགོས། 50%ཅན་གྱི་ཙ་ཅི་ཐོ་བུ་ཆེན་ལྷབ 1000ཅན་གྱི་སྨན་རྒྱག་པ་དང་། ཉིན 7~10རེར་ཐེངས་གཅིག་རྒྱག་པ་དང་། མུ་མཐུད་ནས་ཐེངས 2~3རྒྱག་དགོས།

2.ཕྱེ་ལེབ་དམར་པོ་ཆེ་བ། འབུ་ཆུང་ངུས་ལོ་མར་གནོད་བྱེད་པ་དང་ལོ་མར་སོ་བཏབ་ནས་ཁུང་བུ་བརྡོད། ཟླ་7པ་ནས་8པར་ཚབས་ཆེ་བའི་དུས་སུ་ཐེན་ནན་ཞིན་གྱི་ལོ་མ་ཡོངས་སུ་ཟོས་ཚར་བར་བྱེད།

འགོག་བཅོས་བྱེད་ཐབས། ནད་འབུ་ཆུང་ངུའི་དུས་ནས་90%ཅན་གྱི་ཡི་ཏིས་པེ་ཁྲུང་ལྷབ་800ཅན་གྱི་སྨན་གྱིས་གསོད་དགོས། འོན་ཀྱང་བསྡུད་མར་འབུ་གསོད་པའམ་རིགས་མཚན་འདྲ་བའི་སྐྱེ་དངོས་བར་དུ་འབུ་གསོད་པ་བཅས་ལ་འཛེམ་དགོས།

3.སྔོམ་དམར་པོ་དང་ས་འབུ་དཀར་པོ་སོགས་གནོད་འབུའི་རིགས་འགོག་བཅོས་བྱེད་ཐབས་ཕྱེ་ལེབ་དམར་པོ་ཆེ་བ་དང་འདྲ།

བཞི། སོན་བཟང་ཉར་འཛོག་ལག་རྩལ།

སྐྱེ་འཕེལ་བྱེད་ཐབས། འདི་ལ་གཞུང་རྐང་གཙོར་བཟུང་ནས་སྐྱེ་འཕེལ་བྱེད་པ་དང་། ས་བོན་སྐྱེ་འཕེལ་བྱེད་པ་ཡང་ཆོག

(གཅིག)གཞུང་རྐང་གི་སྐྱེ་འཕེལ།

ཟླ་9~10བའི་བར་དུ་ཐེན་ནན་ཞིན་གྱི་གཞུང་རྐང་ལག་ཏུ་ཡོང་རྗེས། དེའི་ནང་ནས་སྐྱེས་སྟོབས་ལྡན་ལ་སྐྱོན་མེད་པ་དང་། གནོད་འབུས་གནོད་པ་བཟོས་མེད་པའི་གཞུང་རྐང་འབྲིང་བ་དང་ཆུང་བའི་རིགས་བདམས་ནས་ས་དོང་བཟོས་ཏེ་དེའི་ནང་ཉར་ནས་འདེབས་འཛུགས་བྱས་ཆོག ས་དོང་གཏིང་ཚད་ལ་སྨི་1.5ཡས་མས་ཡིན་དགོས་པ་དང་ཆེ་ཆུང་གི་ཚད་ནི་འདེབས་འཛུགས་བྱེད་པའི་མང་ཉུང་ལ་བལྟས་ནས་གཏན་འཁེལ་བྱེད་དགོས། ས་དོང་ནང་གི་དྲོད་ཚད་5℃~10℃བར་སྙོམས་ན་རན་པ་ཡིན། དྲོད་ཚད་5℃ལས་དམའ་ན་འདེབས་འཛུགས་བྱས་པ་འཁྱགས་སྐྱོན་འབྱུང་བ་དང་། 10℃ལས་མཐོ་བ་ཡིན་ན་སྨྱུ་གུ་རྒྱས་པ་སྦ་དྲགས་པའི་སྐྱོན་འབྱུང་བ་ཡིན། རྒྱུན་པར་སང་ལོའི་དཔྱིད་

དུས་སུ་འདེབས་འཛུགས་བྱེད་པ་དང་། ས་འཁྱགས་པའི་སྔོན་གྱི་སྔོན་མཇུག་ཏུའང་འདེབས་འཛུགས་བྱས་ཆོག དཔྱིད་དུས་སུ་འདེབས་འཛུགས་བྱེད་པར་ཟླ 3པའི་སྨད་དང་ཟླ 4བའི་སྟོད་དུ་སྙོམས་ཟིན་པའི་རྣང་མའི་སྟེང་དུ་གྲལ་སྟར་རེ་ལ་བར་ཐག་ལི་སྨི 20 ~25དང་། སྡོང་རྐང་རེའི་བར་ལ་ལི་སྨི 14 ~16ཡོད་སར་ས་ཁྲུང་རེ་བརྐོ་དགོས། གཏིང་ཚད་ལ་ལི་སྨི 4~6བར་ཡིན། དེའི་རྗེས་སྨྱུ་གུའི་མགོ་ཡར་བསྒྲེར་ནས་ཁྲུང་བུའི་ནང་དུ་འཇོག་དགོས། ཁྲུང་བུ་རེ་ལ་རེ་རེ་འཛུགས་དགོས།

ས་བཅད་བརྒྱད་པ། འཇིབ་རྩི་སླུག་པོ།

འཇིབ་རྩི་སླུག་པོ་ནི་རྩ་བ་ཁམ་སླུག་ཁ་སྨུ་དང་ཡལ་ཕྲན་མང་བ། ངར་བ་སླུག་ལ་སྟོད་ཆར་མེ་ཏོག་གི་གོས་བྱིའུ་ཕྲུག་ཁ་གདངས་འདྲ་བའི་ནང་ནས་མེ་ཏོག་སྤུབ་སྟོང་ཁ་གདངས་པ་ཅན་སྐྱེས་པ་དེ་ཡིན་ཞིང་། མིང་གཞན་ལ་འཇིབ་རྩི་ཆེན་མོ། ཨ་ནུ་ཧྲ་ནུ་སོགས་མང་། དེའི་རྩད་པ་སྨན་དུ་སྦྱར་ལ་གཙོ་བོ་འབྱུང་བའི་ཤུགས་ཆེ་ཆུང་གིས་སྐྲངས་པ་ཞི་ཞིང་ཁྲག་གི་ཚ་གྲང་སྙོམས། ད་དུང་སེམས་ཁམས་སྙོམས་ནས་ལུས་ལ་གཏན་གྱི་བདེ་བ་སྟེར། གཞན་ཡང་ཟླ་མཚན་རྒྱུན་ལྡན་མིན་པ་དང་དྲེག་གྲུམ། བང་ཚད། ཚོགས་ཆེན་ཕོལ་གྱིས་ན་བ། རྩ་དཀར་གྱི་ནད། གཉིད་ཡེར་བ།སེམས་འཚུབ་པ་སོགས་ལ་ཕན། དེང་རབས་གསོ་རིག་གིས་བདེན་དཔང་བྱས་པ་ལྟར་ན་དེས་རྩ་སྦུག་བརྐྱངས་པར་བྱེད་ཐུབ་པས་སྙིང་གི་འཕར་རྩ་ཁག་གི་ཁྲག་འཁོར་སྐྱོད་ལ་ཕན་ཞིང་སྙིང་ནད་ཁྲག་གཟེར་དང་རླུང་གཟེར་སོགས་གསོ་བ་ལ་ཕན་སྐྱེད་ངེས་ཅན་ལྡན་ཟེར། ད་དུང་མཆིན་ནད་གྲང་ཤས་ཆེ་བ་དང་མཆིན་པ་སྲ་འགྱུར་སོགས་ལའང་ཕན་ཟེར། འཇིབ་རྩི་སླུག་པོ་དེ་སྨན་རིགས་བཟོ་ལས

ཐད་ཀྱི་རྒྱུ་ཆ་གལ་ཆེན་ཞིག་ཡིན་པ་མ་ཟད་བཀོལ་ཚད་ཀྱང་ཆེ། མིག་སྔར་གཙོ་བོ་སི་ཁྲིན་དང་། མཚོ་སྔོན། ཧུ་པེའེ། ཧན་ཏན། ཅང་སུའུ། ཧྲན་ཏུང་། གྲི་ཅང་སོགས་སུ་ཐོན་སྐྱེད་བྱེད་བཞིན་ཡོད།

གཅིག སྐྱེ་དངོས་ཀྱི་རྣམ་པ།

ལོ་མང་སྐྱེ་བའི་རྩ་ལྗིམ་གྱི་རིགས་ཤིག་སྟེ། མེ་ཏོག་གི་མཐོ་ཚད་ལ་ལི་སྨི 30~70ཡོད་ལ། རྩ་བའི་ཤ་མཐུག་ལ་གྲེས་པ་དང་། ཕྱི་ཤུན་དམར་པོ་དང་ནང་གི་ཤ་དཀར་སེར་དུ་མངོན་པ་དང་། རིང་ཚད་ལི་སྨི 30ལྷག་ཡོད། མེ་ཏོག་མང་པོ་ཁ་གཏད་དུ་སྐྱེས་ཡོད་པ་དང་། སྔོང་འི་དབྱིབས་ལྷ་བུའི་ལོ་མ་ཆུང་བ 3~7ལྷག་ཡོད་པ་དང་། ལོ་མའི་མཐའ་སོག་ལེ་དང་འདྲ་ཞིང་ངོས་གཉིས་བ་སྤུས་ཁྱབ་ཡོད། མེ་ཏོག་ནི་གདུགས་ལྟར་བསྒྲིགས་པ་དང་། མདོག་སྨུག་པོ་སོགས་སུ་མངོན་པ་དང་། རྩེ་མོ་དང་ཀེད་པར་སྐྱེས་ཡོད་པ་ཡིན། འབྲས་བུ་ནི་བཞི་རེ་ཡོད་པ་དང་སྒོང་འི་དབྱིབས་ལྟར་མངོན་ཞིང་མདོག་ནག་པོར་མངོན། དེ་ལས་མེ་ཏོག་གི་དུས་ནི་ཟླ 5~7དང་། འབྲས་བུའི་དུས་ནི་ཟླ 6~8བར་རེད།

གཉིས། སྐྱེ་དངོས་རིག་པའི་ཁྱད་ཆོས།

ནམ་ཟླ་དྲོ་ཞིང་ རླན་གཤེར་མོད་པ། ཉི་འོད་ཀྱང་ལྡན་སུམ་ཚོགས་པའི་ཁོར་ཡུག་ཡིན་ན་ཤིན་ཏུ་བཟང་། དྲོད་གྲང་−5°Cཡིན་དུས་ལོ་མ་དང་གཞུང་རྟ་སོགས་ལ་གྲང་འགོག་གི་ནུས་པ་ཞན་མོད། འོན་ཀྱང་དེའི་རྩ་བའི་གྲང་འགོག་ནུས་པ་མཐོ། ཚ་བ་དང་ཐན་པ་ཆེ་བའི་སྐབས་སུ་སྨུ་གུ་སྐྱེ་མི་ཐུབ་པའམ་སྐམ་འགྲོ་དེའི་རྐྱེན་པས་ས་མཐུག་ས་དང་ཆུ་བཞུར་མོད་པའི་གནས་སུ་སྐྱེས་པ་ཡིན་ལ། གལ་ཏེ་ས་གཤིན་པོ་ཚད་ལས་བརྒལ་ན་རྩད་པར་དེ་འདྲའི་སྐྱེས་སྟོབས་མེད་པར་མ་ཟད་ད་དུང་ཆུ་བཞུར་ཚད་མི་ལེགས་པའི་གནས་དེའི་རྩད་པ་རུལ་འགྲོ།

གསུམ། འདེབས་འཛུགས་ལག་རྩལ།

(གཅིག)འདེབས་གནས་གྲ་སྒྲིག

སྨུ་གུ་འདེབས་འཛུགས་བྱེད་སའི་གནས་དེ་ཐུང་མཐོ་ཞིང་། ས་སོབ་པོ་ཆུ་མེད་སའི་གནས་ཤིག་ཡིན་དགོས་ལ་ས་བོན་མ་བཏབ་པའི་སྔོན་ལ་ས་དེ་རྨོ་ཞིང་ལུད་རྫས་འདོག་པ། ས་གཞི་སྙོམས་པར་བྱེད་པ་སོགས་བྱེད་དགོས། འདེབས་འཛུགས་བྱེད་སའི་གནས་དེ་ས་གཤིན་ཆུ་མེད་སའི་གནས་ཤིག་ཡིན་དགོས་པ་དང་། རྩ་བ་འཛུགས་པའི་སྐབས་སུ་ལི་སྨི 35ཡན་ཆད་བརྐོས་ནས་ཕྱུན་སུམ་ཚོགས་པའི་ལུད་རྫས་སྟོང་ཁེ 375 ~5000བར་དང་ཁ་སྣོན་ལུད་སྐྱུར་ཀལ་སྟོང་ཁེ 750ནང་དུ་བླུགས་ཏེ་སྙོམས་པར་བྱེད་དགོས། མ་བཙུགས་སྔོན་དུ་ཡང་བསྐྱར་ཆུ་བཏང་ནས་ས་གཤིན་སྙོམས་པོར་བྱེད་དགོས་ཏེ་ཞེང་ལ་སྨི 1.3ཙམ་གྱི་ར་ལྟ་བུ་ཡས་པ་དང་མཐའ་བཞི་པོ་ནས་ཆུ་འགྲོ་ས་ལས་དགོས།

(གཉིས)གནས་སྤོར་འདེབས་འཛུགས།

སྨུ་གུ་གསོ་སྐྱོང་བྱས་ནས་ཉིན 75གཡས་གཡོན་ལ་གནས་སྤོར་འདེབས་འཛུགས་བྱས་ཆོག་པ་དང་དབྱར་ཁ་དང་སྟོན་ཁའི་དུས་སུའང་འདེབས་འཛུགས་བྱས་ཆོག དབྱར་ཁའི་འདེབས་འཛུགས་བྱེད་པའི་དུས་ནི་ཟླ 4བའི་ཟླ་དཀྱིལ་ཡིན་པ་དང་། སྟོན་ཁ་འདེབས་འཛུགས་བྱེད་པའི་དུས་ནི་ཟླ 9བའི་ཟླ་སྨད་ཡིན། འདེབས་འཛུགས་བྱེད་པའི་སྐབས་སུ་ས་རྐོའི་གཏིང་ཚད་ནི་རྩད་པའི་རིང་ཚད་ལ་བལྟ་དགོས་པ་མ་ཟད་ལུད་རྫས་བཞག་ནས་ས་རྐོ་གཅིག་ལ་སྨུ་གུ 1~2 འཛུགས་དགོས།

(གསུམ)ཞིང་ས་དོ་དམ།

1.ས་རྐོ་ལྷུམ་དོར།

ཟླ་བཞི་བའི་ཟླ་སྟོད་ཙམ་དུ་སྨུ་གུ་འབུས་ཚར་རྗེས་ཡུར་མ་ཐེངས་གཅིག

ཡུར་དགོས། དེའི་རྗེས་སུ་མི་ཕྱུགས་ཀྱི་ལུད་རྫས་ཀྱང་ཐེངས་གཅིག་འཛོག་དགོས། ཐེངས་གཉིས་པ་ཟླ 5~6པའི་ཟླ་སྟོད་ལ་ཡུར་མ་ཡུར་རྗེས་མིའི་ལུད་རྫས་ཐེངས་གཅིག་འཛོག་དགོས། ཐེངས་གསུམ་པ་ཟླ 6པའི་ཟླ་སྨད་ནས་ཟླ 7པའི་ཟླ་དཀྱིལ་ལམ་ཟླ་སྨད་ལ་ས་རྐོ་ལྷུམ་དོར་བྱས་ནས་ཡང་བསྐྱར་ལུད་རྫས་འཛོག་དགོས།

2.ཆུ་བཞུར་ཚད་དང་གཏོང་ཚད།

རྩད་པ་ཆུ་མོད་སའི་གནས་མི་རུང་བའི་རྐྱེན་གྱིས་ཆར་འབབ་པའི་དུས་སུ་ཆུ་བཞུར་ཚད་ལ་མཉམ་འཛོག་དང་ཐན་པ་ཆེ་བའི་སྐབས་སུ་དུས་ལྟར་ཞིང་སར་ཆུ་གཏོང་དགོས།

(བཞི)ནད་འབུའི་གནོད་འཚེ་དང་དེའི་སྔོན་འགོག

1.ལོ་མའི་ནད།

ཟླ 5བའི་ཟླ་སྟོད་ལ་ལོ་མར་ནད་ཐོག་པ་དང་སྐབས་དེའི་ལོ་མ་མདོག་སེར་པོ། སྐོར་དབྱིབས་སམ་དབྱིབས་ངེས་མེད་ཅན་དུ་འགྱུར་འགྲོ། ཟླ 6~7པའི་བར་ཚབས་ཆེ་བར་སོང་ནས་ལོ་མ་སྐམ་འགྲོ།

སྔོན་འགོག་ཐབས། ཞིང་སར་དོ་དམ་ཇི་ལེགས་སུ་བཏང་ནས་ལུད་རྫས་ཕུན་སུམ་ཚོགས་པ་འཛོག་པ་དང་། ཡང་ན་ལོ་མའི་སྟེང་ལ 0.3%ལུད་རྫས་གཏོར་བ། དེས་ནད་འགོག་གི་ནུས་པ་ཇེ་མཐོར་གཏོང་ཐུབ། ནད་མ་ཐོག་པའི་སྔོན་དུ་དུག་སེལ་སྨན་གཏོར་བའམ་ཐོ་པུའུ་ཅིན་ལྡབ 1000ཅན་གྱི་སྨན་གྱིས་ནད་འགོག་ཐབས་བྱ་དགོས།

2.རྩད་པ་རུལ་བའི་ནད། ཐོག་མའི་དུས་སུ་རྩ་རྐང་ཁ་ཤས་ཀྱི་མདོག་སེར་པོར་གྱུར་ནས་རུལ་བ་དང་། རིམ་བཞིན་དེ་ནས་གྱེས་ཏེ་རྫིལ་པོར་ཁྱབ་ནས་རུལ་འགྲོ།

སྔོན་འགོག་ཐབས། ལྡབ 1000ཅན་གྱི་སྨན་ཀུན་ཛི་ལིན 50%ཅན་གྱི་ཛ་སྨན་གཤེར་ཁུ་ལྷུགས་པའམ་གཏོར་དགོས།

3.རྩ་བར་གནོད་པའི་ཙེ་ཞན་འབུ་སྲ། འབུ་སྲ་དེས་རྩ་བར་གནོད་པ་བྱས་ན་རྩ་བར་སྐྲངས་རྫོག་མང་པོ་ཐོན་པ་དང་། ཡལ་ག་ཐུང་བ། སྐྱེ་མཚར་ཞན་པ། ལོ་མ་རྙིད་པ་དང་སེར་པོ་ཆགས་པ་སོགས་བྱུང་ནས་རིམ་གྱིས་སྐམ་འགྲོ།

སྔོན་འགོག་བྱ་ཐབས། ཅན་གྱི་ལིག་སི་པིན་སྤྱིན་ཤོག་སྟོང་ཁ 75ཞིང······སའི་ནང་གཏོར་ཏེ་ས་སློག་དགོས།

4.དངུལ་རིས་ཅན་གྱི་ཡེའུ། འབྲུ་རིགས་ལ་ཏན་སན་ལོ་ལེབ་སྐྱེར་བ། གཞུང་ཀྲ་སོགས་ལ་སོ་བཏབ་ནས་ཚབས་ཆེ་དུས་ལོ་ལེབ་དལ་གྱིས་ཟས་ཚར་འགྲོ། འབུ་དེ་ལོ་རེར་རིམ་པ་ལྔ་འཕེལ་བ་ཡིན། རིམ་པ་གཉིས་པ་དེ་གཙོ་བོ་ཟླ 6~7པར་འགོ་བརྩམས་ནས་ཏན་སན་ལ་གནོད་པར་བྱེད་པ་ཡིན། ཟླ 7པའི་ཟླ་དཀྱིལ······ནས་ཟླ 8པའི་ཟླ་དཀྱིལ་ལ་གནོད་འཚེ་འབྱུང་བ་ཚབས་ཆེ་དུས་ཡིན་པས་སྔ་མོ·······ནས་འགོག་སྲུང་བྱེད་དགོས།

འགོག་སྲུང་བྱེད་ཐབས། བསྡུས་རྗེས་ནད་འབུའི་གཞུང་ཀྲ་ཞིང་དཀྱིལ··དུ་བསྒྲིག་ནས་དགུན་འབུའི་སྒོ་གཅོད་པ། འདེབས་འཛུགས་ས་ཞིང་གི་དཀྱིལ་དུ··དགོང་མོའི་དུས་སུ་འོད་ནག་པོའི་གློག་སྒྲོན་བཀར་ནས་ནད་འབུ་དེ་ལ་འཁོར·······བར་བྱས་ནས་གསོད་པ་དང་། ནད་འབུ་ཞུགས་ཚར་དུས། 10%ཅན་གྱི་འབུ་གསོད་རྫུ་ཀྲི་ལྷབ 2000~3000ཅན་གྱི་བཞུས་ཁུ་སམ། ཡང་ན 4%ཅན་གྱི་དབྱང་འགྱུར་ལི་གོ་ལྷབ 1000ཅན་ནམ། 30%ཅན་གྱི་ཏི་པེ་ཁྲུང་ལྷབ 1000ཅན་གྱི་བཞུས་ཁུ་སོགས་ཀྱིས་གསོད་དགོས།

5.གནོད་འབུ་གཞན་པ། ད་དུང(蛴螬)ས་ཐོག་གི་སྣག་སོགས་རྒྱུན་ལྡན་ལྟར་འགོག་ཐབས་ཀྱི་ཐབས་ཤེས་སྤྱོད་དགོས།

བཞི་བ། རྒྱུད་སྤེལ་ཐབས་ཤེས།

(གཅིག)ཙད་པའི་རྒྱུད་སྤེལ།

དགུན་དུས་ཏན་སན་བཏུ་དུས་མདོག་དམར་པོ་དང་རུལ་མེད་པ། སྐྱེ་འཕེལ་ཚད་ལྡོན་པ། ཚངས་ཐིག་ལི་སྨི 0.1~1.0ཅན་དང་རྩད་པ་སྦོམ་པའི་རིགས་འདེམ་དགོས། ཕྲན་གནས་སུ་ཉར་དགོས་ལ་དབྱར་དུས་འདེབས་འཛུགས་བྱ་དགོས། རྒྱུ་སྲ་ལ་རིང་བ་དེ་འདེམ་པ་བཟང་། གནོད་མེད་པའི་ཏེན་རིགས་སྤར་མལ་དུ་སོར་བཞག་བྱེད་པ། གཞན་རྣམས་དུས་ངེས་མེད་རྐྱ་གཙོད་བྱས་ཆོག

དབྱར་དུས་འདེབས་གསོ་བྱེས་པ་དེ་ཟླ 3~4བར་འདེབས་པ་དང་། ས་ཞིང་ངོས་མཉམ་དུ་བར་ཐག་ལི་སྨི 33~35རུ་འདེབས། སྡོང་པོའི་བར་ཐག་ལི་སྨི 23~25ཡིན་དགོས་ལ་ཟབ་ཚད་ལི་སྨི 5~7ཡིན་དགོས། རྫས་ལུད་ཚད་དང་ལྡན་པ་འཛོག་དགོས་པའམ་ཡང་ན་ས་རྒྱུའི་རྫས་ལུད་ཀྱང་རུང་ལ་སྙོམས་པོ་ཡིན་དགོས།

(གཉིས)ལུའུ་མགོའི་རྒྱུད་སྤེལ།

ཏན་ཧྲིན་བསྐྱུ་སྐབས་སྐྱེ་སྟོབས་བཟང་ཞིང་འབུའི་གནོད་པ་མེད་པ་དེ་ལེགས་ཤིང་དེའི་གཞུང་རྩ་དང་བཅས་སྨན་དུ་གཏོང་ལ་གལ་ཏེ་གཞུང་རྩ་དེ་སྦོམ་ཚེ་བཅད་དེ་མཉམ་དུ་སྨན་དུ་གཏོང་བར་བྱེད། དེ་འདེབས་འཛུགས་བྱེད་པ་ལ་ཚངས་ཐིག་ལ་ལི་སྨི 0.6ཙམ་གྱི་ཡལ་ཕྲན་དང་ལུའུ་མགོ་དང་བཅས་བཙུགས་རྗེས་མཐུག་ཚད་ལ་ལི་སྨི 2~3ཙམ་གྱི་སས་མནན་པར་བྱ་དགོས།

(གསུམ)ས་བོན་གྱི་རྒྱུད་སྤེལ།

འདེབས་འཛུགས་བྱེད་པའི་གནས་དེ་འཚམས་ཤེས་ནི། ཟླ་གསུམ་པའི་ཟླ་སྨད་དུ་ཞིང་ལ་སྨི 1.3ཙམ་ཡོད་པའི་ཉིན་གནས་ཤིག་འདེབས་ཤིང་གཏིང་ཚད་ལ་ལི་སྨི་གཅིག་ཙམ་ཡོད་པའི་ཆུ་རྐ་ཞིག་ཀྱང་བཟོ་བར་བྱ། ཏན་ཧྲིན་ཞེས་པའི་ས་བོན་དེ་ནི་ཏ་ཅང་ཆུང་བས་བྱེ་ཟེགས་འདྲེས་པའི་སར་གདབ་པར་བྱ་ལ་བཏབ་རྗེས་སས་བཀབ་སྟེ་མི་མཐོང་བ་ཙམ་བྱས་ན་ཆོག དྲོད་ཚད 15℃~22℃ཙམ་དུ་ཉིན་བཅོ་ལྔ་འགོར་རྗེས་མྱུ་གུ་འབུས་པར་བྱེད། དེ་ལི་སྨི་དྲུག་ཙམ་ལ་སྐྱེ་བར

བྱས་རྗེས་ཟླ་ལྔ་བའི་ཟླ་སྨད་དུ་བཙོ་བར་བྱས་ཀྱང་ཆོག་གོ།

(བཞི)ཡལ་ག་གསབ་སྐྱེ་རྒྱུད་སྤེལ་བ།

མཚོ་སྔོན་ས་ཁུལ་དུ་ཟླ་བདུན་པ་ནས་བརྒྱད་པའི་བར་ཡལ་ག་གསབ་སྐྱེ་རྒྱུད་སྤེལ་བར་བྱེད་དེ། དེ་ཡང་ཡལ་ཕྲན་དེ་ཆུ་ལ་ལེགས་པར་སྦྲངས་རྗེས་སྨྱུ་གུ་འབུས་ཡོད་པའི་ཡལ་ཕྲན་དག་བཅད་གཏུབ་བྱས་ལ་རིང་ཚད་ལ་ལི་སྨི་བཅུ་བདུན་ནས་ཉི་ཤུ་ཙམ་དུ་གཏུབས་ཏེ་གསབ་པར་བྱས་ན་ཆོག དེ་ལ་གསབ་རྗེས་བརླན་ཚད་དང་དྲོད་ཚད། གདགས་སྲིབ་སོགས་འོས་འཚམ་ཡིན་དགོས་ལ་ཉིན་བཅོ་ལྔ་ཙམ་འགོར་རྗེས་རང་བཞིན་གྱིས་རྒྱས་པར་བྱེད། ལི་སྨི་གསུམ་ཙམ་ལ་སྐྱེས་ཚར་དུས་འདེབས་འཛུགས་བྱེད་ཆོག་གོ།

ལྔ་པ། བསྡུ་ལེན་དང་བཟོ་སྦྱོར།

1.བསྡུ་ལེན།

དེ་འདེབས་འཛུགས་བྱས་རྗེས་ཀྱི་ཟླ་བཅུ་གཅིག་པ་དང་ཕྱི་ལོའི་དཔྱིད་ཀར་བསྡུ་ཆོག་ལ། ཟླ་བཅུ་བ་ནས་བཅུ་གཅིག་དང་། ལོ་གསུམ་པའི་དཔྱིད་ཀ་སྟེ་ལོ་མ་དང་ཡལ་ཕྲན་རྙིད་པར་གྱུར་སྔོན་དུ་འང་བསྡུ་བར་བྱས་ཆོག་གོ། དེ་ནི་ཆག་སླ་བས་ཕྱེད་སྐམ་པ་དང་ཕྱེད་རློན་པའི་དུས་སུ་བསྡུ་བར་བྱེད་པ་ལ་གཟབ་དགོས་ཏེ། ཟད་པ་དང་བཅས་ཕྱིལ་པོར་བསྒྲིགས་རྗེས་སུ་ཉི་མར་སྐམ་ཞིང་སྡོང་གི་ས་རྣམས་གཙང་སེལ་བྱས་རྗེས་བཟོ་སྦྱོར་བྱ་སར་སྐྱེལ་དགོས། ཡིན་ཡང་སྡོང་གི་ས་རྣམས་ཆུས་བཀྲུ་མི་རུང་ངོ་།།

2.བཟོ་སྦྱོར།

ལྷུག་ཕྲན་དག་བསིལ་སྐམ་བྱས་ཏེ་ངོ་བོ་མཉེན་པོར་གྱུར་རྗེས་དེ་དག་བརྡམས་ཏེ་ཆག་ཅིག་ཏུ་ཉིན་གཉིས་ནས་གསུམ་དུ་སྐམ་པར་བྱས་ལ། དེའི་རྗེས་ཉི་མར་སྐམ་སྐྱེ་སྐམ་ཐག་ཆོད་པ་ཞིག་བྱ་ཞིང་། ལུའུ་མགོ་དང་མཇུག་མ་རྣམས

ཧོར་རྫེས་ཚོང་རྫས་སུ་བྱ་ཆོག་གོ།

ས་བཅད་དགུ་བ། ནྭ་གྲོད།

ནྭ་གྲོད་ནི་སྐམ་སའི་རྨ་གསེབ་སོགས་སུ་སྐྱེ་བའི་རྩི་ཤིང་ཞིག་ཡིན་ཞིང་། མིང་གི་རྣམ་གྲངས་ལ་ས་འོག་བདུད་རྩི། སྲིན་འཛོམས། གཡར་ཞུ་བ། འབྲི་མ་རྩི། ལྤུམ་རྒོད། ཨ་ལུ། ཁ་སྐྲངས། ཁ་ཚ་བཅས་ཡོད། རྒྱུན་མཐོང་གི་ཀྲུང་དབྱི་སྨན་ཞིག་ཡིན་ཞིང་། དེའི་རྩ་བ་ཀླུམ་རིལ་དེ་སྨན་དུ་སྤྱོད་པ་ཡིན། རྫས་འགྱུར་གྲུབ་ཆ་གཙོ་བོ་ནི། རྒྱུན་འབྲུམ་ཧྭགས་དང་ནྭ་གྲོད་སྒྲི་གར། རྨ་སྐྱུར་ཀཱལ། ལ་སེར་ཧྭགས། རྟོང་སྡིན་ཆེ་བ་བཅས་ཡིན་ལ། ཕོ་བར་རླུང་ཞུགས་པ་སེལ་ཞིང་ཕོ་དྲོད་བསྐྱེད་པ་དང་། ཙུས་གཟེར་འགོག་པ་དང་སྐྱུག་འགོག་གི་ནུས་པ་ཡོད། གཙོ་བོ་སྐྱུག་མེར་ལངས་པ་དང་ལུད་པ་ལུ་བ་སོགས་ཀྱི་ནད་འགོག་ཐུབ། ཕྱི་ནད་སྐྲངས་པ་འཛོམས་པ་དང་ཁྲག་གཙོད་པ་རེད། ནྭ་གྲོད་མ་སྨིན་པ་ལ་དུག་ཡོད། ཐོན་ཁུངས་གཙོ་བོ་ནི་འབྲི་ཆུའི་འབབ་ཡུལ་དང་བྱང་ཤར། ཧྭ་བྱང་བཅས་ཡིན། སྤྱོད་རྒྱ་ཆེ་ཡང་ཐོན་ཚད་ཉུང་བས་དགོས་མཁོ་སྐོང་ཐུབ་ཀི་མེད་པ་རེད།

གཅིག ཆུ་ཤིང་གི་རྣམ་པ།

ལོ་མང་སྐྱེ་བའི་རྩྭ་ལྤུམ་རིགས་ཤིག་སྟེ། སྡོང་རྐང་གི་རིང་ཚད་ལ་ལི་སྨི 15~30དང་། ཙད་པའི་དབྱིབས་ཟླུམ་པོ་ཡིན།

ལོ་མ་མཐུག་ལྗང་སེར་སྨུག་མདངས་དང་སྨུག་ཐིག་ཡོད་པ། ལོ་རྐང་རིང་མོའི་རྩེར་ལོ་སྡེབ 5 ~15བར་མང་ཉུང་ཅི་རིགས་ཡོད་པ། ལོ་རྐང་གི་སྨད་ཆའི་འདབ་ཤུན་གྱིས་ངར་བ་བཏུམ་ནས་རེས་མོས་སྐྱེ་བ། མེ་ཏོག་ཆུང་ཞིང་ཆུན་པོ་ཡིན་པ། སྐྱེས་སའི་དབང་གིས་ས་བོན་གཅིག་ནས་གསུམ་ཙམ་ཐོགས་པ། ཟླ་ལྔ་

པ་ནས་བདུན་པའི་བར་མེ་ཏོག་གི་དུས་དང་། དྲུག་ནས་དགུ་བའི་བར་འབྲས······བུའི་དུས་ཡིན།

གཉིས། སྐྱེ་དངོས་རིག་པའི་ཁྱད་གཤིས།

བརྟན་ལ་དགའ་ཤིང་ཐན་སྐམ་གྱིས་ཉེན། ཉི་འོད་དྲག་པོའང་མི་ཏུང་། ཉི་འོད་ཐོག་ས་དང་བརྟན་ཆ་མི་འདང་ས་རུ། སྤུ་གུ་གུད་པར་འགྱུར། ཉི་འོད་མི་ཐོག་ས་དང་གྲང་རེག་བཟོད་ཐུབ། སྡོང་རྩ་རླུམ་རིལ་གྱིས་དགུན་སྐྱོལ་ཐུབ། ས་རྒྱུ་བརྟན་ཤས་ཆེ་ཞིང་གཤེན་པ་དང་། འཐུག་པོ་ཡོད་པ། ཆུའི་འདུས་ཚད་ནི 40%~50%དང་། སྐྱུར་གཤིས pH ཡི་གྲངས་ཐང 6~7གྱི་བཏང་སྙོམས་འགྱུར་འབྱུང་ཅན་གྱི་བྱེ་ས་ནི་ས་རྒྱུ་མཆོག་ཏུ་གྱུར་བ་ཡིན། བྱེ་ས་ཡིན་དྲག་པའམ་འབྱར་གཤིས་ཆེ་དྲག་པ། ཡང་ན་ཆུ་འཁྱིལ་སའི་ས་རུ་འདེབས་འཛུགས་བྱེད་མི་ཏུང་། སྤྱིར་བཏང་ལོ་རེར་སྤུ་གུ་འབུས་པ་དང་སྤུ་གུ་གུད་པའི་སྣང་ཚུལ་ཐེངས་གསུམ་རེ··········འབྱུང་། ཐེངས་དང་པོ་ནི་ཟླ་བཞི་པའི་ཟླ་སྟོད་ནས་ཟླ་དྲུག་པའི་ཟླ་སྟོད། ཐེངས་གཉིས་པ་ནི་ཟླ་དྲུག་པ་ནས་ཟླ་བརྒྱད་པའི་ཟླ་དཀྱིལ་བར་དང་། ཐེངས་གསུམ་པ་ནི་ཟླ་བརྒྱད་པ་ནས་ཟླ་བཅུ་བའི་ཟླ་སྨད་བར་ཡིན། སྤུ་གུ་འབུས་ཐེངས་རེར་སྐྱེ་འཕེལ་གྱི་དུས་ཡུན་ནི་ཉིན་ལྔ་བཅུ་ནས་དྲུག་ཅུ་བར་ཡིན་ཞིང་། ཟླ་བཞི་བར་ཐོག་མར་ལྡང་སྤུག་འབུས་འགོ་རྩོམ་ལ། ཟླ་བཞི་བའི་ཟླ་དཀྱིལ་ནི་སྐྱེ་འཚར་ཆེས་ལེགས་པའི་སྐབས་ཡིན། ཟླ་བཞི་བའི་ཟླ་སྨད་ནས་ཟླ་ལྔ་བའི་ཟླ་སྟོད་བར་ནི་སྨིན་ཚད་ཡིན་ཞིང་། ལོ་རེའི་ཟླ་དྲུག་པ་ནས་ཟླ་བདུན་པའི་བར་ནི་ཡལ་ག་སྐྱེ་འཚར་བྱུང་བ་ཆེས་ལེགས་པའི་སྐབས་ཡིན་ཏེ། སྐྱེ་ཚད་སྤྱིའི 50%ཡན་ཟིན་ཡོད། དབྱར་བྱེད····ཀྱི་སྨུག་གསར་གྱིས་ཙད་དང་གྲང་རེག་མི་བཟོད་ཅིང་། དེ་ནི་དྲོད་ཚད 8~10℃ཀྱི་གནས་སུ་འབུས་ཐུབ་པ་དང་། 15~25℃ནི་སྐྱེ་འཕེལ་ལ་ཆེས་རན་པའི་དྲོད་ཚད་ཡིན། དྲོད་ཚད 26℃ལ་སླེབས་ན་རུལ་བར་འགྱུར་ཞིང་། དྲོད་ཚད 13℃

འོག་ཏུ་འགྱུར་འགྲོ་བ་རེད།

གསུམ། འདེབས་འཛུགས་ལག་རྩལ།

(གཅིག)ས་འདེམས་པ་དང་སྙོམས་པ།

ས་གཤིས་གཤིན་ཞིང་བརླན་ཚད་ཆེ་བ་དང་། ཆུ་ལུད་སྲུང་འཛིན་གྱི་ནུས་པ་བཟང་བ། ས་རྒྱུ་སོབ་སོབ་ཡིན་པ། བཏང་སྙོམས་རང་བཞིན་གྱི་བྱེ་ས་ཧུ་འདེབས་འཛུགས་བྱས་ན་བཟང་ལ། ཉིན་སྲིབ་གཉིས་ཀ་ཡོད་པའི་རི་ཁུལ་ལམ། ཡང་ན་ཡུངས་དཀར་དང་གྲོ། སིལ་སྡོང་ར་བ་ཡོད་ས་དང་དེ་དག་འདེབས་ས་ཧུ་བཏབ་ཀྱང་ཆོག

(གཉིས)ཞིང་སའི་དོ་དམ།

1.ས་སྐོ་ལྷུམ་དོར། ས་བོན་མ་བཏབ་སྔོན་ལ་རྒྱུན་དུ་ས་བསྐོ་དགོས་པ་དང་རྩ་བ་མི་བརླག་པའི་ཆེད་དུ་གཏིང་ཚད་ལི་སྨི5ལས་བརྒལ་མི་རུང་། པན་བྱའི་རྩད་པ་ལ་ཁྱད་ཆོས་ཡོད་དེ་སའི་ཁར་ལི་སྨི5~8བར་ཙམ་དུ་འབུས་པས་དེ་ལས་གཏིང་དུ་འཛུགས་མི་རུང་།

2.ལྷུམ་འབུ་མེད་པར་བཟོ་བ། ཟླ5བར་ལྷུམ་བུ་མེད་པར་བཟོས་ན་ཡལ་ག་སྐྱེས་པར་ཕན།

3.ཆུ་བཞུར་ཚད་དང་གཏོང་ཚད། རྩད་པ་ཆུ་མོད་སའི་གནས་ཡིན་མི་རུང་ལ་ཆར་འབབ་པའི་དུས་ལ་ཆུ་བཞུར་ཚད་ཇེ་ལེགས་སུ་གཏོང་དགོས། ཐན་པ་ཆེ་བའི་དུས་སུ་དུས་ལྟར་དུ་ཞིང་སར་ཆུ་གཏོང་དགོས།

(གསུམ)ནད་འབུའི་དགྲ་དང་དེའི་སྔོན་འགོག

1.ཁྲ་ཐིག་ནད་དེ་དབྱར་ཁར་བྱུང་ལ་ནད་བྱུང་བའི་ལོ་མའི་སྟེང་དུ་སེར་ཁྲ་མདོན་པ་དང་འགོར་ན་སྟེང་དུ་ནག་ཐིག་ཆགས་པ་རེད། ནད་ཚབས་ཆེན་ལོ་མ་ཡོངས་ལ་ནད་ཐིག་ཆགས་པ་ནས་ཤི་འགྲོ།

2.ནད་དུག་ནད་དེ་དབྱར་ཁར་འབྱུང་མང་། རིད་དུག་ལོ་མ་འཁྱིལ་ཡོད་འམ་ཡང་ན་མེ་ཏོག་ལོ་དབྱིབས་དང་གཟུགས་འགྱུར་དབྱིབས། སྐྱེ་གཟུགས་ཏ་ཙང་ཆུང་བའོ།།

གསོ་བཅོས་བྱེད་ཐབས། དུག་མེད་སྐྱེས་དངོས་གདམ་ནས་ཉར་བ་དང་། སྦྱུར་ནད་ཀྱི་སྐྱོན་འགོག་པ། ནད་ཡན་སྐྱེས་དུས་སྦྱུར་དུ་གཙོད་པ་དང་འདུས་ཚོགས་ཀྱིས་བསྲེག་པ། ནད་ཚང་དུ 5%ཅན་གྱི་རྡོ་ཐལ་ཞོ་བླུག་ནས་ཁྱབ་མཆེད་ལ་སྔོན་འགོག་བྱ་དགོས།

3.རུལ་དུག་ནད་དྲོད་ཚད་མཐོ་བའི་གཤེར་དུས་འབྱུང་མང་བ་དང་། སའི་ནང་ཕྱུགས་ལ་གནོད་ཐབས། རུལ་བར་བྱེད་པ་དང་སའི་སྟེང་གི་རྩ་རྩེ་ཤིང་རུལ་བར་བྱེད་དོ།།

གསོ་བཅོས་བྱེད་ཐབས། ཆར་དུས་དང་ཆར་ཞོད་རྗེས་ལ་ཆུ་འཐོ་དགོས། ནད་བྱུང་དུས་རུལ་གཞི་ཁྲབ་ལྷབ 800ཅན་དང་རྡོ་ཐལ་ཞི 5%ཅན་གྱི་བཀྲན་གཤེར་ཁྲབ་ལྷུག་དགོས། སྦྱུར་དུ་ས་འོག་གི་གནོད་འབུ་སྔོན་འགོག་བྱས་ཏེ་གནོད་སྐྱོན་ཇེ་ཆུང་ལ་གཏོང་དགོས།

4.དམར་འབུའི་ནད། དབྱར་ཁར་འབྱུང་མང་། གནོད་འབུས་ལོ་མ་ཟ་ཞིང་ཡི་ག་ཆེ་བ། ཏ་ཙང་གནོད་སྐྱོན་ཆེ་དུས་ལོ་མ་བཅུད་མེད་པར་གཏོང་ངེས།

གསོ་བཅོས་བྱེད་ཐབས། 90%ཡི་གཤེར་གཟུགས་འབུ་གསོད་ལྷབ 800 ~1000ཅན་གྱི་ཁྲབ། ཉིན་རེར་ཐེངས 5 ~7ལ་གཏོར་བ་དང་། བསྟུན་མར་ཉིན 2~3བར་ཡིན།

བཞི། སྨུག་ཉར་ལག་རྩལ།

འཕེལ་སྐྱེད་བྱེད་ཐབས་ནི་ས་གཞིན་དང་སྨུག་ཡན་འཕེལ་སྐྱེད་གཙོ། སྨུ་གུ་འཕེལ་སྐྱེད་བྱས་ཚོག ས་བོན་སྐྱེ་འཕེལ་བྱས་ན་དེའི་ཡལ་ག་སྐྱེས་ཚད་མི་མཐོ་

བ་མ་ཟད་སྐྱེ་ཡུན་ཡང་རིང་། དེའི་རྐྱེན་གྱིས་སྤྱིར་བཏང་དུ་མི་བཀོལ།

(གཅིག)རྫོག་གཟུགས་གཞུང་རྩའི་སྐྱེ་འཕེལ།

ལོ་ངོ་གཉིས་ནས་གསུམ་ཡུན་གྱི་དབྱར་ཕྱེད་ལ་འདེབས་གསོ་བྱེད་དགོས་པར། ལོ་རེའི་ཟླ་དྲུག་པ་དང་བརྒྱད་པ། བཙུབ་བཙས་ལ་སྨྱུ་གུ་སྐམ་ཏུལ་ཞྒྱུར་ནས་སོག་འགྲོ་བ་རེད། དེ་དུས་ས་འོག་གི་རྫོག་གཟུགས་གཞུང་རྩ་ལེན་ཆོག སྟོང་རྐང་དག་ལས་སྦོམ་ཚད་ལ་ལི་སྨི0.5~1དང་། སྐྱེ་འཕེལ་ལེགས་ཤིང་གནོད་འབུའི་གནོད་པ་མ་བྱུང་བ་དག་ས་བོན་དུ་འདེམས་དགོས། སྟོང་རྐང་དེ་འདེབས་པར་སྔོན་ལ་བརྟན་ཚད་རན་པའི་བྱེ་ས་རླུང་རྒྱུ་ཞིང་ཉི་འོད་མི་ཐོག་པའི་གནས་སུ་ཉར་ནས། ལོ་དེའི་དགུན་ཟླའམ་ཡང་ན་ཕྱི་ལོའི་དཔྱིད་ཀར་ཕྱིར་བླངས་ཏེ་འདེབས་དགོས་པ་རེད། དེ་ཡང་དཔྱིད་ཀར་བཏབ་ན་ལོ་ལེགས་འབྱུང་ཞིང་སྟོན་ཀར་བཏབ་ན་ཐོན་ཚད་ཆེས་ཞུང་བ་ཡིན། དཔྱིད་ཀར་འདེབས་འཛུགས་བྱེད་པར། འཕྲི་བ་ལས་སླ་བ་བཟང་ཞིང་། གནམ་གཤིས་དྲོད་འཚམ་ལྡན་པའི་གནས་སུ་……དཔྱིད་ཟླ་གསུམ་པའི་ཟླ་སྟོད་ལ་ས་ཁོལ་བསླམས་པའི་རྣང་མའི་སྟེང་དུ་ཡུར་ཤུར་…བརྐོས་ཏེ་ཤུར་མོ་བྱས་ནས་འདེབས་དགོས་ཤིང་། གྲལ་ཐག་ལ་ལི་སྨི12~15དང་། སྟོང་རྐང་གི་བར་ཐག་ལ་ལི་སྨི5~10ཡོད་དགོས། ཡུར་བའི་ཞེང་ཚད་ནི་ལི་སྨི10དང་། གཏིང་ཚད་ལ་ལི་སྨི5ཡས་མས་ཡོད་དགོས་སོ།། ཡུར་བ་རེ་རེའི་ནང་དུ་ཕན་ཚུན་བསྟོལ་ནས་ཕྲེང་བར་བསྒར་དགོས་ལ། སྨྱུ་གུ་དག་ཁ་ཡར་སྐོར་ནས་ཡུར་བུའི་ནང་དུ་བསྒྲིགས་དགོས་པ་རེད། དེ་ལྟར་བཏབ་ཚར་རྗེས། འདྲེས་འགྱུར་ལུད་རྫས(ཏུལ་ལུད་དང་མི་ཕྱུགས་ཀྱི་ལུད་རྫས། ས་རྡུལ་བཅས་སྙོམས་པོར་བསྲེས་པ་ལས་གྲུབ་པ་ཞིག་ཡིན)རིམ་པ་ཞིག་འགེབས་དགོས་ཏེ། ལུད་རྫས་…ནི་སྤྱི་ཆེང་རེར་སྟོང་ཁེ་སུམ་ཁྲི་སྤྱོད་པ་དང་། དེ་ནས་སྟུག་ཚད་ལ་ལི་སྨི5 ~7ཡོད་པའི་ས་ཡིས་ཡུར་བའི་ཁ་འགེབས་པ་རེད། སྤྱི་ཆེང་རེར་སྟོང་ཁེ་ཆིག་སྟོང་དྲུག……

བརྒྱ་རེ་འདེབས་འཛུགས་བྱེད་དེ། ས་བོན་གྱི་སྨུག་ཚད་ཚད་དང་རན་ན་སྨུ་གུ་འབྱུས་པའང་ཆ་སྙོམས་ཤིང་ཐོན་ཚད་ཀྱང་བཟང་བ་རེད། དེ་མ་ཡིན་པར་སྨུག་དྲག་ན། སྨུ་གུ་འབྱུས་པ་ཕྲ་ཞིང་གཉོམ་པ་མ་ཟད། རྗེས་ནས་རྩ་ངན་ཀྱང་འཕལ་ཁག་པོ་ཡོད་ཅིང་། སྨུ་གུ་འབྱུས་པ་ཉུང་ཞིང་རྩ་ངན་གྱིས་གཡོགས་པས་ཐོན་ཚད་ཀྱང་ཉུང་བ་རེད་དོ།། དེ་ནས་ཡང་ས་གཡོགས་པ་སྨུག་དྲག་ན་སྨུ་གུ་འབྱུས་ཁག་པོ་ཡོད་དེ། རྗེས་སུ་སྨུ་གུ་ཆེན་པོ་འབྱུས་ནའང་ས་ཤོག་ཏུ་སྐྱེས་པས་འཐུ་ཁག་པོ་ཡོད་པ་རེད། ཡང་སྲབ་དྲག་ན། གཞུང་རྟ་སྐམ་སྟེ་སྨུ་གུ་འབྱུས་མི་ཐུབ་པོ།། བཏབ་ཚར་རྗེས་ཐན་སྐམ་གྱི་གནམ་གཤིས་བྱུང་ན་དུས་ལྟར་ཆུ་གཏོར་ཏེ་ས་རྒྱུའི་བརླན་ཚད་རྟག་ཏུ་རྒྱུན་འཁྱོངས་བྱེད་དགོས་སོ།།

(གཉིས)ཡལ་གའི་སྐྱེ་འཕེལ།

དཔྱར་ཕྱེད་རེར། གཞུང་རྟ་རེའི་སྟེང་དུ་ཡལ་ག་རེ་སྐྱེ་བ་ཡིན་ཞིང་། གྲངས་ཚད་འདང་ངེས་ཤིག་ཡོད་པ་མ་ཟད། སྨུ་གུ་འབྱུས་ཐུབ་པ་དང་། སྨིན་ཚད་སྟ་བ་རེད་དེ། སྐྱེ་འཕེལ་གྱི་རྒྱུ་ཆ་ལེགས་ཤོས་ཤིག་ཡིན། དཔྱར་སྟོན་གྱི་དུས་སུ། ལོ་འདབ་རྙིང་བ་དག་རུལ་ནས་ལྷུང་སྐབས་སུ་ཡལ་ག་དེ་སྨིན་ཡོད་པས་བཏུས་ནས་འདེབས་ཆོག་པ་རེད། གྲལ་ཐག་དང་སྡོང་རྐང་གི་བར་ཐག་བཅས་ལ་ལི་སྨི 10 × 8ཡོད་པའི་ཁྲུང་བུ་བརྐོས་ཏེ་ཐད་ཀར་འདེབས་འཛུགས་བྱས་ཆོག ཁྲུང་བུ་རེ་རེར་རྫོག་པ་གཉིས་ནས་གསུམ་འདེབས་པ་དང་། སྟོན་གནས་ནས་ཐད་ཀར་སྟེང་ལ་ས་བཀབ་སྟེ་སྐྱེ་སྲིལ་བྱེད་ཆོག་ཅིང་། སྨུ་གུ་སྙིར་རེ་རུལ་ནས་ཤོག་ན་ཡང་བསྐྱར་ཡལ་ག་མི་མངོན་པའི་ཚོད་ཙམ་ཏུ་ས་འགེབས་དགོས་པ་རེད། དེ་དང་དུས་མཉམ་དུ་འདྲེས་འགྱུར་ལུད་རྫས་ཚད་རན་ཞིག་དང་སྦྱར་ན་ཡལ་ག་སྐྱེ་འཚར་ལ་ཕན་པ་མ་ཟད། མ་གཞིའི་རྫོག་གཟུགས་གཞུང་རྟ་ལ་ལུད་རྫས་ཁ་སྣོན་གྱི་ནུས་པའང་ཐོན་པས་གཅིག་གོ་གཉིས་ཆོད་ཡིན་ལ་ཐོན་རྫས་ཇེ་མང་དུ་འགྲོ་བར་ཡང་ཕན་ནོ།།

(གསུམ)ས་བོན་གྱི་སྐྱེ་འཕེལ།

ལོ་གཉིས་ཡན་གྱི་དབྱར་ཕྱེད་ལ་སྐྱེ་ཞིང་། དབྱར་མགོ་ནས་སྟོན་དགུན་གྱི་བར་དུ་བསྟུད་མར་མེ་ཏོག་བཞད་ཅིང་འབྲས་བུ་ཐོགས་པ་རེད། མེ་ཏོག་གི་གོང་བུ་སེར་པོ་དེ་དུད་པའི་དུས་སུ། ས་བོན་བཏུས་ཏེ་བྱེ་ས་རློན་པ་རུ་བསྲུ་ཉར་བྱེད་དགོས་པ་རེད་ལ། ཕྱི་ལོའི་ཟླ་གསུམ་པ་དང་བཞི་བའི་ཟླ་སྟོད་ཙམ་ལ་ལྗང་བུ་གསོས་རུ་ཡུར་བ་གཏིང་ཐུང་ཞིག་བརྐོས་ཏེ་ཤུར་མོ་བྱས་ནས་འདེབས་པ་དང་། གྲལ་ཐག་ལི་སྨི 5~7དང་། དེ་ནས་སྟུག་ཚད་ལི་སྨི་གཅིག་ཙན་གྱི་ས་རྗེས་འགེབ་པ་མ་ཟད་རྩྭས་བཀབ་ནས་ནྲོན་པོར་བྱེད་དགོས། ཟླ་ཕྱེད་ཀྱི་རྗེས་སུ་ས་བོན་འབུས་མོད་ཐོན་སྐྱེད་བྱེད་མི་ཐུབ།

ལྔ་བ། བསྟུ་ལེན་དང་ལས་སྦྱོར།

(གཅིག)བསྟུ་ལེན།

ས་བོན་འདེབས་འཇུགས་བྱས་པའི་ལོ 3~4རྗེས་སུ་བསྟུ་ལེན་བྱ་རྒྱུ་དང་། རྩ་བ་འབུས་པའི་ལོ་དེར་རམ་ཡང་ན་ལོ་གཉིས་པའི་ནང་བསྟུ་ལེན་བྱ་རྒྱུ། སྤྱིར་དབྱར་སྟོན་གྱི་དུས་སུ་རྩ་བ་བསྐམས་ནས་སྦྱུ་གུ་འབུས་པའི་རྗེས་བརྐོ་བ། འོན་ཀྱང་དབྱར་དུས་འདེབས་འཇུགས་དང་དབྱར་སྟོན་བར་ལ་བསྟུ་ལེན་བྱས་ན་བཟང་། དེ་བས་དབྱར་རྩ་ཞུང་བ་དང་སྐྱེས་སྟོབས་ལེགས་པ། ཕྲུས་ཀ་བཟང་བ། མདོག་དང་ལྡན་པ། སྨན་རྫས་ཕྲུས་ཀ་བཟང་བ། ཐོན་ཚད་མཐོ་བ། བཏུ་དུས་ནམ་ཟླ་བཟང་དུས་བརྐོ་བ་དང་། སྨན་རྫས་ལ་རྨ་ཁ་མི་བཟོ་བར་མཉམ་འཛོམ་དགོས། ཕྱེ་ཟགས་གཙང་གསལ་ཡང་དག་བྱས་ནས་རླུང་རྒྱུ་སླ་བའི་སར་བདག་ཉར་བྱེད་དགོས། ཉི་ཟེར་གྱི་འོག་ནས་བསིལ་སྐམ་བྱེད་དགོས།

(གཉིས)ལས་སྦྱོར།

ཕྱེ་ཟགས་བཏོན་ནས་ཆེ་ཆུང་ལྟར་སྒྲིག་དགོས། རང་རང་སར་སྐྱེ་མོ་ནང་

བཀར་ནས་འཛོག་དགོས། ཡང་ནས་ཡང་དུ་ས་ལ་ཐེངས་འགར་གཡུགས་ནས་རྗེས་སུ་བཀྲུ་ཆུའི་ནང་དུ་བླུག འཕྱུར་མཉེ་ཐེངས་འགར་བྱས་ནས་གཙང་མའི་བར་དུ་དེ་ལྟར་བྱ་དགོས། དེ་ནས་བླངས་རྗེས་ཉི་འོད་ལ་སྐམ་དགོས། སྟེང་འོག་བརྗེས་ནས་དགོང་མོར་ཁང་བའི་ནང་སྐམ་དགོས། ཉིན་གཉིས་པར་ཡང་ཉི་འོད་འོག་སྐམ་དགོས། དེ་ནས་ཕན་ཞ་ཟེར་བའི་སྐྱེ་དངོས་དེ་ཕྱིར་གཏོང་བྱེད་དུས་ཕྱུས་ཀའི་རེ་བ་རྩུང་མཐོ་བས་རིམ་བཞིན་ལས་སྔོན་བྱེད་དགོས། རིམ་བཞིན་པན་བྱ་རིམ་པ་ལྟར་བཀར་དགོས། ཆུའི་ནང་དུ་སྦང་ནས་སྐར་མ 10~15བར་འཛོག་དགོས། ལག་པས་འཕྱུར་མཉེད་བྱས་ནས་མི་གཙང་བ་ཐམས་ཅད་བླངས་ནས་ཕྱི་ངོས་གཙང་མའི་བར་དེ་ལྟར་བྱས་ནས་ཉི་འོད་ལ་སྐམ་དགོས།

ས་བཅད་བཅུ་བ། སླེ་ཏྲེས།

སླེ་ཏྲེས་ནི་སྨན་རིགས་རྩི་ཤིང་རིགས་ཤིག་ཡིན། མིང་གཞན་ལ་ཊུས་གོང་། འདྲེ་ཚེར་མ། བཙད་སྐྱེས། མཆོག་གི་ལུས་སོགས་ཡོད། སྨན་རྫས་ནང་བཀོལ་དགོས།ཐྲོད་སྤྲིན་ཚྭན་བཞེར་དང་འབུ་གསོད་པའི་ནུས་པ་ཡོད། གཙོ་བཙོས་འབྲུ་ནད། ཤ་སེར། ཤ་པགས་གཡའ་བ། གཞང་འབྲུམ་བཅས་ཀྱི་རྟགས་ཡོད་པ་ལ་བཀོལ་བཞིན་ཡོད། ཕྱི་བཀོལ་གྱིས་མངལ་ལམ་འབུ་སྲིན་དང་མངལ་སྣོར་གཡའ་བ་སོགས་ཀྱི་རྟགས། དེང་རབས་གསོ་རིག་གི་ཞིབ་འཇུག་ལྟར་ན་ཚ་གཅོག་དུག་འདོན། འབུ་གསོད་པ། དམར་བཤལ། ཐྲོད་སྐམ། ཐང་སྦྲོ། ཕོག་པ་ན་བ། ཁ་སྐམ་པ། སྙིང་ཁམས་མི་བདེ་བ། པགས་པ་ལ་གཉན་ཁ་རྒྱས་པའི་རྣོན་འབྲུམ། ཟ་འཕྲུག་ཅན་གྱི་ཤ་པགས་ནད། སྙིང་གི་ལྷང་ཚད་རྒྱུན་ལྡན་མིན་པ་བཅས་ལ་ཕན། དེ་བས་སླེ་ཏྲེས་འདེབས་འཛུགས་བྱས་ན་དཔལ་འབྱོར་གྱི་མདུད་

ལམ་རྒྱ་ཆེ་བ་ཡིན། གཙོ་བོ་ཧི་ནན། ཧི་པེ་ཞིང་ཆེན་དང་རྒྱལ་ཁབ་ཀྱི་ས་གནས་གང་ན་ཡང་འདེབས་འཛུགས་བྱས་ཡོད།

གཅིག སྐྱེ་དངོས་ཀྱི་རྣམ་པ།

སོ་མ་ལྷུང་རྒྱུ་ཅན་གྱི་སྡོང་ཕྲན་ཞིག་ཡིན། སྡོང་རྐང་ལ་སྨི 1 ~3ལྷག་ཡོད། གཞུང་རྟ་འཁོར་དབྱིབས་འདྲ་བ། ཕྱི་ཤུན་སེར་པོ། ངར་བ་ཀེར་ནས་ཡོད། རྩ་བ་མདོག་ལྗང་ཁུ་ཡལ་ཕྲན་མང་པར་མ་ཟད་སྟེང་དུ་སྤུ་ཆུང་ཡོད། སོམ་ཁ་གཏད་ནས་སྐྱེས་པ། ཡ་གྲངས་སྒྲོ་དབྱིབས་འདྲ་བའི་སོ་མ། སོ་མ་ཆུང་ཆུང་འཛོང་དབྱིབས་ཅན་ནས་སྣོར་དབྱིབས་འདྲ་བ། རྩེ་མོ་རྣོ་རྟུལ་གང་མང་འབྱུང་། སོ་མའི་ངོས་ལྗང་ཁུ། རྒྱབ་ཟེར་པོ། མེ་ཏོག་གྲལ་འཁྱིལ་ནས་སྐྱེས་པ། ངར་རྩ་ནས་མེ་ཏོག་བཞད་པའམ་རྩེ་ནས་བཞད་པ། ཕྱི་ལེབ་དབྱིབས་འདྲ་བའི་མེ་ཏོག་སེར་སྐྱ། འབྲས་བུའི་ཤུབས་འཁོར་དབྱིབས་གཉིང་རིང་། རྩེ་མོ་ཡོད་ལ་ཁ་མཐའ་གསལ་བ། འབྲས་བུ་སྨིན་རྗེས་སྨུག་ནག་འབྱུང་བ། གས་སྦུབས་མེད་པ། ས་བོན 1 ~14ལྷག་ཡོད་པ། ཁ་དོག་སྨུག་སྐྱ། འཁོར་དབྱིབས་གཉིང་རིང་། མེ་ཏོག་བཞད་པའི་དུས་ནི་ཟླ 5~6བར་ཡིན། འབྲས་བུ་སྨིན་པའི་དུས་ནི་ཟླ 7~9བར་ཡིན།

གཉིས་པ། སྐྱེ་དངོས་རིག་པའི་ཁྱད་ཆོས།

གནམ་གཤིས་ཧྲོད་སར་འཚམ། སླ་ཧྲིས་ནི་རྩ་བ་ཟབ་པའི་སྐྱེ་དངོས······རིགས་ཡིན། ས་གཤིས་སའི་རིམ་པ་གཏིང་མཐུག་པ། གཤེན་པ། ཆུ་འདོར···ཐུས་པ་བཟང་བའི་ཟེགས་མ་ཅན་གྱི་ས་དང་ཞིང་ལ་ཏུང་འཚམས་ཤིང་འོས། རླན་བཤེར་ཆེ་བའི་ས་ནས་འདེབས་འཛུགས་བྱ་མི་འོས།

གསུམ་པ། འདེབས་འཛུགས་ལག་རྩལ།

(གཅིག)འདེབས་ས་སྒོམས་པ།

སླ་ཧྲིས་ཀྱི་ཁྱད་ཆོས་ལ་དམིགས་ནས་ས་ཞིང་བདམས་རྗེས། ཐོག་མར་སྔ་

ལོའི་སྟོན་ཁར་ས་ཞིང་གཏིང་ཚད་ལི་སྨི30ཡན་ཆད་རྐོ་བ། ས་ཞིང་གཤིན་པོར་བཟོ་བ། རྗེས་མའི་ཟླ་བ3~4བར་འདེབས་འཛུགས་བྱེད་པ་དང་ཤལ་ལེགས་པར་རྒྱུགས་པ། ཞིང་ཚད་ལ་སྨི1.3ཅན་གྱི་རྣང་མ་བཟོ་བ། ཕྱོགས་བཞིར་ཆུ་རྒྱུ་སླ་བའི་ཡུར་བ་བཟོ་བ།

(གཉིས)འདེབས་འཛུགས།

འབྲུ་མ་བཏབ་སྔོན་ལ་ས་བོན་ཆུ་ཁོལ40℃~50℃ཅན་གྱི་ནང་དུ་སྦངས་ནས་དུས་ཚོད10~12བར་འཇོག་པ། དེ་རྗེས་ས་སྐམ་སྟེང་དུ་རྩ་བའི་བར་ཐག་ལི་སྨི30དང་འཕྲེད་ཐིག་ལ་ལི་སྨི50དང་། ཟབ་ཚད་ལི་སྨི5ཡོད་པའི་དོང་ཞིག་བརྐོས་རྗེས་འདེབས་དགོས། དོང་གཅིག་གི་ནང་དུ་ས་བོན5~6བཏབ་རྗེས་ས་སྲབ་མོ་སྟེང་དུ་འགེབ་དགོས། སྤྱི་ཆེང་གཅིག་ལ་ས་བོན་སྟོང་ཁ30~45ལྷག་དགོས།

(གསུམ)ས་ཞིང་དོ་དམ།

1.མྱུ་གུ་བར་འབྲུས་དང་གསབ་འབྲུས། མྱུ་གུ་འབྲུས་རྗེས་རིང་ཐུང་ལི་སྨི10~15ཡིན་དུས་ཡུར་མ་ཡུར་དགོས། བཟང་འཇོག་ངན་འདོར། དུས་གཅིག་ཏུ་ཀང་མ2~3མ་གཏོགས་སྐྱུར་མི་རུང་། སྨྱུ་གུ་མ་འབྲུས་པ་མཐོང་ན་ཡུར་མ་ཡུར་ནས་དོར་བ་དེ་སླར་སྐྱུད་ཚོག

2.གསེང་སྐོད་བྱེད་པ་དང་ཡུར་མ་ཡུར་བ། མྱུ་གུ་འབྲུས་རྗེས། རྩྭ་ལྷུམ་འདོར་བའི་ཡུར་མ་ཡུར་དགོས། རྗེས་ནས་ཟླ་རེར་གསེང་སྐོད་ཐེངས་གཅིག་བྱེད་དགོས།

3.སྙིང་ལུད་འཇོག་པ། གསེང་སྐོད་དང་ཡུར་མ་གཉིས་ཟུང་འབྲེལ་བྱེད་དགོས། སྤྱི་ཆེང་གཅིག་གི་ནང་ཁྱིམ་ལུད་སྟོང་ཁ15000~22500འཇོག་དགོས། འབབ་ཆའི་ལུད་སྟོང་ཁ450ལྷིན་སོན་ཀེལ་སྟོང་ཁ450དུས་ཚོད་ལྟར་བསྲེ་དགོས།

བསྲེས་རྗེས་ཞིང་ནང་གི་ས་ལུད་སྔོན་དགོས། མ་ཟད་ཞིང་ངོས་བདེ་སྙོམས་བྱེད་དགོས།

4.མེ་ཏོག་འཐུ་བ། ཟླ 5~6པའི་ནང་མེ་ཏོག་གི་ཟེའུ་གཅོད་དགོས། དུས་དེར་མེ་ཏོག་གི་ཟེའུ་བཅད་ན་བཅུད་རྩ་བར་འདུས་ཏེ་ཆེར་རྒྱས་པ་དང་། དེས་ཐོན་སྐྱེད་ཡོང་འབབ་ལ་ཕན་པ་ཡིན།

བཞི། ས་བོན་འཛོག་པའི་ལག་རྩལ།

སྐྱེས་འཕེལ་བྱེད་ཐབས་དེ་ས་བོན་གྱི་སྐྱེས་སྟོབས་ལ་བཟང་། འདབ་ལག་གི་སྐྱེས་འཕེལ་ལའང་དབྱེ་ཆོག

(གཅིག) ས་བོན་གྱི་སྐྱེ་འཕེལ།

སྐྱེས་སྟོབས་འཕེལ་བ་དང་འབུ་སྲིན་གྱིས་གནོད་སྐྱོན་མ་ཐེབས་པའི་རིགས་དེ་ས་བོན་གྱི་རྒྱུ་རྩ་འཛོག་ཆོག འདེབས་འཛུགས་མ་བྱས་པའི་ལོ་གཅིག་གི་སྔོན་དུ། རྡོ་དམ་ཡག་པོ་བྱེད་དགོས་པ་དང་ས་བོན་གྱི་སྐྱེས་སྟོབས་རྒྱས་སུ་འཇུག་དགོས། ཟླ 8~9བར་འབྲུ་གུའི་ཁ་དོག་དེ་སའི་གཉིང་རིམ་ནས་སྨུག་སྐྱ་དང་། སྦུ་གུ་རྒྱས་དུས་འབྲས་བུ་སྨུར་མོར་ལེན་དགོས། ཉི་མར་བསྐམས་ཏེ་ཕྱི་ཤུབས་རྣམས་ཕུད་དགོས་པ་དང་སྙིགས་མ་དག་གཙང་སེལ་བྱས་ཏེ་གླུང་ལྷང་ས་དང་སྐམ་སར་འཛོག་དགོས།

(གཉིས) ཡལ་འདབ་ཀྱི་སྐྱེ་འཕེལ།

ལོ་རེའི་དགུན་ཟླ་དང་དཔྱིད་ཟླ་ཚེས་མ་ཐག་པའི་སྔོན་དུ་ཡལ་འདབ་སྟེང་གི་ས་བོན་རྣམས་བླངས་ཏེ་ས་བོན་གྱི་འདེབས་འཛུགས་རྒྱུ་རྩ་བྱེད་ཆོག འདབ་ལག་གཅིག་གི་རྩ་བ་དེ 2~3ཀྱི་ཚད། དེ་རྗེས་ས་བོན་གྱི་འདེབས་འཛུགས་རྒྱུ་རྩ་བྱེད་ཆོག འདབ་ལག་གཅིག་གི་རྩ་བ་དེ 2~3ཀྱི་ཚད། དེ་རྗེས་དེ་མཐུད་ཀྱི་སྟེང་དུ་དར་ཐག་ལི་སྨི 5བྱེ་དགོས། ཡལ་གའི་ཞེང་ཚད་བར་ཐག་ལི་སྨི 30ཡི་བར་ཐག་བཞག་སྟེ་ས་བཀོ་དགོས། དོང་གི་ཟབ་ཚད་ལི་སྨི 10ཡིན་པའི་ནང་དུ་ཡལ་

ག་གཅིག་རེ་བྱས་ཏེ་ས་ལེགས་པར་སྐོམ་དགོས།

༧། བསྡུ་ལེན་དང་ཡས་སྒྲོན།

སྨན་འདི་ལོ་གཉིས་དང་གསུམ་གྱི་རྗེས་ནས་བསྡུ་ལེན་བྱ་དགོས། དེ་ཡང་དཔྱིད་ཁ་མ་འབུས་པའི་དུས་སུ་རྩ་བ་སློག་དགོས། དེ་རྗེས་རྡོག་ཆུང་ངུའི་རིགས་རོར་ཏེ་སྐམ་གསེད་ལེགས་པར་བྱས་རྗེས་སུ་ཕོན་རྫས་སུ་སྤྱོད་ཆོག་པ་ཡིན།

ས་བཅད་བཅུ་གཅིག་པ། སྲད་དཀར།

སྲད་དཀར་ནི་སྲན་མའི་སྡེ་ཁོངས་ཀྱི་སྐྱེ་དངོས་ཤིག་ཡིན། མིང་གཞན་ལ་ཤུན་དཀར་སྲད་མ་དང་ཏ་ཡིག་སྲད་མ། སེ་སྲད། གྲིན་ཕོ་སྲད་མ་སོགས་ཟེར། དེ་ཡི་རྫས་འགྱུར་གྲུབ་ཆ་གཙོ་བོ་ནི་ཕོན་སེར་རིགས་དང་འདག་ཀལ་རིགས། ཏྭགས་མང་རིགས། འདབ་སྐྱུར། འཚོ་རྒྱུ D དང་ཤིང་ཀུན་སྐྱུར་བཅས་ཡིན། ནུས་པས་དབུགས་གསོ་ཤའུ་སྐྱེད། ཆུ་འབབ་སྐྲངས་པ་གཞིལ་བར་བྱེད། གཙོ་བཙོས་ལུས་ཟུངས་ཞན་པས་སྟོང་རྟུལ་དང་། སྟོད་འཚང་དབུགས་ཧལ་དམུ་རྫིང་དང་། ཡུན་རིང་འབྲུམ་བུ་དང་། མངལ་ལྷུགས་པ། མཁལ་ཚད་རྨ་རྣག་མི་རྫོལ་བ། ཡང་ན་རལ་བ་མི་འདྲུབ་པ་བཅས་གསོ་བར་བྱེད། ཐོན་ཁུངས་གཙོ་བོ་ནི་ནང་སོག་གི་པོ་ཐོག གོ་ཡང་། པོ་ཁྲིན། ཧྲན་ཞི་ཞིང་ཆེན་གྱི་ཏོན་ཡོན། ཧྲན་ཀྲི། ཧེ་ལུང་ཅང་ཞིང་ཆེན་གྱི་ལིན་ཁོ། ཏོང་ནིན། ཀན་སུའུ་ཞིང་ཆེན་གྱི་ལོང་ཞི་དང་ཏིན་ཞི་སོགས་རྫོང་དང་གྲོང་ཁྱེར། མཚོ་སྔོན། ཅི་ལིན། ལའོ་ཉིན། ཧྭ་པེ་སོགས་ཞིང་ཆེན་ཁག་ན་ཡང་འདེབས་འཛུགས་བྱེད་བཞིན་ཡོད། ད་ལྟ་རྒྱུན་དུ་བཀོལ་བ་ནི་སོག་པའི་སྲད་དཀར་དང་མོ་ཙ་སྲད་དཀར་ཡིན། རྩ་བ་སྨན་དུ་བཀོལ་བ་ཡིན། ཕྱིར་འཚོང་བྱས་ན་ཤིན

ཏུ་ཕྲིན་པའི་སྨན་རྫས་ཀྱི་གྲས་ཤིག་ཡིན།

གཅིག སྐྱེས་དངོས་ཀྱི་རྣམ་པ།

ལོ་མང་སྐྱེ་བའི་རྩ་ལྕུམ། རྐང་གི་མཐོ་ཚད་ལ་ལི་སྨི40~120ཡོད། རྩ་བ་དྲང་ལ་རིང་། ཀ་ཟླུམ་གྱི་དབྱིབས། རིང་ཚད་ལ་ལི་སྨི25~75ཡོད། ཤིང་རྒྱུ་ཙུང་འདྲེས། སྡུ་བའི་དཔངས་ལ་ལི་སྨི1.5~3ཡོད། ཕྱི་ཤུན་གྱི་མདོག་ཁམ་སེར་དང་ཁམ་མདོག་མདོན། གཞུང་རྐང་དྲང་མོར་གནས་ལ་ཉག་ཕྲན་སྤུ་ཅན་མང་། ཡ་གྲངས་སྒྲོ་དབྱིབས་སྤྲུགས་མ་ལོ་མ་ཡ་སྡེབ་ཏུ་སྐྱེ། ལོ་མ་ཆུང་ཆུང་25~27བར་ཡོད་ལ་དབྱིབས་ནར་གཟུགས་ཡིན། ངོས་གཉིས་སུ་དཀར་པོའི་སྤུ་ཆུང་སྐྱེས། རྫོག་མའི་དབྱིབས་ཀྱི་མེ་ཏོག་ཆུན་པོ་མཆན་ཁུང་ངམ་སྟོང་རྩེར་ཆགས་ཏེ་ཕྱོགས་གཅིག་ཏུ་འཕྱང་ཡོད། མེ་ཏོག་སེར་པོ་བཞད། གང་བུ་འཕང་མདའི་དབྱིབས་ཀྱི་སྡེ་གཉིས་རྗོ་བ། གང་བུ་ཆེ་ལ་སྐྱི་རྒྱུ་དང་། སྔོང་གཟུགས་ཟླུམ་རིང་། ཕྱི་ངོས་སུ་དྲ་རིས་ཡོད། ས་བོན་རྡོག་པོ5~6བར་འདུག མཁལ་མའི་དབྱིབས། མདོག་ནག་པོ། མེ་ཏོག་བཞད་དུས་ཟླ6~7པ་ཡིན་ལ་འབྲས་བུ་ཐོག་པའི་དུས་ནི་ཟླ8~9བའི་བར་ཡིན།

གཉིས། སྐྱེ་དངོས་རིག་པའི་ཁྱད་ཆོས།

སྲད་དཀར་ནི་སྐམ་སར་ལོ་མང་སྐྱེ་བའི་རྩི་ཤིང་རིགས་ཤིག་ཡིན། སྐམ་བསིལ་ཆེ་བ་དང་ཉི་འོད་འཛོམས་པའི་གནས་སུ་སྐྱེ་བ་མང་། ཆར་ཞོད་དང་ས་གཤིས་ཞིན་ཏུ་བརྟན་ཆེ་བ་རྩ་བ་སྲབ་པའི་སྐྱེ་དངོས་རིགས་ལ་འཛེམ་དགོས་ཤིང་། གྲང་ངར་དང་ཐན་པ་བཟོད་ཐུབ་པ། སྐྱེ་འཚེར་ལ་འཚམས་པའི་སྐྱེ་དངོས་ཁོར་ཡུག་ནི་རི་མཐོ་ས། ནགས་གསེབ། རི་ཁྲོད། ས་རིམ་མཐུག་ས། སྐྱེས་ལྡན་རྒྱུ་མང་ས། ཆུ་འཛོམས་ས། pHགྲངས་འབྲིང་གཤིས་དང་སྐྱུར་གཤིས་ཙུང་མངོན་པའི་ཕྱེ་མ་དང་། ཡང་ན་རྩ་ཐང་ལི་ཀལ་འདུས་པའི་ས་དང་ཕྱེ་སེར་སོགས་གང་ཡིན་ཀྱང་ཆོག

སྲད་དཀར་གྱི་འབྲས་བུས་ཆུ་རྡུབ་ནས་འདལ་རྗེས་ས་གནས་དེར་དྲོད་ཚད 60°C ལ་ཐོན་ན་སྨུ་གུ་འབུས་སྲིད། དྲོད་ཚད་དུའུ 20 °C ~25°C བར་ཡིན་དུས་སྨུ་གུ་འབུས་པ་ཆེས་མགྱོགས་པ་ཡིན། ས་བོན་བཏབ་ནས་ཉིན་ལྔ་ནས་བདུན་བར་དུ་སྨུ་གུ་འབུས་ངེས་ཡིན། སྨུ་གུ་འབུས་ནས་ལོ་མ་ཉིས་གཤིབ་མཚོན་དུས་དེའི་རྩ་བ་ཡང་གྲུབ་ཡོད། སྡུད་ལེན་བྱེད་པའི་རྩ་བ་ཡང་ཇེ་མང་དུ་འགྲོ་བ་ཡིན། རྩ་བའི་ཆུ་དང་འཚོ་བཅུད་ཀྱི་མཁོ་སྤྲོད་ཚད་ཀྱང་ཇེ་མཐོར་འགྲོ་ལ། ལོ་མ་ཇེ་ཆེར་སོང་བ་དང་བསྟུན་ནས་འོད་འགྱེད་ནུས་པའི་ཚད་ཀྱང་ཇེ་མཐོར་འགྲོ་ངེས། སྨུ་གུ་སྐྱེས་ཚད་ཡང་མངོན་གསལ་གྱིས་ཇེ་མགྱོགས་སུ་ཕྱིན་པ་རེད། ལོ་གཅིག་སྐྱེས་པའི་སྲད་དཀར་ལ་རྐང་གཅིག་ལས་མེད། སྐྱེས་པའི་ལོ་གྲངས་ཇེ་མང་དུ་སོང་བ་དང་བསྟུན་ནས་རྐང་གྲངས་ཀྱང་ཇེ་མང་དུ་འགྲོ་བ་རེད། རྐང 10~20 བར་ཐོན་ངེས། དེ་བས། ལོ་མང་སྐྱེས་པའི་སྲད་དཀར་ནི་རྐང་མང་བའི་རྣམ་པའི་ཚུལ་དུ་སྐྱེས་ཡོད།

གསུམ། འདེབས་འཛུགས་ལག་རྩལ།

(གཅིག)ས་ཆ་འདེམས་པ་དང་ཞིང་ས་སློམ་པ།

ས་རིམ་ཟབ་པ་དང་ས་རྒྱུ་སོབ་པ། ས་ཆུའི་བཅུད་འཛོམས་ས། ཉི་འོད་ཐོག་ས་སྐམ་ཤས་ཆེ་བའི་འབྲིང་གཤིས་དང་ཡང་ན་ཅུང་སྐྱུར་གཤིས་ལྡན་པའི་བྱེ་ཟགས་ཤས་ཆེ་བའི་ས་འདེམས་དགོས། བདེ་ཐང་དང་ཡང་ན་ཉི་མ་ལ་ཁའི་རི་ལྡེབས་སུ་ཡང་འདེབས་འཛུགས་བྱས་ཆོག ས་བདམས་རྗེས། ས་གཏིང་ལི་སྨི 30 ཡན་སློག་དགོས། ས་དང་བསྟུན་ནས་ས་ཁྱོན་སྤྱི་ཆེང་རེ་ལ་ཞིང་ལུད་སྟོང་ཁ 30000 ~45000 དང་ཀོ་ལིན་སོན་ཀལ་སྟོང་ཁ 750 གཏོར་ནས་རྨང་གཞིའི་ལུད་བྱེད་དགོས།

(གཉིས)སྨུ་གུ་འཛུགས་པ།

ལྷགས་ཁེམ་དང་ཡང་ན་ཐོང་གཉོལ་བཀོལ་ནས་ས་ཤུར་བཟོ་བ། ས་ཤུར་གྱི་བར་ལ་ལི་སྨི 30དང་སྟོང་རྐང་གི་བར་ལི་སྨི 20བྱས་ནས་སྨྱུ་གུའི་སྟོང་པོ་རྐང་གཅིག་རེ་བྱས་ནས་ས་ཤུར་ནང་འཛུགས་དགོས། ས་ཁྱོན་སྤྱི་ཆེང་རེ་ལ་སྨྱུ་གུ་བཀོལ་ཚད་སྟོང་ཁ 1200~1500བར་ཡིན། སྨྱུ་གུ་ཆེ་ཆུང་ལ་ལྟོས་ནས་གཏན་འཁེལ་བྱེད་དགོས། ལོ་དེའི་སྟོན་དུས་བསྡུ་དགོས། གོང་ལྟར་འདེབས་འཛུགས་བྱས་པའི་སྲད་དཀར་མི་དང་ཡང་ན་འཕྲུལ་ཆས་ཀྱི་བསྡུ་བར་ཤིན་ཏུ་སྟབས་བདེ་ཡིན།

(གསུམ)ཞིང་སའི་དོ་དམ།

1.ཡུར་མ་ཡུར་བ། སྲད་དཀར་གྱི་སྨྱུ་གུ་སྐྱེས་པ་དལ་བས་ཡུར་མ་མ་ཡུར་ན་རྩྭ་ལྡུམ་གྱིས་གང་འགྲོ་བ་ཡིན། དེ་བས། སྨྱུ་གུ་མཐོ་ཚད་ལ་ལི་སྨི 5ཙམ་ཡོད་དུས་ཡུར་མ་ཡུར་ཐེངས་གཅིག་དང་མཐོ་ཚད་ལ་ལི་སྨི 8~10བར་ཡོད་དུས་ཐེངས་གཅིག་སྨྱུ་གུ་གཏན་འཁེལ་བྱས་རྗེས་ཐེངས་གཅིག་བཅས་བྱས་ནས་མགོ་ནས་མཇུག་བར་དུ་སྨྱུ་གུ་སྐྱེས་སའི་གནས་དེར་རྩྭ་ལྡུམ་རིགས་མེད་པར་བཟོ་དགོས།

2.ལུད་འཇོག་པ། སྲད་དཀར་ལ་ལུད་མཁོ་བས་སྐྱེ་བའི་ལོ་དང་པོ་དང་ལོ་གཉིས་པའི་ནང་ཡུར་མ་ཡུར་བ་དང་ཟུང་འབྲེལ་བྱས་ནས་ལུད་ཐེངས་གཅིག་ནས་གཉིས་འཇོག་དགོས། ས་ཁྱོན་སྤྱི་ཆེང་རེ་ལ་ཞིང་ལུད་སྟོང་ཁ 15000དང་ཀོ་ལིན་སོན་ཀལ་སྟོང་ཁ 450 ལིག་སོན་ཨན་དང་ཡང་ན་གཅིན་རྫུ་སྟོང་ཁ 150 མཉམ་དུ་འདྲེས་པར་བསྲེས་རྗེས་ས་ཤུར་ནང་གཏོར་བ་དང་། གཏོར་རྗེས་ས་འགེབ་དགོས།

3.ཆུ་འབུད་པ། ཆར་དུས་སུ་བརླན་ཚད་ཆེ་དྲགས་པས་ཆུ་འབུད་པ་ལ་ཡིད་གཟབ་བྱས་ནས་སྨྱུ་གུའི་རྩ་བ་རུལ་འགྲོ་བ་ལ་སྔོན་འགོག་བྱེད་དགོས།

4.རྩེ་གཅོད་པ། སྟོང་རྐང་འཚར་ལོངས་མགྱོགས་ནས་འཚོ་བཅུད་ཟད་པར་ཚོད་འཛིན་བྱེད་ཆེད་ཟླ་བདུན་པའི་ཟླ་མཇུག་གི་སྔོན་དུ་སྨྱུ་གུ་རྩེ་བཅད་དེ……

སྔོང་བཅོས་བྱ་དགོས། དེ་ལྟར་བྱས་ན་ཐོན་ཚད་ཇེ་མཐོར་འགྲོ་སྲིད།

(བཞི)གནོད་འབུ་འགོག་བཅོས།

1.ཕྱི་དཀར་ནད། ནད་འདིས་ལོ་མ་དང་གང་བུ་ལ་གནོད་པ་བྱེད་པ་སྟེ། སྨྱུ་གུའི་དུས་དང་སྔོང་རྐང་གྲུབ་དུས་གནོད་འཚེ་བྱེད་པ་རེད། གནོད་འཚེ་ཐོག་མ་པའི་ལོ་མའི་ངོས་གཉིས་དང་གང་བུ་ངོས་སུ་ཁུ་ལུ་དབྱིབས་ཅན་དཀར་པོའི་ཧྣན་ཁྲ་ཅན་ཆགས་པ་དང་། ཚད་ཆེ་དུས་ལོ་མ་དང་གང་བུ་ཡོངས་སུ་ཁྱབ་འགྲོ་བ་དང་རྗེས་ནས་གནོད་འཚེ་ཐེབས་པའི་གནས་དེར་ནག་ཐིག་མང་པོ་བྱུང་ནས་སྔ་དུས་ནས་ལོ་མ་ལྷུང་འགྲོ་བ་ཡིན། ཚབས་ཆེ་དུས་སུ་ལོ་མ་དང་གང་བུ་ཁམ་མདོག་ཏུ་གྱུར་ནས་རིམ་བཞིན་སྐམ་ནས་ཤི་འགྲོ་བ་རེད།

འགོག་བཅོས་བྱ་ཐབས། ལོ་བསྡུས་རྗེས་ཞིང་ནང་གི་གནོད་འཚེ་ཐེབས་པའི་སྨྱུ་གུ་ཚང་མ་ཕྱོགས་གཅིག་ཏུ་བསྡུས་ནས་མེར་བསྲེགས་རྗེས་ས་འོག་ཏུ་སྦས་ནས་ནད་འབུ་ཞུང་དུ་གཏོང་དགོས། ཐོག་མར་གནོད་འཚེ་ཐེབས་པའི་དུས་སུ 25% ཅན་གྱི་རྫུན་ཞིག་ནིན་དང་ཡང་ན 50%ཅན་གྱི་ཐོ་པོ་ཅིན་ཡང་ན 75%ཅན་གྱི་པད་ཙོན་ཆིན་སོགས་སྨན་ཁུ་ཐེངས 2~3བར་གཏོར་དགོས། སྨན་རྫས་གཏོར་བའི་བར་ཐག་ལ་ཉིན 10~20བཞག་ན་ཕན་བསྐྱེད་འབྱུང་བ་མངོན་གསལ་ཡིན།

2.ཧྥོ་མའོ་སྨུག་རིས་སྲོ་ནད་དེ། ནད་ཕོང་རྗེས་རྩ་བ་དམར་པོར་འགྱུར་འགྲོ་བས་འདི་ལ་རྩད་དམར་ནད་ཅེས་འབོད། སྔོན་ལ་རྩ་བ་ཕྲ་མོ་རྣམས་ལ་ནད་འབྱུང་བ་དང་རྗེས་ནས་རིམ་བཞིན་གཞུང་རྩ་ལ་ཁྱབ་འགྲོ་བ་ཡིན། ནད་ཐོག་མར་ཕོང་དུས་གཞི་རྩའི་ཐོག་ཏུ་དཀར་ཐིག་འདྲ་བའི་དངོས་པོ་ཞིག་དགྲིས་པ་མཐོང་ཐུབ། དེ་ནི་ནད་འབུ་སྲིན་རྒྱུ་ཡིན། ཕྱི་མའི་དུས་ཀྱི་སྲིན་རྒྱུ་སྨུག་པོ་རུ་གྱུར་འགྲོ་བ་ཡིན། ཕན་ཚུན་བརྗོལ་མར་བྱས་ནས་སྲིན་སྐྱེ་དང་སྲིན་སྙིང་གྲུབ་འགྲོ་བ་ཡིན། རྩ་བའི་པགས་པ་རིམ་གྱིས་ནང་ཕྱོགས་སུ་རུལ་བ་དང་། མཇུག

ཏུ་ཤིང་སྡོང་ཡོངས་རྡུལ་ནས་ལོ་མ་སྐམ་ནས་འཆི་བར་འགྱུར།

འགོག་བཅོས་བྱེད་ཐབས་ནི། ལོ་སྟུད་རྗེས་ཞིང་ནང་གི་གནོད་འཚེ་ཐེབས་པའི་སྨྱུ་གུ་ཚང་མ་ཕྱོགས་གཅིག་ཏུ་བསྡུས་ནས་མེར་བསྲེགས་རྗེས་ས་འོག་ཏུ་སྦས་ནས་ནད་འབུ་ཞུང་དུ་གཏོང་དགོས། སྙེ་མ་ཅན་གྱི་ལོ་ཏོག་དང་འདེབས་རེས་བྱེད་པ། འདེབས་རེས་དུས་ཡུན་ལོ 3~5བར་དང་། ནད་ཐོག་པ་དུས་ཐོག་ཏུ་ཤེས་རྟོགས་བྱུང་ནས་སྨྱུ་གུ་འབལ་བ་དང་དེའི་ཉེ་འཁོར་དུ་རྡོ་ཐལ་ཕྱེ་མ་གཏོར་ནས་མཆེད་པར་སྔོན་འགོག་བྱེད་དགོས། ཆར་དུས་ཆར་ཆུ་མང་པས་ཆུ་འབུད་པར་དོ་སྣང་བྱས་ནས་ཞིང་བར་གྱི་རླན་ཚད་ཇེ་དམའ་རུ་གཏང་དགོས། ས་ཕྱོན་སྤྱི་ཆེང་རེ་ལ་སྨན་པིན་ཅིན་ལིན་སྔོང་ཁེ 22.5བཀོལ་ནས་དུག་སེལ་བྱ་དགོས།

3.སྲན་མའི་གང་བུའི་ནད་འབུ། ལོ་རེར་ཟླ་དྲུག་པའི་ཟླ་མཇུག་ནས་ཟླ་དགུ་པའི་ཟླ་མཇུག་ཏུ་འབྱུང་བ་ཡིན། ནད་འབུ་ཡིས་གང་བུ་སྟེང་སྒོང་གཏོང་བ་དང་འབུ་ཕྲུག་སྒོང་ལས་ཕྱིར་བུད་རྗེས་གང་བུ་ནང་དུ་འཛུལ་ནས་འབྲས་བུ་ཟ་བར་བྱེད། ནད་འབུ་ཁ་ཤས་གང་བུ་ཕྱི་ནས་ས་འོག་ཏུ་འཛུལ་བ་དང་སྲིན་སྐྱིབས་བཟོས་ནས་དགུན་སྐྱོལ་བ་རེད།

སྔོན་འགོག་བྱ་ཐབས་ནི། སྲན་མའི་རིགས་ལོ་མང་པོར་འདེབས་པ་དང་ཡང་ན་དེ་དང་བསྲེས་ནས་འདེབས་མི་རུང་། འབུ་ཕྲུག་ས་ནང་འཛུལ་དུས་ཞིང་ནང་དུ་ཆུ་བཏང་ན་འབུ་ཕྲུག་གསོད་ཐུབ། མེ་ཏོག་བཞད་པའི་དུས་སུ 40%ཅན་གྱི་ཏི་པེ་ཁྲུང་དང 40%ཅན་གྱི་ལེ་ཀོ་གཏོར་ནས་གསོད་དགོས། འབྲས་བུ་སྨིན་རག་བར་དུ་ཉིན་བདུན་ལ་ཐེངས་གཅིག་གཏོར་དགོས། ས་ཕྱོན་སྤྱི་ཆེང་རེ་ལ 50%ཅན་གྱི་ཏི་པེ་ཁྲུང་ཧྥ་ཧྲིན 7500ཆུ་ནང་བསྲེས་ནས་ས་ཐོག་ཏུ་གཏོར་ཡང་ཆོག

4.ནི་ཧེ་ཙ། སྨྱུ་གུ་ལ་གནོད་པ་བྱེད། 90%ཅན་གྱི་ཏི་པེན་ཁྲུང་ལྡབ 800~1000ཅན་གཏོར་ནས་གསོད་དགོས།

5.སྲིང་ཆུང་གཉོག་ཆེན། གནོད་འབུའི་སྒོང་གང་བུ་ནང་དུ་གཙགས་ནས་གཏོང་བ་དང་འབུ་ཕྲུག་སྒོང་ལས་ཕྱིར་ཐོན་ནས་གང་བའི་འབྲས་བུ་ལ་གནོད་པ་བྱེད་པ་རེད།

སྔོན་འགོག་བྱ་ཐབས་ནི། གང་བུ་གྲུབ་དུས 40%ཅན་གྱི་ལི་ཀོ་ལྷབ 1000 ཅན་གཏོར་ནས་གསོད་དགོས། འབྲས་བུ་སྨིན་རག་བར་དུ་ཉིན་བདུན་ལ་ཐེངས་གཅིག་གཏོར་དགོས།

བཞི། ས་བོན་འཛོག་པའི་ལག་རྩལ།

(གཅིག)ས་བོན་འཛོག་པ་དང་ས་བོན་འཐུ་བ།

སྲད་དཀར་བཏབ་པའི་ཕྱི་ལོར་མེ་ཏོག་བཞད་ནས་འབྲས་བུ་སྨིན་པ་རེད། སྟོན་དུས་སིལ་ཏོག་ཐུར་དུ་འཕྱང་ནས་སྨིན་པ་དང་། ས་བོན་ཁམ་མདོག་ཏུ་གྱུར་དུས་སྐྱུར་དུ་ས་བོན་འཐུ་དགོས། དེ་ལྟར་མ་བྱས་ན་འབྲས་བུ་གས་ནས་ས་བོན་འཐོར་བས་བསྡུ་དཀའ་བ་རེད། ས་བོན་སྨིན་དུས་མི་འདྲ་བའི་དབང་གིས་གང་སྨིན་ན་དེ་བསྡུ་དགོས། སོན་རྗོག་བཏུས་རྗེས་ཉི་མར་སྐམ་ནས་འབྲས་བུ་ཐོར་རྗེས་རླུང་ལ་འཕྱུར་བ་དང་ཆུ་ནང་བཀྲུས་ནས་འབྲུ་སྙིང་དང་འབུ་སྣོམ་གྱིས་ཟོས་པ། མི་མཐོ་བའི་སྙིགས་རོ་སོགས་དོར་ནས་ཁམ་མདོག་འོད་དང་ལྡན་པ་འབྲས་བུ་རྒྱགས་པ་ཡིན་པ་འདེམས་ནས་ས་བོན་དུ་གསོག་ཉར་བྱེད་དགོས།

(གཉིས)ས་བོན་གྱི་ལས་སྔོན།

སྲད་དཀར་གྱི་ས་བོན་སྲ་མོ་ཡིན་པ་དང་ཆུ་འཛིན་ནུས་ཞན་པ་མྱུ་གུ་འབུས་དཀའ་བ་བཅས་ཀྱི་དབང་གིས་ས་བོན་མ་བཏབ་པའི་སྔོན་དུ་ངེས་པར་དུ་ལས་སྔོན་བྱེད་དགོས།

1.ཆུ་ཁོལ་གྱིས་མྱུ་གུ་སྐྱེ་འཕེལ་བྱེད་དུ་འཇུག་པ། ས་བོན་སྣོད་ཀྱི་ནང་དུ་བཞག་ནས་དེ་ནང་ཆུ་ཁོལ་བླུགས་ནས་སྐར་མ 50 ~60བར་བཞག དེ་དུས་

སྒྱུར་དུ་སྙོད་ནང་དུ་ཆུ་གྲང་མོ་བསྣན་ནས་ཆུའི་དྲོད་ཚད་40℃ཡས་མས་ལ་བསླེབ་ཏུ་འཇུག་དགོས། དེ་ལྟར་ཆུ་ཚོད་2~4བར་ཆུ་ནང་སྦངས་ནས་འཇོག་དགོས། དེ་རྗེས་ནས་ཆུ་ཚང་མ་ཕྱིར་དོར་ནས་སྙོད་ཀྱི་ཁ་སྙོད་སོགས་ཀྱིས་བཅད་ནས་ཆུ་ཚོད་12ལ་འཇོག་དགོས། ས་བོན་སྦྲོས་ནས་ཕྱི་ཤུན་གས་ནས་དཀར་པོ་མངོན་དུས་སའི་བརླན་གཤེར་ཚད་བཟང་དུས་བཏབ་ན་བཟང་བ་ཡིན།

2. ས་བོན་ལ་རྫ་རིལ་བཀོལ་ནས་སྒྱུར་མོའི་ངང་ཐེངས་འགའ་གཙུར་ནས་ཕྱི་ཤུན་གྱི་མདོག་ཁམ་ནག་འོད་མདངས་ལྡན་པ་ནས་སྨུག་ནག་ཕྱི་ཤུན་རྩུབ་མོ་ཆགས་དུས་ཚོད་དང་རན་པ་ཡིན། དེ་ལྟར་བྱས་ན་ས་བོན་གྱི་ཆུ་འཇིབ་ནས་སྦྲོས་པར་ཕན་པ་རེད། དེ་མིན་ས་བོན་ལྷབ་འགྱུར་གྱིས་ཕྱི་མ་དང་མཉམ་དུ་བསྲེས་ནས་འཕྱུར་ཏེ་ཕྱི་ཤུན་ལ་རྨས་སྐྱོན་བཟོས་རྗེས་ཕྱི་མ་དང་མཉམ་དུ་བཏབ་ཀྱང་ཆོག

3. ལིག་སོན་བཀོལ་ནས་ས་བོན་ལས་སྣོན་བྱེད་པ། སླེན་ཐག་ཆོད་པའི་ས་བོན་ལ་སྣུག་ཚད་70%~80%ཡིན་པའི་ལིག་སོན་ནང་སྦངས་ནས་སྐར་མ3~5བཞག་རྗེས། སྒྱུར་མོར་བླངས་ནས་བཞུར་ཆུ་ནང་དུས་ཚོད་བྱེད་ཀ་ཙམ་ལ་བཀྲུས་རྗེས་འདེབས་དགོས། ཐབས་འདིས་ཕྱི་ཤུན་སྲ་མོ་ཡིན་པ་གནོད་པ་བཟོ་བས་སྨྱུ་གུ་འབུས་ཚད་90%ལ་ཐོན་ཐུབ། འོན་ཀྱང་ལིག་སོན་གྱིས་ས་བོན་འཚིག་ནས་རྨས་སྐྱོན་བཟོ་བར་མཉམ་འཇོག་བྱེད་དགོས།

(གསུམ)འདི་དཔྱིད་འདེབས་བྱེད་པ་མང་ལ་སྟོན་འདེབས་ཀྱང་ཆོག་པར་བཤད།

དཔྱིད་འདེབས་ཟླ་བཞི་བའི་ཟླ་སྨད་ནས་ཟླ་ལྔ་བའི་ཟླ་སྟོད་བར་འདེབས་དགོས། སྟོན་འདེབས་ནི་ཟླ་བརྒྱད་པའི་ཟླ་སྨད་ནས་ཟླ་དགུ་བའི་ཟླ་སྟོད་ལ་འདེབས་དགོས། མ་བཏབ་པའི་སྔོན་ལ་ས་བོན་འདེམས་པ་དང་ས་བོན་ལ་ལས་སྣོན་བྱེད་དགོས། ས་བོན་འདེབས་པའི་ཐབས་ལ་སྐྲང་འདེབས་དང་གཏོར་འདེབས།

ཤུར་འདེབས། ས་བོན་ཁྲུང་འཛུགས་སོགས་ཡོད། རྒྱུན་དུ་བེད་སྤྱོད་གཏོང་བ་ནི་སྐང་འདེབས་ཡིན། ཞིང་སར་སྔོན་དུ་རྣང་མ་དང་ཤུར་བཟོ་བ། ཤུར་གྱི་ཞེང་ལ་སྨི 1~1.2དང་མཐོ་ཚད་ལ་ལི་སྨི 10~15དང་། ཤུར་དང་ཤུར་གྱི་བར་ལ་ལི་སྨི 30 ཡིན་དགོས། ཤུར་ངོས་ཤལ་བཀོལ་ནས་སྐྱེམས་པོར་བཟོས་ནས་རྩྭ་ལྷམ་དང་རྡེའུ་ངོར་ནས་ས་བོན་འདེབས་དགོས། ས་བོན་གྲངས་ཉུང་བ་དང་ཚོད་འཛིན་དཀའ་བས་ལས་སྔོན་བྱས་ཟིན་པའི་ས་བོན 1:3བསྲུར་བའི་ས་ཕྱེ་དང་བསྲེས་ནས་ཤུར་ཐོག་ལ་སྐྱེམས་པོར་གཏོར་དགོས། དེ་ཐོག་ལ་ས་ལི་སྨི 1~2བར་བཀབ་ནས་ཙུང་མནོན་དགོས། ས་ཁྱོན་སྤྱི་ཆིང་རེ་ལ་ས་བོན་གྱི་བཀོལ་ཚད་སྟོང་ཁ 180 ~225 བར་ཡིན། སྨྱུ་གུ་འབུས་རྗེས་ཡུར་མ་ཐེངས་གཉིས་ནས་གསུམ་ཡུར་དགོས། ནད་འབུའི་གནོད་འཚེ་བྱུང་དུས་དུས་ཐོག་ཏུ་འགོག་བཅོས་བྱ་དགོས། སྤྱི་ཆིང་རེ་ནས་ཐོན་པའི་སྨྱུ་གུ་སྤྱི་ཆིང 120~150བར་ལ་འདེབས་འཛུགས་བྱེད་ཐུབ།

ལྔ། ལོ་བསྡུ་དང་ལས་སྔོན།

1.ལོ་བསྡུ།

སྲད་དཀར་བཏབ་ནས་ལོ 2 ~3ནང་ལོ་བསྡུ་བྱས་ཆོག སྟོན་དགུན་གྱི་དུས་སུ་གཞུང་རྐང་བསྐམས་རྗེས་སེམས་ཆུང་སློས་རྩ་བ་ཚང་མ་རྐོ་དགོས། ཕྱི་ཤུན་ལ་རྨ་བཟོས་པ་དང་རྩ་བ་ཆད་པར་གཟབ་གཟབ་བྱ་དགོས།

2.ལས་སྔོན།

རྩྭ་བའི་འདམ་དང་ས་སོགས་གཙང་མར་བཟོས་རྗེས། གསར་བའི་སྐབས་ཁ་ལོ་དང་རྩྭ་ཐྲན་དག་བཅད་ནས་ཉི་མའི་འོག་སྐེམ་ནས་ཕྱེད་ཙམ་སྐམ་དུས་རྩྭ་བ་དྲང་མོར་བྱས་ཤིང་ཕོན་ཆུང་ཆུང་བྱས་ནས་བསྡམས་ཏེ་ཡང་ཡང་འཕྱུར་རྗེས་ཡང་བསྐྱར་ཉི་མར་སྐེམ་ནས་སྐམ་ཐག་ཆོད་དུས་ཚོང་རྫས་སུ་གྲུབ་ཟིན་པ་རེད།

ས་བཅད་བཅུ་གཉིས་པ། ཉིང་ཧྲུན།

ཉིང་ཧྲུན་ནི་སོ་ལོའི་རྣམ་གྲངས་སུ་གཏོགས་པ། སྐྱེ་དངོས་ཀྱི་རིགས་ཡིན། རྒྱུན་བཀོལ་གྱི་སྨན་རྫས་སྟེ། ཐོག་མ་ཧྲན་ཞི་ཞིང་ཆེན་ཧྲང་ཏང་ནས་ཐོན་ཞིང་། ཙ་བ་ཆེག་ཐུབ་དང་འདྲ་བས་མིང་གཞན་ལ། ལུའུ་ཉིང་། ཏུང་ཉིང་། ཐེ་ཉིང་། ཁྲུའུ་ཉིང་། ཞི་ཉིང་། ཐེའོ་ཉིང་། པེ་ཉིང་སོགས་ཡོད། རྩ་བ་སྨན་ལ་གཏོང་ཞིང་། ཛས་འགྱུར་གྱི་གྲུབ་ཆ་གཙོ་བོ་ལ་མང་ཧྭགས། ཉིང་ཧྲུན་ཏའི། སུའུ་ཧྲུན་ཐོང་། མཁྲིས་བུལ། ཅོ་ཕྲུན་རིགས། ལྷབ་ཕྱེད་ཐེར་ནང་ཞག་སོགས་ཡོད། སྟོབས་བསྐྱེད་ཅིང་ཁྲག་གསོ་བ། མེ་དྲོད་བསྐྱེད་པ། རྟུལ་འདོན་ཅིང་གློ་ནུས་གསོ་བ་སོགས་ཀྱི་ནུས་པ་ལྡན། གཙོ་བོ་དབུགས་ཐུང་སྙིང་སྒྱུར་རྟུལ་མེད་སྐོམ་ཚད་ཆེ། ཕོ་མཆེར་ནུས་ཞན་ཟས་ཀྱི་དང་ག་འགག བཤང་སླ་གློ་ཟད་གློ་ལུ་ཚད་རྗེས་ཅན་གྱི་ཟུངས་ཟད་པ། ཟུངས་ཟད་བཤང་རླུགས་ཅན་སོགས་ཟུངས་ཟད་ཅན་རྣམས་གསོ། ཉིང་ཧྲུན་གྱི་སྨན་རྫ་རིགས་ཅུང་མང་སྟེ། དཔེར་ན། ཞི་ཉིང་གཙོ་བོ་ཀན་སུའུ་དང་ཧྲན་ཞི། ཟེ་ཁྲིན་སོགས་ལས་ཐོན་པ་དང་། ཏུང་ཉིང་གཙོ་བོ་བྱང་ཤར་ཞིང་ཆེན་གསུམ་ནས་ཐོན་པ། ལུའུ་ཉིང་གཙོ་བོ་ཧྲན་ཞི་དང་ཧེ་ནན་ཞིང་ཆེན་སོགས་ནས་ཐོན་པར་གཙོ་ཆེ་བ་ཞི་ཉིང་ནང་གི་ཐེ་ཉིང་གི་ཕྲུས་ཀ་ཆེས་ལེགས་ཤོས་ཡིན།

གཅིག སྐྱེ་དངོས་ཀྱི་རྣམ་པ།

ལོ་མང་པོར་སྐྱེས་པའི་སོག་མའི་འཁྲི་ཤིང་སྟེ། དྲི་ངན། རྐང་གི་མཐོ་ཚད་སྨི 1.5~2བར་ཡོད་ལ། ཙད་པ་སྦོམ་ཞིང་བཙུད་འདུས། དཔྱིབས་འཁེལ་འཕང་ཀ་ཟླུམ་གཟུགས་དང་འདྲ་ཞིང་རྩེ་མོ་ན་ཙད་མགོ་རྒྱས་པ་ཡོད་ལ་འབུར་ཐོ་ཅན་མང་དུ་དོན་ཡོད། ཕྱི་ཤུན་གྱི་དཀར་རམ་ཛ་སྐྱའི་མདོག་ཡིན། སྡོང་རྐང་ཕྲ་

ཞིང་རིང་ལ་ཡལ་འདབ་མང་བ། འདབ་ལོ་ཆ་སྐྱེས་སམ་འཁོར་སྐྱེས་འདྲ་བ། ལོ་མ་སྔོང་དབྱིབས་སམ་རྭ་ཅོ་འདྲ་བའི་ཟླུར་དབྱིབས། མགོ་བོ་རྟུལ་བའམ་ཟྲ་བ། རྨང་ཟླུམ་པོའམ་ལྷབས་འདྲ་ཆགས་པ། ངོས་གཉིས་ལ་སྤུ་ཡོད། མེ་ཏོག་ལོགས་སུ་བཞད་ཅིང་དཀྱིལ་འདུས་ཟེ་སྔོ་གཞུ་དབྱིབས་ཅན་ཅུང་ལྗང་སེར། ཐོག་ཏུ་ལྗང་དཀར་ཅན་གྱི་ཁྲ་ཐིག་མཚོན་པ་རྩེ་ཁ་གཉིས་ཅན། གང་བུ་འབྲུ་གུ་ཟླུམ་སྒང་འདྲ་བ། འབྲས་བུ་མང་པོ་ཆུང་ངུ་ཁམ་མདོག་གི་བཀྲག་མདངས་ཅན། མེ་ཏོག་གི་དུས་ཟླ 8~9བར་དང་འབྲས་བུའི་དུས་ཟླ 9~10བར་ཡིན།

གཉིས། སྐྱེ་དངོས་རིག་པའི་ཁྱད་ཆོས།

ཏིང་ཧྲུན་སྐྱེ་སྟོབས་ལེགས་ཤིང་དྲོད་འཛམ་འཁྱགས་སེབ་བརྟན་སའི་གནམ་གཤིས་ལ་དགའ་ཞིང་། ཉི་འོད་འཛོམས་དགོས་ལ་ཐན་པ་དང་གྲང་ངར་བཟོད་ཐུབ། སྐྱེ་བའི་དུས་སོ་སོར་དྲོད་ཀྱི་དགོས་འདུན་མི་འདྲ་བར་དྲོད་ཚད་3℃~7℃བར་གྱི་སྐབས་སྨྱུ་གུ་འབུས་མགོ་ཚུགས་ཤིང་། 6℃~8℃བར་གྱི་སྐབས་སུ་ལྗང་བུ་དོན་པ། ཉིན་གྱི་ཆ་སྙོམས་དྲོད་ཚད 18℃~20℃བར་གྱི་སྐབས་སྡོང་རྐང་སྐྱེ་བ་ཆེས་མགྱོགས་པ་དང་། སོན་བཟང་འགྲུབ་པ་ཆེས་འཚམས་པའི་དྲོད་ཚད 0℃~5℃བར་ཡིན། སྤྱིར་བཏང 8℃~30℃བར་གྱི་སྐབས་སྐྱེ་རྒྱུན་ལེགས་པ། 30℃ཡན་ལ་ཏིང་ཧྲུན་གྱི་སྐྱེ་རྒྱུན་ཆོད་འཛིན་བྱེད་ངེས་ཡིན། ཏིང་ཧྲུན་ལ་གྲང་འགོག་ནུས་ཤུགས་ཆེ་སྟེ། རྩ་བ་ས་འོག་ནས་ཅི་འདྲའི་འཁྱགས་ཡང་། ཐ་ན−25℃ཡས་མས་ཀྱི་གྲང་ངར་གྱི་ཁོར་ཡུག་ཁྲོད་ཀྱང་འཁྱགས་གྱི་ཐེབས་མི་སྲིད་པར་སྐྱེ་སྟོབས་དང་ལྡན་པ་ཡིན། འཚར་ལོངས་ཀྱི་དུས་ལ་རྒྱུན་མཐུད་ཚད་ངན་ལས་ས་ཐོག་གི་ཆ་ཤས་རྣམས་རྙིད་པ་ཆགས་པའམ་ནད་ཐོག་ནས་གནོད་པ་ཐེབས་སྲིད་པ་ཡིན། ཏིང་ཧྲུན་ནི་རྩད་པ་ས་འོག་གཏིང་དུ་གནས་པའི་སྐྱེ་དངོས་རིགས་གཏོགས་ལས pHཡི་གྲངས 6.5~7.0ཡིན་ན་འཚམས་ཤིང་། ཞིང་ས་ལ་

བར་གཉིས་སྐྱུར་ཕྱོགས་ཀྱི་ས་གཤིས་ཅན་དང་། ས་རྒྱུ་སོབ་སོབ་བཙུ་འདུས་ཡིན་པ། ས་རིམ་གཏིང་ལ་ཆུ་གཏོང་ལེགས་པ། བཅུད་དང་ལྡན་པའི་ཞིང་ས་འདེམས་ན་དེའི་རྩ་བ་རྒྱས་པར་ཕན་ཐོགས་ཆེན་པོ་ཡོད། རླན་བཤེར་གྱི་དགོས་དབང་དེ་སྐྱེ་བའི་དུས་ཚིགས་སོ་སོ་མི་འདྲ་བ་ལས་བྱུང་ཡོད་དེ། ས་བོན་འདེབས་པའི་དུས་དང་སྨྱུ་གུ་འབུས་དུས་ཅུང་བརླན་དགོས་ལ། རླན་མེད་ན་སྨྱུ་གུ་འབུས་དཀའ་ཞིང་སྨྱུ་གུ་འབུས་རྗེས་ཀྱང་སྐམ་འགྲོ། སྟོང་རྐང་ཚུགས་རྗེས་རླན་གཤེར་ལ་ཆ་རྐྱེན་མཐོན་པོ་མེད་ཡང་ཧ་ཅང་རླན་ཆེ་ཡང་མི་རུང་། སྤྱིར་བཏང་ལོ་གཅིག་གི་ཆར་ཆུ་འབབ་ཚད་ཧའོ་སྨི 400~800བར་ཡིན་ན། ཆ་སྙོམས་རླན་ཚད 40%~70%འོག་རྒྱུན་ལྡན་དང་སྐྱེ་ཐུབ། ཧིང་ཧྲུན་དེ་ཉི་འོད་ཀྱི་དགོས་འདུན་ཅུང་ནན་མོ་ཡིན་ཏེ། ལྗང་བུའི་དུས་སུ་གྲིབ་ལ་དགའ་ཞིང་སྟོང་རྐང་གྲུབ་རྗེས་ཉི་འོད་ལ་དགའ། སྨྱུ་གུའི་དུས་ལ་ཉི་འོག་ཐོག་པར་འཛེམ་དགོས་ཤིང་སྨྱུ་གུ་གསོ་བར་གྲིབ་བསིལ་ཡོད་པར་འཛོག་དགོས། རྩ་སྦྱོར་རྒྱག་པར་ཉི་འོད་འཛེམས་པའི་གནས་འདེམས་དགོས་པ་ཡིན། ཧིང་ཧྲུན་ནི་རྒྱུན་མཐུད་ཀྱིས་འདེབས་འཛུགས་ལ་འཛེམ་དགོས་ཤིང་། སྤྱིར་བཏང་ལོ 3~4ཡི་བར་ཐག་བཞག་སྟེ་བསྐྱར་འདེབས་བྱ་དགོས་ཏེ། སྔོན་མའི་སོག་ཞུལ་ལ་སྲན་རིགས་དང་སྐྱེ་མ་ཅན་གྱི་ལོ་ཏོག་བཏབ་ན་ལེགས། ས་བོན་ཆུང་ངུ་ཡིན་ལ་སྨྱུ་གུ་འབུས་པའི་ཞིང་སའི་རླན་ཚད 13%~30%བར་ཡིན་ན་འཚམས་ལ། སྨྱུ་གུ་འབུས་པའི་ཆེས་དམའ་བའི་དྲོད་ཚད 5℃ཡིན་ཞིང་། ཚད་རན་གྱི 15℃ ~20℃ཡིན། 30℃བརྒལ་ན་སྨྱུ་གུ་འབུས་པར་གནོད་པ་ཡོད། འདེབས་འཛུགས་བྱེད་དུས་ས་བོན་སྨྱུ་གུ་འབུས་པར་ཉི་འོད་ཐོག་པ་ཆེམ་པར་བྱ་ཆེད་ཧིང་ཧྲུན་བཙུགས་པ་གཏིང་དྲགས་པ་དང་ས་སློག་པ་མཐུག་པ་སོགས་མི་རུང་ངོ་།།

གསུམ། འདེབས་འཛུགས་ཀྱི་ལག་རྩལ།

(གཅིག)ཞིང་ས་འདེམས་སློམས།

སྨུག་གསོ་ཡི་ས་ལ་ཆུ་ཁུངས་ཡོད་པར་བསླེག་སྟེ་ཞིང་ས་སོབ་སོབ་བཅུད་ལྡན་ཆུ་ཐུད་ལེགས་པའི་རྫ་ཟེགས་ཅན། ཉི་འོད་འཁྱིལ་བའི་རི་སྐྱིབ་ཀྱི་ཞིང་ས་འདེམས་དགོས་ཤིང་། འདེབས་འཛུགས་ལ་ས་བབ་མཐོ་ཤིང་སྐམ་ཤས་ཆེ་བ། ཆུ་དོན་ལེགས་པའི་རི་ཞིང་དྲོན་པོའམ་སྐམ་ཞིང་། ས་རྐོད། ཡང་ན་ཐང་ཞིང་གང་ཡིན་ཡང་ཆོག ཡིན་ཡང་ས་རིམ་གཏིང་ཟབ་བཅུད་ཅུང་ལྡན་དགོས་ཤིང་ས་དབྱིབས་ལེགས་པ་འདེབས་འཛུགས་བདེ་བའི་ཞིང་སར་འདེབས་དགོས། དེ་རྗེས་ཞིང་ས་གཏིང་ཚོ་ལི་སྨི་25~30བར་བྱས་ཏེ། ས་སློམས་ཞིབ་བཏགས་བྱེད་ཅིང་ཁོད་ལ་སྨི་1དང་མཐོ་ཚད་ལ་ལི་སྨི་15ཅན་གྱི་རྣང་མ་བཟོ་བ། རྣང་མིག་རེ་རེའི་བར་ལ་ལི་སྨི་30ཡི་ཤུར་བཞག་ནས་སོ་ནམ་བྱེད་དགོས། ས་སྨིན་ནས་འདེབས་པ་དང་དཔྱིད་དུས་ཀྱི་སྔོན་ལ་ས་བརླམས་ན་ལེགས། ས་ཞིང་ལྷར་སྤྱི་ཆེང་གཅིག་ལ་ལུད་སྤྱི་རྒྱ་3000 ~45000དང་། ཟེ་སྦྱར་ཙ་སྤྱི་རྒྱ་150 ~225ས་འོག་བཅུག་ནས་འོག་ལུད་དུ་འཇོག་པ། ས་བརླམས་རྗེས་རྣང་མའི་ས་ཤུར་སྨི་1ཅན་རྒྱག་པ་དང་། ཕྱོགས་བཞི་ལ་ཆུ་ཡུར་འཇོག་དགོས།

(གཉིས)སྤྱིར་འཛུགས།

སྨུག་གསོ་བྱས་པ་འདེབས་འཛུགས་བྱས་རྗེས་ལོ་དེའི་སྟོན་ཀར་ས་ཐོག་གི་སྡོང་རྐང་སེར་སྐམ་ཆགས་རྗེས་སམ་སང་ལོ་སོས་ཀའི་ཞིང་ས་འཁྲུགས་ཞུ་བྱུང་རྗེས་མྱུར་དུ་ཚོ་འདེབས་བྱེད་དགོས་ཏེ། སྔ་དགོས་པ་ལས་འཕྱི་བར་གཟབ་དགོས། དེ་མིན་ཏིང་རྩུན་གྱི་སྨུ་གུ་འབུས་པར་གནོད་པ་ཐེབས་ངེས་པ་ཡིན། སྤྱིར་འཛུགས་ཀྱི་སྔོན་ལ་སྨུ་གུ་བསྐྱི་དགོས་ཤིང་། མགོ་འབུས་མེད་པ་དང་ནད་ཅན། ཆགས་སྐྱོན་ཤོར་བའམ་རུད་པ་མེད་པ། ཚང་དྲགས་པའི་སྨུག་ངན་དོར་

ནས་ཤོག་ཆུང་བརྒྱབ་སྟེ་འཇོག་བས་བདེ་བཅོ་བ་དང་། ཉིན་མོའི་འཇོག་ཐོ་ས་བརྟན་ལ་འཇུག་དགོས་ཤིང་ཆུ་གཏོར་མི་རུང་། སྤྱིར་འཇོག་སྐབས་སུ་གྲལ་ཐག་ལི་སྨི 20དང་། གཉིང་ཚད་ལི་སྨི 15ཡས་མས་ཀྱི་ས་དོང་བཀོ་དགོས། ཏིང་ཕྲན་གྱི་མྱུ་གུ་ལྦང་རྐང་བར་མཚམས་ལི་སྨི 8~10བར་བཞག་སྟེ་འཕྲེད་ཉལ་གྱིས་མ་གུག་པར་འཇོག་དགོས་པ་དང་། དེ་རྗེས་རྩིད་པའི་མགོ་བཏུམ་པའི་ཚད་ཀྱི་ས་སྙིད་པོར་བཀབ་ནས་མནོན་དགོས། སྤྱི་ཞིང་གཅིག་ལ་མྱུ་གུ་སྤྱི་ཀྲ 600~750 འདེབས་འཇོག་བྱས་པ་འཚམ།

(གསུམ)ཞིང་ཁའི་དོ་དམ།

1.ཡུར་མ་ཡུར་བ། མྱུ་གུ་ས་ཁ་འབུས་རྗེས་འཕྲལ་དུ་ཡུར་མ་ཡུར་ནས་ལྷུམ་བུ་འབལ་པ་དང་། དེ་རྗེས་མྱུ་གུ་གསེབ་བཀྲལ་དང་གསབ་འཇོག་སྐབས་ཡུར་མ་ཐེངས་རེར་ཡུར་བ། ས་ཁ་ས་སོབ་བཟོས་ཏེ་ལག་པའི་རྩ་བཀོག་ན་འཚམ་སྟེ། རྩད་པ་ལ་རྨ་བཟོ་བར་གཟབ་དགོས། མྱུ་གུའི་མཐོ་ཚད་ལི་སྨི 10ཡན་ཡིན་ན་དགོད་རྐོ་མ་བརྒྱབ་ཚོག་ལ་གྲལ་བཀག་བྱས་རྗེས་མཚམས་བཞག་ཆོག

2.ལུད་འཇོག་པ། སྨུག་གསོའི་ཞིང་ས་ལ་མྱུ་གུའི་སྐབས་སུ་ལུད་སྣོན་བྱ་མི་དགོས་པར་མྱུ་གུ་དུས་ཚོགས་ལྡར་སྐྱེས་རུ་འཇུག་ཅིང་། འདེབས་འཇོག་བྱེད་པའི་ཞིང་ས་ལ་ལོ་རེའི་དཔྱིད་ཀའི་གསེང་སྐོད་དང་བསྟུན་ནས་ཡུར་མ་ཡུར་རྗེས་སྤྱི་ཞིང་རེར་ཡིན་སྐྱུར་ཀལ་སྤྱི་ཀྲ 450 གཅིན་རྒྱུ་སྤྱི་ཀྲ 225 ཡང་ན་རུལ་བསྣལ་ལངས་པ་འབབ་ཆའི་ལུད་སྤྱི་ཀྲ 300སྙོམས་གདལ་བྱས་ཏེ་ས་འོག་ཏུ་ལུད་སྣོན་བྱེད་དགོས། ལུད་སྣོན་བྱེད་པར་ཞིང་བར་གྱི་སྡོང་རྐང་གི་སྐྱེ་ལུགས་ལ་བལྟོས་ནས་ལུད་སྣོན་དགོས་ཤིང་འོག་ལུད་མང་ན་ལུད་སྣོན་པའི་དགོས་པ་མེད་པ་ཡིན།

3.ཞིང་ཆུ་གཏོང་འབུད།

སྨུག་དུས་དང་སྤྲོར་འཛུགས་རྗེས་ལ་ཆུ་ཚོད་ཞུང་ཐེངས་མང་ལ་གཏོང་བར་འབད་ཅིང་། སྤྲོར་འཛུགས་ལེགས་འགྲུབ་བྱུང་རྗེས་ཆུ་ཞུང་གཏོར་བྱེད་པའམ་གཏོར་མཚམས་འཇོག་དགོས། གནམ་གྱི་ཆར་ཆུ་མང་དུས་ཞིང་ཆུ་ཕུད་དགོས། ཆུ་བསགས་ཀྱིས་རྩད་པ་རུལ་འགྲོ་བས་དེར་འཛེམ་དོགས་བྱ་དགོས།

4.སྒྲོམ་འདེགས་བཟོ་བ། སྨུ་གུ་མཐོ་ཚད་ལ་ལི་སྨི 30ཡོད་དུས་སུ་སྨུག་དབྱིག་དང་ལྷུག་ཕྲན་སོགས་སྤྱད་ནས་སྒྲོམ་འདེགས་བཟོས་ཏེ་སྡོང་རྐང་ལ་འཁྱུད་འཛིག་བྱས་ནས་སྐྱེས་སུ་འཛུག་ཅིང་། དེར་རླུང་འགྲོ་དང་འོད་ཐོག་གི་ནུས་པ་ཡོད་ལ་འོད་སྦྱོར་ནུས་པ་བསྐྱེད་ཐུབ་པ། ཞིང་བར་གྱི་བརླན་ཆེ་དྲགས་པ་ལས་བསྐྱེད་པའི་གནོད་འབུའི་གནོད་སྐྱོན་འགོག་པར་ཕན་པ་ཆེ་དགོས་པ་ཡིན། འདི་ནི་ཉིང་ཐུན་འདེབས་འཛུགས་ལས་ཐོན་སྤེལ་བྱེད་པའི་ཐབས་ལེགས་གྲས་ཤིག་ཡིན།

(བཞི)ནད་དང་འབུའི་གནོད་འགོག

1.རྩད་པ་རུལ་ནད། གཙོ་བོ་ལོ་གཉིས་ཡན་གྱི་ཉིང་ཐུན་སྡོང་རྐང་ལ་འབྱུང་མང་ཞིང་། ཟླ 5~6ལ་མགོ་བརྩམས་ཤིང་། ནད་ཐོག་བབས་སུ་ས་ཁ་ཉེ་བའི་རྩ་ལག་རྩ་ཕྲན་དང་ཨག་ཚོམ་འདྲ་བའི་ཆ་ཤས་རྣམས་མདོག་སྨུག་ནག་ཆགས་ནས་རུལ་མྱུགས་སུ་འགྲོ་བ་དང་གནམ་ཆུ་མང་དུས་སྡོང་རྐང་ཡོངས་རྫོགས་རུལ་ནས་སྐམ་འགྲོའོ།།

འགོག་བཅོས་བྱ་ཐབས། སྲན་ཆེན་དང་གྲོ། ཡུངས་དཀར་སོགས་ལོ་ཏོག་མི་འདྲ་བ་རེས་འདེབས་བྱས་ཏེ། ནད་ཅན་གྱི་འདེབས་སྨུག་སྒྲུག་དོར་དང་སྡོང་རྐང་ནད་ཅན་འཕྲལ་མར་དོར་ཞིང་། ནད་གསང་ལ་རྡོ་ཐལ་གྱིས་དུག་སེལ་ལས་ཁྱབ་བརྡལ་འགྲོ་བ་འགོག་དགོས། ཞིང་ས་དང་བསྟུན་ནས་སྨན་རྫས་ཀུན་སྦྲུ་ལིན་དང་པིན་ཚོན་ལིན་བཀོལ་ནས་ཞིང་ས་ལ་དུག་སེལ་བྱེད་པ་དང་། ནད་ཐོག་བབས་སུ་ཀུན་སྦྲུ་ལིན་ཡང་ན་ཐོ་པི་ཅིན་ལྡབ 1000ཅན་གྱི་གསེར་ཁུ་རྩད་པར་ལྷུག

པ་དང་། ཉིན 7~10བར་ལ་ཐེངས་གཅིག་དང་བསྟུད་མར་ཐེངས 2~3ལྡུག་དགོས།

2.གཡའ་ནད། ཟླ 7 ~8བར་འབྱུང་ཞིང་ལོ་མར་གནོད་ཆེ། ལོ་མའི་རྒྱབ་ཏུ་དམར་སེར་ཅན་གྱི་རྡུལ་ཐིག་འབུར་ཐོ་ཅན་འབྱུང་ལ་ཁ་ཐོར་རྗེས་མདོག་སེར་པོའམ་གཡའ་མདོག་གི་ཕྱེ་མ་ཐོན་པ་དེ་གཡའ་ནད་ཀྱི་དབྱར་ཁའི་མཚན་མེད་འཕེལ་ནུས་ཕྲ་ཕུང་ཡིན་ལ། ནད་བྱུང་རྗེས་ལོ་མ་སྐམ་འགྲོ་བས་ཐོག་མའི་ལོ་མ་ལྷུང་བ་དང་སྡོང་རྐང་གསར་བ་སྐམ་སྲིད་པ་དེ་ཡིན།

འགོག་བཅོས་བྱ་ཐབས། ཞིང་སར་གཙང་དག་ལས་ཡལ་ཕྲན་སྐམ་པོ་དང་སྐྱོན་ཅན་མེར་སྲེག་བྱ་རྒྱུ་དང་ནད་ཁུངས་དངོས་ཟློག་མེད་པར་བཟོ་བ། དུས་ལྟར་སྦྲོམ་རྐང་བཙུགས་ཏེ་རླུང་བརྒྱུབ་ནས་ཞིང་སའི་རླན་གཤེར་གྱི་ཚ་མར་ཕབ་པ་དང་། ནད་ཐོག་བབས་སུ་གསོད་པ་ལ་ཕྲུན་ཞིག་ཉིན་ལྡབ 1000ཅན་གྱི་གཤེར་ཁུ་ཡང་ན་ཀོའུ་ཞིག་ན་ལྡབ 500ཅན་གྱི་གཤེར་ཁུ་བཀོད་དེ་སྨན་ཆུ་གཏོར་ནས་འགོག་བཅོས་བྱེད་དགོས།

3.སྡོམ་དམར་དང་སྐྱེ་དངོས་གནོད་འབུ། དབྱར་དུས་སུ་འབྱུང་བར 40%ཡི་ལི་སིལ་ཕྲིས་མ་ལྡབ 1000ཅན་གྱི་གཤེར་ཁུ་ཡི་སྨན་ཆུ་གཏོར་དགོས།

4.ས་འབུ་མགོ་སེར་དང་ས་འབུ་དཀར་པོ། འབུ་སེར་སྐྱེ་རིང་སོགས་ཀྱིས་སྨུ་གུའི་དུས་སུ་གནོད་པར 90%ཡི་འབུ་རྒྱ་གསོད་སྨན་ཞུན་གཟུགས་ཅན་དང་འབབ་ཆ་བརྗེས་མའི་བག་ལེབ་སྤྱི་རྒྱ 5བསྲེས་པའི་དུག་ཟས་འབྲིད་ཟས་བྱས་ཏེ་གསོད་དགོས།

བཞི། ས་བོན་ཉར་འཛོག་གི་ལག་རྩལ།

ས་བོན་བཀོལ་ནས་སྐྱེ་འཕེལ་བྱེད་པ་དང་། ལྷང་སྨུག་སྒོར་འཛུགས་བྱས་ན་ལེགས་ཤིང་ཐད་ཀར་བཙུགས་ཀྱང་ཆོག

1.ས་བོན་རྒྱུད་བཟང་སྐྱེད་བསྲིང་དང་འཚོལ་བསྡུ། རྩ་བ་སྦྲོམ་པ་དང

གནོད་འབུའི་གནོད་མེད་ཀྱི་སྨྱུ་གུ་འདེབས་སྨྱུག་ཏུ་འདེམས་པ་དང་། བཙུགས་རྗེས་དོ་དམ་ཚགས་དམ་དགོས་ལ་ལེན་ཅ་ལུད་མང་རྒྱག་བྱེད་པ། གསོ་སྐྱོང་བྱས་ནས་ལོ་གཉིས་པའི་ཟླ་9~10བར་ལ་འབྲས་བུ་དཀར་པོ་མངོན་པ་དང་། ས་བོན་སྨུག་ནག་ཆགས་དུས་སྨིན་འབྲས་དང་སྡོང་རྐང་འཐོག་ནས་གཅོད་འཐྲིག་བྱས་རྗེས་རླུང་རྒྱག་པའི་སར་བསིལ་སྐམ་བྱེད་ཅིང་། དེ་རྗེས་འབྲུ་འདོན་བྱས་ཏེ་ཡག་འདེམས་ལས་རས་ཁུག་ནང་བཅུག་ནས་ཉར་ཚགས་བྱ་རྒྱུ།

2.ས་བོན་གྱི་བཀོད་སྒྲིག་ས་བོན་མ་བཏབ་གོང་གི་ཉིན་1~2ལ་40℃~50℃བར་གྱི་ཆུ་དྲོད་འཇམ་ནང་སྦངས་དགོས་ཤིང་། ལྷུག་ཞོར་དང་དཀྲུགས་ཞོར་དྲོད་ཚད་15℃ཡས་མས་ལ་ལག་པ་མི་ཚ་བ་ཙམ་དུ་འཛོག་དགོས། དེ་རྗེས་ས་བོན་བླངས་ནས་རས་ཁུག་ལ་བཅུག་སྟེ་ཆུ་གཙང་གིས་ཐེངས་འགར་བཀྲུས་ཏེ་དྲོད་བཤེར་ལྡན་པའི་བྱེ་མ་ཞིབ་མོ་དང་བསྲེས་ནས་ཐ་སྙོད་དུ་འཇུག་དགོས། ཚུང་མང་ན་ཁང་པའི་ཕྱི་ནས་ས་དོང་བསྐོས་ནས་རིམ་བརྩེགས་ཀྱིས་ཉར་ཞིང་ཉིན་7 ~10བར་ལ་ས་བོན་མང་ཤས་ཁ་ཕྱེ་ནས་མཆེད་དཀར་མངོན་པར་འདེབས་འཛུགས་བྱས་ཆོག་པ་ཡིན། ས་བོན་གསར་ཐོན་གྱི་སྨྱུག་སོན་འབུས་ཚད་80%ཡན་ཡིན་ལ་ལོ་འཁོར་བའི་ས་བོན་རྙིང་བ་ཡིན་ན་སྨྱུག་སོན་འབུས་ཚད་ཧ་ཅང་དམའ་བས་མ་བཏབ་ན་ལེགས།

3.སྨྱུག་གསོ། དཔྱིད་ཀའི་འདེབས་འཛུགས་ཟླ་4པའི་ཟླ་དཀྱིལ་ལ་འགོ་རྩོམ་པ་དང་། སྟོན་འཛུགས་ཟླ་9པའི་ཟླ་དཀྱིལ་དང་ཟླ་མཇུག་ལ་བྱེད། དཔྱིད་འདེབས་འཕྱི་བ་ལས་སྔ་དགོས་ཤིང་སྟོན་ལ་བཏབ་ན་སྨྱུ་གུ་འབུས་སྔ་བ་དང་། རྩད་པ་གཏིང་དུ་ཟུག་སྟེ་ཐན་པ་བཟོད་ནུས་ཆེ་ཞིང་སྐྱེ་སྟོབས་ལེགས་པ་ཡིན། རོལ་འདེབས་དང་ཐོར་འདེབས་གང་བཀོལ་ཡང་ཆོག་ལ་སྤྱིར་བཏང་རོལ་འདེབས་ལེགས་ཤིང་སྤྱི་ཆེང་རེར་འདེབས་ཚད་སྤྱི་ཀྲ 30~45བར་ཡིན། རྣང་མིག་ལེགས་

པོ་བཟློས་པ་ལ་གྲལ་ཐག་ལི་སྨི 18~20བར་ཅན་བཞག་ནས་ཐད་དུ་གཏིང་ཚད་ལ་ལི་སྨི 2~3དང་། འདེབས་རྩོལ་གྱི་ཞེང་ལ་ལི་སྨི 10ཅན་གྱི་གཏིང་ཤུར་བཟོ་བ་དང་། ས་བོན་ཕོད་སྙོམས་ཀྱིས་ཤུར་ནང་གཏོར་ནས་ལི་སྨི 0.5ཡི་ས་བཀབ། དེ་ལ་རྒྱ་ཡིས་གཡོགས་ནས་བརླན་དྲོད་འཛོམས་པ་བྱེད་དགོས། ས་ཡི་དྲོད་ཚད་15℃ཡས་མས་སྐབས་ཉིན 5~7ལ་མྱུ་གུ་འབུས་ཤིང་ལྡང་མྱུག་ས་ཁར་འབུས་མ་ཐག་རྒྱ་གཡོགས་ལེན་དགོས་ཤིང་། མྱུ་གུའི་མཐོ་ཚད་ལི་སྨི 5ཡས་མས་སྐབས་སུ་ཡུར་མ་ཡུར་བ་དང་མྱུ་གུ་མཐུག་བསལ་བྱེད་དགོས། ཟླ 10བར་ནམ་ཟླ་འཁྱགས་དུས་ས་ངོས་ཀྱི་མདོག་སེར་སྐམ་པོ་ཆགས་པ་རྣམས་མྱུག་སོན་བྱས་ཆོག སྟོན་འདེབས་བྱས་པ་ལོ་གཉིས་པའི་སྟོན་གཞུག་ལ་མྱུ་གུ་བླངས་ཆོག་པ་ཡིན།

ལྔ། འཚོལ་བསྡུ་དང་ལས་སྣོན།

(གཅིག)འཚོལ་བསྡུ།

ཏིང་རྩུན་ཐད་ཀར་བཏབ་པ་ལོ་གསུམ་དགོས་པ་དང་། མྱུག་གསོ་སྦྱོར་འདེབས་བྱས་པ་ལོ་གཉིས་པར་འབྲས་བུ་བླངས་ན་ལེགས། སྟོན་ཀར་ས་ངོས་ཀྱི་སྟོང་རྐང་ཁ་ཤས་སྐམ་རྗེས་ནམ་ཟླ་ཐང་བའི་ཉིན་ཞིག་འདེམས་ནས་སེམས་ཆུང་གིས་གཏིང་སློག་གིས་རྩད་རྗོགས་བྱེད་པ་དང་། རྩ་བཟོ་བ་དང་ཆད་པར་གཟབ་ཅིང་། གཤེར་ཁྲུ་སྐོར་བུད་པ་ལས་རྫ་ནག་བཟོས་ནས་སྤུས་ཚད་ཞན་པོ་ཆགས་པ་ལ་མཉམ་འཇོག་བྱེད་དགོས།

(གཉིས)ལས་སྣོན།

ཐོན་འབབ་བྱུང་བའི་ཏིང་རྩུན་ལེགས་བཀྲུས་བྱས་རྗེས་རིམ་པ་བཀར་ཞིང་སོ་སོར་ལས་སྣོན་བྱེད་དགོས་ཤིང་། ཐོག་མར་ཉིན 2~3བར་ཉི་མར་སྐམ་ཞིང་སྙི་མོ་ཆགས་དུས་རིམ་པ་སོ་སོར་ཤོག་ཆུང་བརྒྱབ་ནས་རྩད་པ་ནས་བཟུང་ཞིང་། ཐུར་དུ་ཐེངས་འགར་བཙུག་བཙུག་བྱས་ཏེ་ཕྱི་ཉིན་བསྐྱར་དུ་ཉི་མར་སྐམ་རྒྱུ། དགོང་

སོ་བླངས་ཏེ་ཡང་ནས་བསྐྱར་དུ་ཐེངས་3~4བར་ཙམ་ལ་བཙུགས་ནས་དྲང་སོ་བཟོ་བ་དང་། དེ་རྗེས་མགོ་མཇུག་ལེགས་པོར་བསྒྲིགས་ནས་ར་ཚ་ཐོབ་འདྲ་གདམ་ཞིང་ཞོག་ཆུང་རེར་སྤྱི་ཀྲ1~2ཙམ་ཡིན་ན་ལེགས། མཇུག་མཐར་ཞིང་ལེབ་སྟེང་ཡང་ཡང་གནོན་འཕྱུར་དང་ཟུ་མཐུད་དུ་ཉི་མར་སྐེམ་རྗེས་ཚོང་རྫས་བྱས་ཆོག གནམ་ཚུབ་དང་ཆར་འབབ་པའི་སྐབས60℃ཡི་མེ་ཐབ་ལས་སྐེམ་དགོས་པའོ།།

ས་བཅད་བཅུ་གསུམ་པ། ཧོའུ་ཏའོ།

ཧོའུ་ཏའོ་ནི་གདུགས་དབྱིབས་ཁོ་ཡི་ཏིང་ཁོ་རིགས་ལས་ཀྲུང་ཁྲུ་མོ་ཏིང་ཁོ་དང་མོ་ཏིང་ཁོའི་རྩད་པ་སྐམ་པོ་དེ་ཡིན། སྐམ་དེ་ནི་ཚོང་ ཧྭའི་སྨན་རྫས་ལས་ཁྲིང་ཧོའུ་ཏའོ་ཟེར་ཞིང་ཕྱི་མར་ཞང་ཧོའུ་ཏའོ་ཟེར། གཉིས་གའི་ངོ་བོ་ཙུང་དྲོ། རོ་ཁ་ལ་ཚ་བ་དང་ལྡན་པ། ཉུས་པ་ཀླུང་འཛོམས་ཀླན་སེལ། དྲོད་སྐྱེད་གྲང་བ་འཛོམས་ལ་ན་ཟུག་གཅོག ཀྲུང་ཁྲུ་མོ་ཏང་ཁོ་ནི་གཙོ་བོ་ཏའོ་པེ་དང་སི་ཁྲོན་ཞིང་ཆེན་སོགས་ནས་ཐོན་གྱི་ཡོད།

གཅིག སྐྱེ་དངོས་ཀྱི་རྣམ་པ།

ཀྲུང་ཁྲུ་མོ་ཏང་ཀོའུ་ནི་ལོ་མང་སྐྱེས་པའི་རྩ་རིགས་སྐྱེ་དངོས་ཡིན་ཞིང་མཐོ་ཚད་ལི་སྨི60~100བར་ཡིན། རྩ་བ་སྦོམ་ལ་ཡལ་ག་མང་བ། གཞུང་རྐ་དྲང་ལ་མདོག་སྨུག་པ། གཞུང་རྐའི་སྨད་ཕྱོགས་ཀྱི་ལོ་མའི་ཡུ་བ་ཐྲ་ལ་རིང་བ། སྨད་རྣམས་གཤོག་དབྱིབས་ཆགས་ཤིང་། ལོ་མ་གཉིས་ནས་གསུམ་མཉམ་དུ་འདུས་ཤིང་ལོ་མ་གསུམ་རེ་ལས་མཐིལ་དབྱིབས་ཅན་གྱི་ལོ་མ་ཆུང་བ་རེ་སྐྱེས་ཡོད། ལོ་མ་ཆུང་བ་ཁ་གས་ཤིང་མཐར་སྐོར་དབྱིབས་འདྲ་བ་ཆགས་ནས་མདུན་རྒྱབ་ངོས་སུ་འཛམ་ལ་ཐུང་བའི་སྤུ་མང་ཅན་དང་། མཐའ་སྐོར་དུ་དོ་མི་སྙོམ་པའི་སོག་ལེ

ཁ་འདྲ་མདོག་པ། གཞུང་རྟའི་སྟོད་ཀྱི་ལོ་མ་དག་གི་སྐྱེས་སྟོབས་ཉམས་ནས་སྦོམ་ལ་ཆེ་བའི་ལོ་ཤུབས་སུ་ཆགས་པ། གདུགས་དབྱིབས་བསྐྱར་བརློས་འདྲ་བའི་མེ་ཏོག་གི་བང་རིམ་ལ་གཞུང་རྟའི་རྩེ་མོའམ་འགྲམ་དུ་སྐྱེས་པ། རྫབས་པ་ཕྲ་འཇམ་ཐུང་ངུས་ཁེབས་ཡོད། གདུགས་ཀྱི་རྩིབས་མ 10 ~25དང 45ལ་སླེབས་པ་ཆེས་ཉུང་ཤས་ཡིན། རིང་ཐུང་ཁྱད་པར་ཡོད། གདུགས་ཆུང་དབྱིབས་འདྲའི་མེ་ཏོག་གི་བང་རིམ་ལ་ཆུན་པོ 15~30དང་། ཟེའུ་འབྲུའི་སྡོ་ཐུམ་ཆུང་ངུ 5~8དང་འདབ་མ 5མདོག་དཀར་པོ། འབྲས་བུ་ཆ་དཔྱངས་ཅན་རྒྱབ་ངོས་སྐམ་པ། སྣོར་དབྱིབས་ཀྱི་ཟུར་མདོན་གཞོག་དབྱིབས་ཅན་སྐྱེས་ཤིང་། འབྲས་བུ་དབྱེ་བའི་ཟུར་ཤུར་དུ་སྨུམ་ཕྲུག 1~4དང་། འདྲེས་པའི་ཆ་ན 2~6ཡོད། མེ་ཏོག་གི་དུས་ཟླ 7~8 བར་དང་འབྲས་བུའི་དུས་ཟླ 9~10བར་ཡིན།

མོ་ཏང་ཀོའུ་དང་ཀྲུང་ཁྲུ་མོ་ཏང་ཀོའུ་གཉིས་ཀྱི་ཁྱད་པར་ནི་མོ་ཏང་ཀོའུ་ཡི་ལོ་མ་ཆུང་ངུའི་མཐའ་སྒྲོར་སོག་ལེ་སྤུག་པོའི་སོ་དབྱིབས་ཅན། འབྲས་བུ་དབྱེ་བའི་ཟུར་ཤུར་དུ་སྨུམ་ཕྲུག 2~3དང་། འདྲེས་པའི་ཆ་ན 2~6ཡོད་པ་དེ་ཡིན།

གཉིས། སྐྱེ་དངོས་རིག་པའི་ཁྱད་ཆོས།

ཏོའོ་ཏའོ་ནི་གཙོ་བོ་མཚོ་ངོས་ལས་མཐོ་ཚད་སྨི 2000 ~2700བར་གྱི་རྩ་གསེབ་དང་ཡང་ན་རྫོང་མཐུག་པའི་ནགས་གསེབ་ཏུ་སྐྱེས་མང་ཞིང་། གནམ་གཤིས་བསིལ་འཇམ་བརླན་གཤེར་ལྡན་པ། ས་བཅུད་ལྡན་ཞིང་ས་སོབ་བུལ་ཅན་དང་། བྱེ་སེར་ས་འདྲེས་ཅན། ས་ནག་ཐོག་ཏུ་སྐྱེས་སྟོབས་ལེགས། ས་མཁྲེགས་པོ་དང་ས་གཤིས་མི་བཟང་བའི་གནས་སུ་འདེབས་མི་རུང་། ས་བོན་ཉར་ཚགས་བྱེད་དཀའ་ཞིང་ལོ་གཅིག་འགོར་བའི་ས་བོན་བཀོལ་མི་ཆོག ས་བོན་ལས་མྱུ་གུ་འབུས་པར་ཐྲོད་བསྐྱུར་དགོས་ཤིང་འབུས་ཚད 50%ཡས་མས་ཡིན། ཐོན་སྐྱེད་ལ་དཔྱིད་དུས་འདེབས་འཛུགས་བྱེད་ཅིང་། གལ་སྲིད་ཐྲོད་ཚད་ཚད་ལྡན་ཡིན་ན་

ཉིན 30རིང་སྨུ་གུ་འབུས་ངེས་ཡིན།

གསུམ། འདེབས་འཛུགས་ཀྱི་ལག་རྩལ།

(གཅིག)ཞིང་ས་འདེམས་སྒྲོམས།

ཧོའུ་ཧྲའོ་ནི་གྲང་ལྷགས་བཟོད་ཅིང་བཀྲན་གཤེར་ཆེ་བའི་ཡུལ་དུ་འཚམ་པ་ཡིན། མཚོ་ངོས་ལས་མཐོ་ཚད་སྨི 2000~2700བར་གྱི་ས་མཐོ་གྲང་ངར་ཆེ་བའི་རི་ཁུལ་དུ་སྐྱེས་པར་ས་ཞིང་ལ་ས་ཤུན་མཐུག་ལ་ས་གཤིས་སོབ་པ། ས་བཅུད་འཛོམས་པ། ཆུ་འདྲེན་ལེགས་པའི་བྱེ་སེར་འདྲེས་སའམ་ས་ནག་ཅན་གྱི་རི་སྤྱིབ་འདེམས་ཚོག་ཅིང་། ས་ཤུན་སྲབ་པ། ཆུ་འཁྱིལ་བ། ས་གཤིས་མི་ལེགས་པ་སོགས་སུ་འདེབས་འཛུགས་བྱེད་མི་རུང་། སྤྱིར་བཏང་དུ་འདེབས་འཛུགས་བྱེད་དུས་ས་འོག་གཏིང་དུ་ལི་སྨི 30ཡན་བརྐོ་དགོས་པ་དང་། ས་ཞིང་སྤྱི་ཆིང་རེར་ཕྱུགས་ལུད་དམ་ས་ལུད་སྤྱི་ཀྲ 45000~60000ཙམ་གྱི་རྨང་ལུད་འཛོག་དགོས། ལུད་རྫས་འཛོག་དུས་ངེས་པར་དུ་ལུད་ཞིབ་བརྟུང་བྱས་ནས་ཆ་སྙོམས་ཀྱིས་ས་འོག་ཏུ་འཛོག་ཅིང་། རྗེས་ལ་ས་ཞིང་བསྙམས་ཏེ་ཞིང་ཤལ་རྒྱག་ཅིང་། མཐའ་འཁོར་དུ་ཆུ་བཞུར་སའི་ཆུ་ཀ་འཛོག་དགོས།

(གཉིས)ཞིང་ཁའི་དོ་དམ།

1.ཡུར་མ་ཡུར་བ། དཔྱིད་དུས་སྨུ་གུའི་མཐོ་ཚད་ལི་སྨི 20~30བར་ཙམ་ལ་བསླེབ་དུས་ཡུར་མ་ཡུར་དགོས་པ་དང་། ལོ་དེའི་ཟླ 5 ~8བར་དུ་ཟླ་རེར་ཐེངས་གཅིག་ཡུར་དགོས། ཡུར་མ་ཡུར་བ་དང་མཉམ་དུ་ལུད་རྫས་ཁ་གཏོར་བརྒྱབ་ནས་སྨུ་གུ་ལ་སྤུར་ལས་ལྷག་པའི་སྐྱེ་སྟོབས་བསྐྱུན་དགོས།

2.སྨུ་གུ་གསེབ་བཀྲལ་དང་སྨུག་གསོ། སྨུ་གུའི་མཐོ་ཚད་ལི་སྨི 20 ~30བར་ལ་སླེབས་དུས་དམ་འཛིན་བྱས་ཏེ་སྨུ་གུ་གསེབ་བཀྲལ་བྱ་དགོས། སྤྱིར་བཏང་ལི་སྨི 30 ~50ཙམ་གྱི་བར་མཚམས་སུ་སྨུ་གུ་ཆེ་བ་ཀང 1 ~2སྐྱེས་སུ་འཇུག་པ་དང་།

གཞན་རྣམས་གནས་གཞན་ལ་སྤོར་འཛུགས་བྱ་རྒྱུ་དང་། དཔྱིད་དུས་ཟླ 3~4བར་འཛུགས་དགོས་པ་དང་། སྟོན་དུས་ཟླ 9 ~10བར་འཛུགས་དགོས། རབ་ཡིན་ན་དཔྱིད་དུས་བཙུགས་ན་ལེགས་པ་ཡིན།

3.ལུད་འཇོག་པ། ཕྱིར་བཏང་ཡུར་མ་ཡུར་དུས་དང་བསྟུན་ནས་ལུད་བཞག་ན་ལེགས་ཤིང་། ཕྱུགས་ལུད་ས་ཞིང་སྤྱི་ཆེང་རེར་སྤྱི་ཀྲ 600~750འཇོག་དགོས་པ་དང་། ཀོ་ལིན་སོན་ནུ་སྤྱི་ཀྲ 450~750 བཤང་ལུད་སྤྱི་ཀྲ 12000~22500 འཇོག་དགོས། བཤང་ལུད་རྡུལ་སྙིང་དུ་སོང་རྗེས་འཇོག་དགོས་པ་དང་། ལུད་བཞག་རྗེས་ལྡུ་གུའི་རྩ་བར་ས་འགེབ་དགོས། དེས་ལྡུ་གུ་ལོག་ཉལ་མི་བཟོ་བ་དང་བདེ་ཐང་བརྟན་བརླིང་དང་དགུན་ཁ་སྐྱེལ་ཐུབ་པ་ཡིན།

4.མེ་ཏོག་བཏོག་པ། སྐྱེ་དངོས་རང་སྟོབས་ཀྱིས་སྐྱེས་པ་དང་ལུད་བཞག་ནས་བཅུད་སྐྱེས་བྱས་པའི་བར་འགྲན་རྩོད་ཡོད་དེ། རང་སྐྱེས་ཀྱི་སྟོབས་ཆེས་ལེགས་དུས་བཅུད་སྐྱེས་ཤུགས་ཅུང་ཞན་ལ་ཏོའུ་ཏའོ་ཡི་རྩ་བའི་འཚོ་བཅུད་ཡང་ཆུང་ལ་རྩ་བ་སྙིང་པ་སོགས་ལས་སྨན་བཀོལ་གྱི་ཕྲུས་ཀ་མར་ཆགས་འགྲོ་ཞིང་། ཐ་ན་སྨན་དུ་ཡང་བཀོལ་མི་རུང་བར་འགྱུར་བས་དུས་རྒྱུན་མེ་ཏོག་སྔོན་མ་ནས་འཐུ་རྒྱུ་གལ་ཆེ།

(གསུམ)ནད་དང་འབུའི་གནོད་འགོག

1.རྩད་པ་རུལ་ནད། གནམ་གཤིས་ཚ་བ་ཆེ་བ་དང་། ཆར་ཆུ་མང་བའི་དུས་སུ་གཉོང་སར་ཆུ་འཁྱིལ་བ་ལས་འབྱུང་བ་མང་།

འགོག་བཅོས་བྱ་ཐབས། ཆུ་ཕུད་དགོས་པ་དང་སྐྱོན་མེད་ལྡུ་གུ་འདེམས་ནས་འཛུགས་རྒྱུ། ནད་ཐོག་བབས་སུ་གསོད་པར 50%ཅན་གྱི་ཏོ་ཙོན་ལིན་ལྷབ 1000ཅན་གྱི་གཤེར་ཆུ་གཏོར་བ་དང་། བསྟུད་འདེབས་བྱ་མི་རུང་།

2.སྐྱེ་དངོས་གནོད་འབུ་དང་སྡོམ་དམར། ཟླ 6~7བར་ལ་སྐྱེ་དངོས་གནོད་

འབུ་དང་སྟོམ་དམར་གྱིས་གཞུང་རྩ་དང་ལོ་མའི་གཤེར་ཁུ་འཛིབ་ནས་གནོད་སྐྱོན་ཐེབས་སྲིད་པ་ཡིན།

འགོག་བཅོས་བྱ་ཐབས། གནོད་སྐྱོན་ཐེབས་པའི་སྨུ་གུ་དག་དོར་བ་དང་། གནོད་སྐྱོན་ཐེབས་པའི་དུས་ཚིགས་སུ 50%ཅན་གྱི་ཧྲ་སྨུན་སང་ལྷབ 1000 ~ 2000ཅན་གྱི་གཤེར་ཆུའམ 1:200ཅན་གྱི་ཡའི་ཀོ་འོ་གཟུགས་ཅན་གཏོར་བ་དང་། བདུན་ཕྲག་རེའི་ནང་ཐེངས 1རེ་དང་ཐེངས་མ 3ལ་གཏོར་དགོས།

དེ་ལས་གཞན་ད་དུང་དཔང་ཙྭན་ཏའི་དང་ཧི་ཕན་ནད། ཧྲི་ཞིན་ཁྲིང་སོགས་ཡོད་པས་འདེབས་འཛུགས་བྱེད་དུས་རང་རང་གི་གནོད་སྐྱོན་བྱུང་བའི་རྒྱུ་རྐྱེན་ལ་གཞིགས་ནས་སྔོན་འགོག་གི་ཐབས་ཤེས་བཀོལ་ན་ལེགས།

བཞི། ས་བོན་ཉར་འཛོག་གི་ལག་རྩལ།

རྒྱུད་སྤེལ་གྱི་ཐབས་ཤེས་ནི་གཙོ་བོ་ས་བོན་གྱིས་སྤེལ་བ་དང་། ས་བོན་ཐད་ཀར་འདེབས་པའམ་སྨུག་གསོ་བྱས་པ་སྤོར་འཛུགས་བྱས་ཀྱང་ཆོག འོན་ཀྱང་ས་བོན་ཐད་ཀར་བཏབ་པ་ལེགས་ཤོས་ཡིན། དགུན་འདེབས་ནི་ཟླ 10བར་སྨུག་གསར་བསྐྲུས་རྗེས་ཐད་ཀར་འདེབས་པ་དང་། དཔྱིད་འདེབས་ནི་ཟླ 4བ་ཡིན་ཞིང་དེ་ལ་རོལ་འདེབས་དང་ཁུང་འདེབས་གཉིས་ཡོད། རོལ་འདེབས་ནི་ཞིང་གི་བར་ཐག་ལི་སྨི 50ཙམ་ཡིན་ལ་གཏིང་ཚད་ལི་སྨི 3~4བར་ཙམ་གྱི་ཤུར་འཛོག་པ། ས་བོན་ཤུར་ནང་དུ་སྙོམས་པོར་གཏོར་རྒྱུ་དེ་འོ། ། ཁུང་འདེབས་ནི་ཞིང་ཚུགས་བར་ཐག་ལི་སྨི 50ཡིན་ལ་ཁུང་བུའི་བར་ཐག་ལི་སྨི 20 ~30ཙམ། ཁུང་བུ་གཅིག་ལ་ས་བོན་འབྲུ་རྫོག 10~20ཙམ་གཏོར་ཏེ། དེའི་སྟེང་ས་ལི་སྨི 2~3ཙམ་བཀབ་ནས་ཅུང་ཙམ་མར་གནོན་པ། དེའི་སྟེང་ད་དུང་རྫིད་གཤེར་འཛིན་པའི་རྩ་སྐྱ་སྲབ་བུ་འགེབ་པ་དང་། ས་ཞིང་སྤྱི་ཆིང་རེར་ས་བོན་སྤྱི་རྒྱ 30 ~45ཙམ་འདེབས་དགོས།

ལྔ་པ། བསྡུ་ལེན་དང་ལམ་སྟོན།

སྨུག་གསོ་སྐྱོར་འཛུགས་བྱས་པ་ལོ་དེའི་ཟླ 10~11 པར་བསྡུ་ལེན་བྱས་ཆོག་པ་དང་། ས་བོན་ཐད་ཀར་བཏབ་པའི་རྟོའུ་ཏའོ་ནི་བཏབ་ནས་ལོ་གཉིས་ཀྱི་རྗེས་བསྡུ་ལེན་བྱེད་པ་ཡིན། སྟོན་མཇུག་པ་མོ་ཆགས་རྗེས་སྟེང་གི་གཞུང་རྟ་བཅད་ནས་རྩ་བ་བཀོ་དགོས་པ་དང་། རྩ་བ་བཀོ་དུས་རྩ་བ་གཅོད་པ་དང་རྨད་པར་གཟབ་དགོས་ཤིང་བཀོས་རྗེས་རྩ་བའི་སྟེང་གི་ས་དང་འདམ་རྣམས་ཡག་པོ་ཪོར་དགོས། རྟོའུ་ཏའོ་ལས་སྡོན་བྱེད་སྐབས་རྩ་བ་སྦོམ་པོ་དང་ཉག་ཕྲན་དག་ཪོར་ནས་བསིལ་སྐམ་བྱ་རྒྱུ་དང་། ཆུའི་ཚད་ཆ་དྲུག་ནས་བདུན་ཙམ་བསྐམས་རྗེས་ཡང་བསྐྱར་བརླན་ཕབ་ནས་གནས་གཅིག་ཏུ་སྤུངས་ཤིང་། དེའི་རྗེས་ལ་རྟོའུ་ཏའོ་དག་གྲལ་རིམ་བཞིན་སོག་ཕོན་ཆུང་ཆུང་བྱས་ནས་བསྡམས་རྗེས་བསིལ་སར་བཀྲམས་ཏེ་ཡོངས་སུ་སྐམ་པར་བྱ་རྒྱུའོ།།

ས་བཅད་བཅུ་བཞི་བ། ཙོ་ཀུན།

ཙོ་ཀུན་ནི་ས་ལོའི་ཁོངས་གཏོགས་ཀྱི་རྩྭ་ཤིང་ཞིག་སྟེ། མིང་གཞན་ལ་འབོག་མེ་ཏོག་དང་དྲིལ་བུའི་མེ་ཏོག ཏོལ་ལ་ཙི། གུན་རྩ་སོགས་ཟེར། འདི་ནི་རྒྱུན་བཀོལ་གྱི་རྩ་སྨན་ཞིག་སྟེ། རྩ་བ་སྨན་དུ་བཀོལ་རྒྱུ། གྲུབ་ཆ་ཐེར་གསུམ་ཚལ་ཀམ་དང་ཧོང་ཐུང་རིགས་ཀྱི་འདྲེས་སྦྱོར་དངོས་རྫས། ཧྲིན་རིགས་འདྲེས་སྦྱོར་དངོས་རྫས། ཚོལ་སྐྱུར། སྐྱེ་མེད་གཞི་རྒྱུ། ཡལ་སྣུམ་སོགས་འདུས་ཡོད། གཙོ་བོ་གློ་བའི་ནད་དང་གྲང་བ་སེལ་ཞིང་། ལུད་པ་དང་རྣག་འདྲེན་གྱི་ནུས་པ་ལྡན་ལ། གཙོ་བཙོས་སུ་གློ་ལུ་བ་དང་ལུད་པ་ལུ་དཀའ་བ། མིད་པ་སྐྲངས་གཟེར། དབུགས་བསྡམ་པ་དང་གྲོད་ཁོག་སྦོས་པ། གློ་རླུང་། གློ་བའི་རྣག་སྐྲན། ཐང་

སྐྱེའི་གཉན་ཚད་སོགས་ལ་ཕན། འཚོ་བཅུད་རིགས་མང་དུ་འདུས་པས་སྨན་དུ་གཏོང་བ་ལས་གཞན་ལུས་ཁམས་བདེ་སྲུང་གི་དངོས་རྫས་དང་སྐྱག་རྫས་སོགས་ལའང་བཀོལ་བཞིན་ཡོད། རང་རྒྱལ་གྱི་ལྷོ་བྱང་ཁུལ་དུ་གསོ་སྐྱོང་བྱེད་བཞིན་པ་དང་ཆེས་བཟང་ཤོས་ནི་ཨན་ཧོའི་ཞིང་ཆེན་ཕྲུང་གྲོང་གྱི་ཐང་སོ་ལོ་ཞེས་པ་དེ་ཡིན།

དང་པོ། རྩེ་ཤིང་གི་རྣམ་པ།

ལོ་མང་སྐྱེ་བའི་རྩ་རྒྱུ་སྟེ། སྡོང་རྐང་འཛམ་ཞིང་ཕྲུ་དང་བྲལ་བ། མཐོ་ཚད་ལ་ལི་སྨི 30 ~100བར་དང་ནང་དུ་འོ་ཆུ་འཛག་པ། རྩ་བ་སྦོམ་ཞིང་འཕིག་ལྷུམ་ཅན། ཕྱི་ཤུན་སྔོ་སེར་དང་སྔོ་སྐྱ། གཞུང་རྐང་དྲང་ཞིང་རྩེ་ནས་ཡལ་ག་གྱེས་པ། ལོ་མ་ཁེར་སྐྱེས་ཡུ་བ་དང་བྲལ་བ། གཞུང་རྐང་གི་རྐེད་དང་སྨད་དུ་ལོ་མ་ཆ་སྐྱེས་པ་དང་ཡང་ན་ལོ་མ 3 ~4འཁོར་སྐྱེས་བྱེད་པ། ལོ་མའི་དབྱིབས་སྒོང་གཟུགས་ཅན་དང་ཁབ་དབྱིབས་ཅན། འཁོར་མི་སྙོམས་པར་སོག་ལེ་ཁ་ལྷུར་སྣང་བ། རྩེ་མོར་མེ་ཏོག་རྐང་གཅིག་དང་ཡང་ན་མང་པོ་ཚོམ་བུར་བཞད་པ། འདབ་མ་ཚུང་སྔོ་སྨུག་ཙོང་དབྱིབས་ཅན། འབྲས་བུ་དང་གང་བུ་འབྲུ་མང་ཅན། སྒོང་གཟུགས་ཕྲུར་དུ་འཁོར་བ་དང་འདྲ་ཞིང་སྨིན་དུས་རྩེ་མོ་རིམ་བཞིན་གས་ནས་འདབ་མ་ལྔ་རུ་འགྱུར་བ། ས་བོན་སྔོ་ཁ་ཕྱི་ཤུན་འཛམ་ཞིང་གྲང་མང་བ། ཟླ 6~8པའི་བར་ནི་མེ་ཏོག་བཞད་པའི་དུས་དང་། ཟླ 9~10བའི་བར་ནི་འབྲས་བུ་སྨིན་པའི་དུས་ཡིན།

གཉིས། རྩེ་ཤིང་རིགས་པའི་ཁྱད་ཆོས།

བསིལ་ལྡན་ཅན་གྱི་གནམ་གཤིས་འོག་སྐྱེ་བར་འཚམས་ཤིང་། གྲང་ངར་ཚུང་བཟོད་ལ་ཉི་འོད་དང་ཆར་ཆུ་མོད་སའི་ཁོར་ཡུག་ཡིན་ན་ཧ་ཅང་ལེགས་པ་ཡིན། ཞིང་སའི་ས་ཤུན་མཐུག་པོ་དང་ཚུང་ས་སོབ་ཅན། ས་བཅུད་འཛོམས་པ། ཆུ་འདོར་ནུས་པ་ལེགས་པའི་བྱེ་མའི་རང་བཞིན་གྱི་ས་རྒྱུད་བཟང་ངོ།། ལྷུང་

དྲག་པོས་སྟོང་རྐང་རྫོགས་འགྲོ་བ་དང་བརྟན་དྲགས་ན་རྩ་བ་རུལ་བར་ཉེན་ཁ་ཆེ་བས་དྲག་རླུང་དང་ཆུ་འཁྱིལ་བར་འཛོམ་རྒྱུ་གལ་ཆེ་བ་ཡིན།

གསུམ། འདེབས་འཛུགས་ལག་རྩལ།

(གཅིག)ཞིང་ས་འདེམས་པ། ས་ཕོད་སྐྱོམས་པ།

སོ་ལོ་ནི་རྩ་བ་གཏིང་ཟབ་པའི་རྩི་ཤིང་ཞིག་སྟེ། ས་ཤུན་མཐུག་པོ་དང་ཙུང་ས་སོབ་ཅན། ས་བཅུད་འཛོམས་པ། ཆུ་འདོར་ནུས་པ་དང་། རུལ་སྨྱུགས་ཅན་གྱི་ཆ་ཤས་ཙུང་མང་སའི་བྱེ་མའི་རང་བཞིན་གྱི་ས་རྒྱུད་ཅན་ཙུང་ལེགས་པ་དང་། ཤིན་ཏུ་སོབ་པའི་ས་རྒྱུད་བདམས་ན་ཆུ་སྲུང་དང་ཟས་སྲུང་གི་ནུས་པ་ཞན་པ་དང་ཡང་ན་འདམ་ཅན་གྱི་ཞིང་ས་བདམས་ན་བརྒྱུད་བསྐྱོལ་རང་བཞིན་གྱི་ནུས་པ་ཞན་པས་རྩ་བ་སྐྱེས་པར་གེག་བྱེད་ངེས། དེ་བས་དེའི་རིགས་ཀྱི་ཞིང་སའི་སྟེང་འདེབས་འཛུགས་བྱེད་མི་ཉན།

ཞིང་ས་བདམས་རྗེས་ཀྱི་ལོ་དང་པོའི་དགུན་དུས་གཏིང་ཚད་ལ་ལི་སྨི 30 ཡན་གྱི་ས་བསློག་རྒྱུ་དང་ཕྱི་ལོའི་དཔྱིད་ཀར་ས་ཕོད་སྐྱོམས་པ་དང་། ཞིང་ས་སྤྱི་ཆེང་རེར་ལུད་རྫས་སྟོང་ཁ 30000དང་སྟེང་དུ་ལིན་བཀལ་སྐྱུར་གལ་དང་འབབ་ཆའི་ལུད་སྟོང་ཁ 750རེ་བསྲེས་ནས་ས་འོག་ཏུ་སྦས་པ་དང་། དེའི་རྗེས་ཤལ་བ་སྐྱོམས་ནས་ཞིང་ལ་སྨི 1.3དང་དཔངས་ལ་ལི་སྨི 10~15 ཤུར་ཞིང་ལ་ལི་སྨི 40 ཅན་གྱི་རྣང་མ་བཟོ་རྒྱུ། ཤུར་སྟེང་ཕོད་སྐྱོམས་པར་བྱས་ནས་ཆུའི་འཁོར་རྒྱུན་ལ་འགོག་རྐྱེན་མི་ཐེབས་པར་བྱ་དགོས།

(གཉིས)སྤོ་འཛུགས།

ལྗང་གསོ་བྱེད་པའི་ལོ་དེའི་དགུན་དུས། ལོ་མ་རྙིད་རྗེས་ནས་ལོ་རྗེས་མའི་དཔྱིད་དུས་སྨྱུ་གུ་མ་འབུས་སྔོན་དུ་སྤོ་འཛུགས་བྱེད་པ་དང་། དཔྱིད་དུས་ཟླ་གསུམ་པའི་ཟླ་དཀྱིལ་ནི་སྤོ་འཛུགས་ཀྱི་དུས་ལེགས་ཤོས་ཡིན། སྤོ་འཛུགས་མ

བྱས་སྔོན་དུ་སྨུག་སོན་བླངས་ནས་ཆེ་འབྲིང་ཆུང་གསུམ་སོ་སོར་ཕྱེས་ནས་འདེབས་འཛུགས་བྱེད་པ་དང་། འདེབས་འཛུགས་བྱེད་དུས་ནང་མའི་ངོས་སུ་ལི་སྨི 15 ~ 18མཚམས་སུ་གཏིང་ལ་ལི་སྨི 20ཅན་གྱི་ཤུར་བཟོ་བ་དང་། ཤུར་ནང་ལི་སྨི 5~7 བར་དུ་གཞུང་རྩད་རེ་རེ་བཞིན་དྲང་པོར་འཛུགས་པ་དང་རྩ་བར་གནོད་སྐྱོན་མི་ཐེབས་པར་བྱ། འདེབས་འཛུགས་བྱས་རྗེས། གཞུང་རྩད་སྟེང་ས་བཀབ་སྟེ་མར་མནོན་དགོས། ཐུང་འོས་འཚམས་སྙོམས་མཐུག་པོར་འདེབས་པ་དང་། སྤྱི་ཆེང་རེ་ལ་སྨུ་གུ 75ཡས་མས་འདེབས་འཛུགས་བྱས་ན་འོས་ཤིང་འཚམས་པ་ཡིན།

(གསུམ)ཞིང་ས་དོ་དམ།

1.ཡུར་མ་ཡུར་བ་དང་ལུད་འཛུགས་པ།

སྨུ་གུ་བཙུགས་རྗེས་ཞིང་སའི་རྩ་ལྷམ་འབལ་བ་དང་ཞོར་དུ་ལུད་གསོས་རྒྱག་པ། སྤྱི་ཆེང་རེར་ལུད་རྫས་སྟོང་ཁ 22500~30000བཀོལ་ནས་སྨུ་གུ་ལེགས་པོར་སྐྱེ་བར་ནུས་པ་འདོན་པ་དང་། ཟླ་དྲུག་པའི་ཟླ་མཇུག་མེ་ཏོག་མ་བཞད་སྔོན་དུ་བསྐྱར་དུ་སྤྱི་ཆེང་རེར་ལིན་བཅལ་སྒྱུར་ཀལ་སྟོང་ཁ 450བཀོལ་རྒྱུ་དང་རྩ་ལྷམ་མེད་པར་བྱེད་དགོས། ཟླ 8པར་འབྲས་བུའི་དུས་ལ་ཡང་བསྐྱར་ཞིང་ས་སྤྱི་ཆེང་རེར་ལུད་རྫས་སྟོང་ཁ 27500དང་ལིན་བཅལ་སྒྱུར་ཀལ་སྟོང་ཁ 450བཀོལ་བ་དང་རྩ་ལྷམ་དོར་རྒྱུ། དགུན་དུས་སུ་བསྐྱར་དུ་ཐེངས་བཞི་ལ་ཞིང་ས་སྤྱི་ཆེང་རེར་ཕྱུགས་རྫོག་གི་ལུད་རྫས་སྟོང་ཁ 22500དང་འབབ་ཆའི་ལུད་སྟོང་ཁ 1500 ལིན་བཅལ་སྒྱུར་ཀལ་སྟོང་ཁ 750སོགས་མཉམ་པོར་བསྲེས་ནས་སྟོང་ཆང་བར་གྱི་ཤུར་ནང་དུ་གཏོར་བ་དང་། རྗེས་སུ་སྟེང་དུ་ས་འགེབ་རྒྱུ། སྔུད་ལེན་མ་བྱས་སྔོན་དུ་འོས་འཚམས་སྙོམས་ཏན་ལུད་རྫས་བཀོལ་རྒྱུ་དང་། ལིན་དང་ཅ་རྫས་སོགས་མང་དུ་བཀོལ་ན་སྟོང་ཆང་དང་གཞུང་རྩད་རྒྱས་པ་དང་སྨུ་གུ་ལེགས་པོར་སྐྱེས་པར་ནུས་པ་ཐོན་ཐུབ།

2.ཆུ་ཕྱིར་འདོན་པ།

སྨུ་གུ་འདེབས་འཛུགས་བྱས་པ་ཙུང་མཐུག་པས་ཚ་བ་ཆེ་བ་དང་བརླན་ཅན་གྱི་དུས་ཚིགས་སྐབས་དུས་མ་ནོར་བར་ཤུར་ནང་གཙང་སེལ་ལེགས་པོ་བྱེད་པ་དང་ཆུ་ཕྱིར་བཏོན་ནས་འཁྱིལ་ཆུས་རྩ་བ་རུལ་བར་སྔོན་འགོག་བྱ་དགོས།

3.མེ་ཏོག་དོར་བ།

སོ་ལོའི་མེ་ཏོག་གི་དུས་ནི་ཟླ་གསུམ་ལྷག་ཙམ་རིང་བས་མེ་ཏོག་བཞད་པར་ནུས་བཅུད་མང་དུ་མགོ། རྩེ་མོའི་མེ་ཏོག་དོར་རྗེས་བསྐྱར་དུ་ཡལ་ག་རྒྱས་ནས་མེ་ཏོག་བཞད་པས་མིའི་ལག་རྩལ་ལ་བརྟེན་ནས་མེ་ཏོག་གི་ཐེའུ་དོར་ན་དུས་ཚོད་འཕྲོ་ལྷག་ཏུ་གཏོང་བ་ལས་ཆར་གཅོད་བྱེད་མི་ཐུབ་པས། སོ་ལོ་མེ་ཏོག་གི་དུས་སྔ་ས་ནས་ཞིང་ས་སྤྱི་ཚིང་རེར 40%ཅན་གྱི་ཡིས་ཞི་ལི 1000ppmཅན་སྟོང་ཁེ1225~1500ལོ་མའི་སྟེང་དུ་གཏོར་རྒྱུ། ཕྱིར་བཏང་དུ་ཉིན་བཅུའི་ནང་ཐེངས་གཅིག་དང་མཐུད་ནས་ཐེངས 2~3བར་གཏོར་དགོས།

(བཞི)གནོད་འབུའི་འགོག་བཅོས།

1.རྩ་བར་མཐུད་སྐྱུད་འབུས་གནོད་པ། རྩ་བར་གནོད་འབུ་ཐེབས་ཚེ་སྡོང་རྐང་གི་སྐྱེས་ཚད་དལ་བ་དང་ལོ་མའི་ལྗང་མདོག་འགྱུར་ནས་རིམ་བཞིན་སེར་པོར་གྱུར་པ་དང་རྗེས་སུ་སྡོང་རྐང་སྐམ་འགྲོ་བ་ཡིན། གནོད་འབུ་ཐེབས་པའི་སྡོང་རྐང་གི་གཞུང་རྩད་སྟེང་ཆེ་ཆུང་མི་འདྲ་བའི་འབུ་སྒོང་མཐོང་ཐུབ་པ་དང་ཁབ་ཀྱིས་བླངས་ན་ནང་དུ་དཀར་མདོག་ཅན་གྱི་སྐྱུད་འབུ་མང་པོ་མཐོང་ཐུབ།

འགོག་བཅོས་ཐབས་ལམ།

ས་ཁོད་རློམས་པ་དང་མཉམ་དུ་ཞིང་སར་དུག་སེལ་བྱེད་རྒྱུ། ས་ཞིང་སྤྱི་ཚིང་རེར 3%ཅན་གྱི་ལུག་སི་ཕིན་སྟོང་ཁེ 75གཏོར་རྗེས་ས་འོག་ཏུ་འཛུག་དགོས།

2.རྙིལ་ནད།

སྔོང་ཀང་ཡོངས་ལ་ཁྱབ་པའི་ནད་དེ། བརྟག་དཔྱད་བྱས་པ་ལྟར་ན་ས་ཆ་ཁ་ཤས་ལ་ནད་འདི་ཕོག་ཚད 90%ཡན་ལ་ཟིན་ཡོད། ནད་འདི་ཐོག་མར་ཕོག་དུས་ཙུང་ས་ངོས་དང་ཉེ་བའི་གཞུང་རྩད་དང་གཞུང་ཀང་སྣོ་ཁར་འགྱུར་བ་དང་། དབྱིབས་ཧོ་ཙུ་སྤྲུ་སྐམ་པོ་དང་འདྲ། ནད་འབུ་དེ་འདྲེན་སྤྲུག་བརྒྱུད་ནས་ཡར་ཁྱབ་སྟེ་སྔོང་ཀང་ཡོངས་རྙིད་འགྲོ་བ་དང་། རློན་ཅན་གྱི་དུས་སུ་རྩ་བ་དང་གཞུང་ཀང་གི་ཕྱི་ཤུན་དུ་ཕྱི་དཀར་ལྟ་བུའི་བང་རིམ་བྱུང་ནས་མཐར་སྔོང་ཀང་ཡོངས་སྐམ་འགྲོ་བ་ཡིན།

འགོག་བཅོས་ཐབས་ལམ།

ལོ་གཉིས་ནས་གསུམ་རིང་ལ་ཆར་ཆུའི་རྗེས་སུ་ཆུ་ཕྱིར་འདོན་ལེགས་པོ་བྱས་ནས་ས་ཞིང་དུ་ཆུ་འཁྱིལ་བར་མི་བྱ་བ་དང་། འཚར་སྐྱེ་ཐོག་མའི་དུས་སུ 50%སྤྲིན་མང་ལིན་དང 50%ཅན་གྱི་ཐོ་པུ་ཅིན་ལྡབ 800~1000ཅན་སྔོང་ཀང་གི་རྩ་བར་གཏོང་དགོས།

3.སྨུག་སྐྲོ་རིས་ནད།

རྩ་བར་གནོད་སྐྱོན་ཐེབས་པ། ཐོག་མར་རྩ་བ་དམར་པོར་འགྱུར་ལ། རིམ་བཞིན་ཙུང་དམར་ཤས་ཆེ་བའི་སྣོ་ཁ་དང་སྨུག་ཤས་ཆེ་བའི་སྣོ་ཁ་རུ་འགྱུར། རྩ་བའི་ཕྱི་ཤུན་ཡོངས་ལ་ཙུང་དམར་ཤས་ཆེ་ལ་དྲ་དབྱིབས་ཅན་གྱི་སྤྲིན་སྐུད་ཀྱིས་ཁྱབ་པ་དང་རིམ་བཞིན་སྲན་ལྷང་ཙམ་གྱི་སྤྲིན་ཉིང་དུ་འགྱུར་བ། མཐར་རྩ་བ་རུལ་སྨྱུག་དང་ནང་སྟོང་དུ་འགྱུར་བས་ཐོན་འབབ་ཡང་མར་ཆག་པ་ཚབས་ཆེ་བ་ཡིན།

འགོག་བཅོས་ཐབས་ལམ།

རྙིད་ནད་ཀྱི་བཅོས་ཐབས་དང་འདྲ། རི་ཁུལ་དུ་གསོ་སྐྱོང་བྱེད་པར་སྤྱི་ཆེང་རེར་རྡོ་ཐལ་སྟོང་ཁ 1500བཀོལ་ན་གནོད་སྐྱོན་ཐེབས་ཚད་ཉུང་བ་ཡིན།

4.གནོད་འབུ།

སྙོམ་དམར་པོ་དང་ས་འབུ་མགོ་སེར་སོགས་ལ་རྒྱུན་ལྡན་གྱི་ཐབས་ཤེས་སྤྱད་ནས་འགོག་བཅོས་བྱ་རྒྱུ།

བཞི། སོན་འཛུགས་ལག་རྩལ།

སྐྱེས་འཕེལ་ཐབས་ལམ་གཉིས་ཏེ། ཐད་ཀར་ས་བོན་འདེབས་པ་དང་སྨྱུ་གུ་སྤོ་འཛུགས་བྱེད་པ་གཉིས་སོ།།

(གཅིག)སོན་བཟང་འདེབས་གསོ་དང་འཚོལ་བསྡུ།

ས་ལོ་ནི་མེ་ཏོག་དང་ཤིང་ཏོག་གི་དུས་ཚུང་རིང་ལ། ཟླ 9~10 བའི་ནང་ཤིང་ཏོག་རིམ་བཞིན་རྩེ་སོ་ནས་མར་སྨིན་པས་དུས་བགོས་ཁག་བགོས་ཀྱིས་འཚོལ་བསྡུ་བྱ་རྒྱུ། སོན་བཟང་འདེབས་གསོ་བྱ་ཆེད་ཟླ 6 པའི་ཟླ་མགོ་ནས་སོན་འཛོག་སྡོང་རྐང་གི་ཡལ་ག་དང་རྩེ་སོའི་མེ་ཏོག་གི་བང་རིམ་གཅོད་རྒྱུ། དེ་བས་ཉིང་བཅུད་གཅིག་སྡུད་བྱས་ཏེ་རྩེ་དབུས་ཀྱི་འབྲས་བུ་ཡོངས་སུ་སྨིན་པ་དང་ས་བོན་ལེགས་པོར་རྒྱས་པ། འབྲས་སུ་ལྗང་མདོག་ནས་རིམ་གྱིས་སེར་པོ་དང་། ཕྱི་ཤུན་ནག་པོར་འགྱུར་བ། ས་བོན་ནག་པོར་གྱུར་ནས་སྨིན་དུས་སྨྱུར་དུ་ས་བོན་འཚོལ་སྡུད་བྱེད་རྒྱུ། གལ་ཏེ་དུས་ལས་འདས་ན་གང་བུ་འབྲུ་མང་ཅན་གྱི་འབྲས་བུ་གས་ནས་ས་བོན་གང་སར་ཐོར་འགྲོ་བས་འཚོལ་སྡུད་བྱེད་དཀའ། འཚོལ་སྡུད་བྱས་རྗེས་རླུང་རྒྱུ་བཟང་ཞིང་སྐམ་ཚ་ལྡན་པའི་ཁང་བའི་ནང་དུ་ཉིན 3~5 ཙམ་དུ་ཉར་ནས་ཡོངས་སུ་སྨིན་པར་བྱེད་པ་དང་། རྗེས་སུ་སྐམ་པར་བྱེད་པ་དང་ལྷད་རྫས་མེད་པར་བཟོས་ནས་འབྲས་བུ་འདོན་དགོས་པ་ཡིན། ས་ལོའི་སྨྱུ་གུའི་འབུས་ཚད 70% ཡས་དང་། ས་བོན་ལོ་གཅིག་ཙམ་ལས་ཉར་མི་ཆོག་པས་ལོ་མང་འགོར་བའི་སོན་རྙིང་འདེབས་འཛུགས་བྱ་མི་འོས།

(གཉིས)འདེབས་འཛུགས།

འདེབས་འཛུགས་ཐབས་ལམ་ལ་གཉིས་ཏེ། ཐད་ཀར་འཛུགས་པ་དང་གསོ་ལྡང་སྒོ་འཛུགས་བྱེད་པ་གཉིས་ཡིན་ལ། ཐད་ཀར་བཙུགས་ན་གཞུང་རྐང་དྲང་ཞིང་སྒྲིམ་པ། གྱེས་ཚབ་ཞུང་བ་སོགས་ཀྱིས་ཕྱི་ཤུན་དོར་བར་སྐབས་བདེ་ཡིན།

1.ཐད་ཀར་འཛུགས་པ།

ཟླ་9བའི་ཟླ་མཇུག་དང་ཟླ་10བའི་ཟླ་སྟོད་ནི་འདེབས་འཛུགས་ཀྱི་དུས་བཟང་ཤོས་ཡིན་པ་དང་། དཔྱིད་དུས་ཀྱང་འདེབས་འཛུགས་བྱས་ཆོག་མོད་ཀྱང་ཟླ་4བའི་ཟླ་མཇུག་ལས་མི་འདའ་བར་བྱ། སོ་སོའི་ས་བོན་ཆུང་བས་འདེབས་འཛུགས་མ་བྱས་སྔོན་དུ་ཞིབ་ཕྲའི་སྒོས་ལྡང་མྱུག་གསོ་སའི་ས་ཕོད་བསྐམས་ནས་ཤལ་བ་སྐྱོམས་རྒྱུ། རྗེས་སུ་རྣང་མའི་སྟེང་དུ་བར་ཐག་ལི་སྨི་15~20མཚམས་སུ་གཏིང་ཚད་ལ་ལི་སྨི་1.5~2དང་། ཞེང་ལ་ལི་སྨི་10ཡས་མས་ཀྱི་ཤུར་བཟོ་བ་དང་ཤུར་སྟེང་སྐྱོམས་པོར་བྱ་རྒྱུ། འདེབས་འཛུགས་མ་བྱས་སྔོན་དུ་དུས་ཚོད་24རིང་ལ་ས་བོན་མན་མཐོ་སྐྱུར་ཙ་ཞུ་ཁུའི་ནང་སྦངས་རྒྱུ་དང་། རྗེས་སུ་གཤལ་འཕྲུད་བྱེད་པ་དང་སྐམ་སྲེག་བྱས་རྗེས་འདེབས་འཛུགས་བྱ་རྒྱུ། དེས་མྱུ་གུ་འབུས་ཚད་མཐོ་རུ་བཏང་ནས་ཐོན་ཚད་འཕར་སྐྱེད་བྱེད་ཐུབ། འདེབས་འཛུགས་བྱེད་སྐབས། ས་བོན་དང་རྩེ་ཤིང་གི་ཐལ་བ། མི་དང་ཕྱུགས་ཟྭག་གི་བཤང་གཅི་སོགས་མཉམ་དུ་བསྲེས་ནས་ཤུར་ནང་དུ་གཏོར་རྒྱུ། དེའི་སྟེང་ས་རྒྱུ་ཞུང་ཙམ་བཀབ་ནས་ས་བོན་མི་མཐོང་བར་བྱ། རྗེས་མར་སྟེང་དུ་རྩ་བཀབ་ནས་དྲོད་དང་བརླན་སྲུང་འཛིན་བྱ་དགོས། སྔོན་དུས་འདེབས་འཛུགས་བྱས་པའི་མྱུ་གུ་དེ་ལོ་རྗེས་མའི་ཟླ་3~4བའི་ནང་འབུས་ཡོང་བ་དང་། སྡོང་རྐང་གི་བར་མཚམས་ལི་སྨི་5~6ཙམ་བྱ་རྒྱུ། སྤྱི་ཚིང་རེར་ས་བོན་འདེབས་ཚད་སྟོང་ཁ་7.5ཡས་མས་ཡིན།

2.ལྡང་བུ་གསོ་སྐྱོང་བྱེད་པ།

ལྷང་བུ་གསོ་སའི་གནས་འོས་ཞིང་འཚམས་པ་ནི་རླུང་གཡོལ་བ་དང་། ཉི་འོད་དང་ཁ་གཏད་སའི་བྱེ་མའི་རང་བཞིན་གྱི་ས་རྒྱུ་ཅན་ཡིན་པ་དང་། ཞིང་སྔོན་མ་བྱས་སྔོན་དུ་ས་ཞིང་སྤྱི་ཆེང་རེར་ཕྲིམ་ལུད་སྟོང་ཁ་22500~30000བཞག་རྗེས་ཞིང་སའི་གཏིང་དུ་སྦས་ཏེ་ཤལ་བ་སྙོམས་པ་དང་རྡང་མ་བཟོས་ནས་འདེབས་འཛུགས་བྱ་རྒྱུ། དཔྱིད་དུས་ཟླ་3~4བའི་ནང་དུ་སྡོང་ཀང་གི་བར་མཚམས་ལི་སྨི་10~15བར་དང་། ཤུར་གཏིང་ལ་ལི་སྨི་1.5བྱས་ནས་འདེབས་འཛུགས་བྱ་དགོས། ས་བོན་ཆ་སྙོམས་སློས་ཤུར་ནང་དུ་གཏོར་རྒྱུ་དང་སྟེང་དུ་ལི་སྨི་1ཡས་མས་ཀྱི་ས་རྒྱུ་ཞུང་ཙམ་འགེབ་རྒྱུ་དང་སྟེང་དུ་རྩ་བཀབ་ནས་དྲོད་དང་བརླན་སྲུང་བ་དང་ཆར་ཆུས་མི་གནོད་པར་བྱ། དཔྱིད་དུས་འདེབས་འཛུགས་བྱས་རྗེས། གནམ་གཤིས་དྲོད་ཚད་18℃~25℃ལྷག་ལ་སླེབས་དུས། ཉིན་བཅོ་ལྔའི་ནང་དུ་མྱུ་གུ་འབུས་འོང་། མྱུ་གུ་འབུས་རྗེས་དུས་ཐོག་ཏུ་སྟེང་གི་རྩ་དོར་རྒྱུ་དང་། མྱུ་གུ་འབུས་ནས་མཐོ་ཚད་ལ་ལི་སྨི་1.5ཙམ་ལ་བསླེབས་དུས་མྱུ་གུ་ཕྲ་བ་དང་ཉུང་མཐུག་པ་སོགས་དོར་རྒྱུ། མྱུ་གུའི་མཐོ་ཚད་ལ་ལི་སྨི་3ཙམ་བསླེབ་དུས་སྡོང་ཀང་གི་བར་མཚམས་ལི་སྨི་3~4བྱས་ནས་འཛུགས་རྒྱུ་དང་རྗེས་མར་མྱུ་གུའི་དུས་ཀྱི་བདག་གཉེར་དོ་དམ་ལ་ཤུགས་གནོན་དགོས། འདེབས་གསོ་བྱས་ནས་ལོ་གཅིག་གི་རྗེས་སུ་སྤོ་འཛུགས་བྱས་ཆོག སྤྱི་ཆེང་རེར་ས་བོན་འདེབས་ཚད་སྟོང་ཁ་15ཡས་མས་ཡིན།

ལྔ། འཚོལ་སྡུད་དང་ལས་སྣོན།

(གཅིག)འཚོལ་སྡུད།

སྤྱིར་བཏང་དུ་འདེབས་འཛུགས་བྱས་ནས་ལོ་གཉིས་འགོར་དུས་སྡུད་ལེན་བྱས་ཆོག་པ་དང་། ཟླ་10བའི་ཟླ་དཀྱིལ་དང་ཟླ་སྨད་དུས་སུ་ལོ་མ་སེར་པོར་གྱུར་དུས་སྡུད་ལེན་བྱས་ཆོག བསྡུ་ལེན་བྱེད་རྩ་ཆེ་རྒྱུ་ཕྲུས་མི་བཟང་ཞིང་ཐོན

ཚད་མར་ཆག་པ། འབྲི་ཚེ་བྲི་ཤུན་དོར་དཀའ་བ་དང་སྐམ་གསེད་མི་ལེགས་པ། བསྐྱ་ལེན་བྱེད་དུས་རྩ་བར་གནོད་སྐྱོན་ཐེབས་ཚེ་ཉིང་ཁུ་ཕྱིར་བཞུར་འགྲོ་བས་དོགས་ཟོན་བྱ་རྒྱུ་གལ།

(གཉིས)ལས་སྟོན།

རྩ་བ་ཕྱིར་བཏོན་རྗེས་ལོ་མ་དང་འདམ་སོགས་དོར་བ་དང་། རྗེས་སུ་ཆུ་གཙང་ནང་དུ་ལེགས་པར་བཀྲུད་པ་དང་ཕྱི་ཤུན་འབྲད་རྒྱུ། དེ་ནས་སྐམ་གསེད་ལེགས་པར་བྱས་ནས་ཚོང་རར་འགྲོ་ཆོག་པ་ཡིན།

ལེ་བཅད་བཅོ་ལྔ་བ། སྣང་སྙིན།

སྣང་སྙིན་ནི་ལྕ་ཤུག་ལོ་མང་སྐྱེ་བའི་རྩེ་ཤིང་གི་ཁོངས་གཏོགས་ཡིན་པ་དང་། རྒྱུན་སྤྱོད་ཀྱི་རྩ་སྨན་ཞིག་སྟེ། རྩ་བ་སྨན་དུ་བཀོལ་བཞིན་ཡོད། རྫས་འགྱུར་གྱི་གྲུབ་ཆ་གཙོ་བོ་ནི་ཡལ་སྣུམ་དང་མདོག་རྒྱུ་ཐུམ། སྲིན་ཞིམ་རྒྱུ། སྐྱེ་ལྡན་སྒྱུར། ལྷད་མང་ཧྭགས་དང་ང་ཕྲུན་སོགས་ཡིན། དེས་ཚ་བ་གཙོག་པ་དང་རྟུལ་འབྱིན་པ། རླུང་འཇོམས་པ་དང་ཟུག་གཅོག་པའི་ནུས་པ་ལྡན་ལ། གཙོ་བཙོས་སུ་ཆམ་རིམས། མགོ་གཟེར་ཞིང་མིག་འཁྱིམ་པ། ལུས་ཡོངས་གཟེར་བ། གྲང་རླུང་སྣོན་གྲུམ། རུས་ཚིགས་ན་བ། སུག་གཞི་འབྲུམས་པ་སོགས་ལ་ཕན། གཙོ་བོ་རི་སྐྱང་དང་ནགས་འདབས། རྩ་ཐང་དང་བྱེ་མའི་ས་རྒྱུད་ཅན་གྱི་ཉི་འོད་ཕོག་སླ་སའི་ས་ཁུལ་དུ་སྐྱེས་པ་དང་། གྲང་ལྷག་དང་ཐན་པ་ཚུང་བཟོད་ལ་རླན་ཅན་དང་ཆར་ཞོད་ལ་འཛེམ་དགོས། དབྱར་དུས་བསིལ་འཇམ་གྱི་གནས་དང་ས་བབས་མཐོ་ཞིང་སྐམ་ཤས་ཆེ་བའི་ཁུལ་དུ་འདེབས་འཛུགས་བྱས་ན་འཚམས་པ་ཡིན།

གཅིག ཙོ་ཤིང་གི་རྣམ་པ།

ལོ་མང་སྐྱེ་བའི་ཙ་རྒྱུ་སྟེ། སྡོང་རྐང་གི་མཐོ་ཚད་ལ་ལི་སྨི 30~100བར་དང་། སྤུ་དང་བྲལ་བ། གཞུང་ཙད་སྦོམ་ཞིང་རིང་བ། ཕྱི་ཤུན་ཛ་མདོག་ཅན། པགས་བུག་ཕྱིར་བཏོན་པ། ལོ་མ་ཁེར་སྐྱེས་དང་། ཡལ་ག་ཉིས་གཤིབ་ཏུ་གྲེས་པ། གཏིང་རིམ་དུ་ལོ་མ་ཚང་ཚང་དུ་རྒྱུས་པ་དང་ལོ་མའི་ཡུ་བ་ཐུང་རིང་། ལོ་མའི་དབྱིབས་སྒོང་གཟུགས་ཅན་དང་ཡང་ན་ཟུར་གསུམ་ཅན། གཞུང་རྐང་སྟེང་གི་ལོ་མ་ཐུང་ཆུང་ཞིང་ལོ་མའི་ཤུབས་ཞིང་ཆེ་བ། རྩེ་མོར་གདུགས་དབྱིབས་ཅན་གྱི་མེ་ཏོག་གི་བང་རིམ་བཏོན་པ། སྨིན་ལེགས་ཀྱི་ཤིང་ཏོག་ནི་མདོག་ལྗང་སེར་དང་ཡང་ན་སེར་པོ། དབྱིབས་སྒོང་གཟུགས་ཅན། མེ་ཏོག་གི་དུས་ནི་ཟླ 8~9བའི་བར་དང་། འབྲས་བུའི་དུས་ནི་ཟླ 9~10བའི་བར་ཡིན།

གཉིས། ཙོ་ཤིང་རིགས་པའི་ཁྱད་ཆོས།

སྔང་སྡིན་ནི་འཕྲོད་གཤིས་རང་བཞིན་ཤིན་ཏུ་བཟང་བ་དང་། གྲང་ལྷགས་དང་ཐན་པ་བཟོད་ལ། ཉི་འོད་མོད་ས་དང་བསིལ་འཇམ་གྱི་གནམ་གཤིས། ཆུ་འདོར་ནུས་པ་བཟང་ཞིང་ཐུར་སྐམ་ཤས་ཆེ་ལ་བྱེ་མའི་རང་བཞིན་གྱི་ས་ཞིང་དུ་སྐྱེས་པ་ལེགས། རང་རྒྱལ་གྱི་བྱང་ཕྱོགས་དང་འབྲི་ཆུའི་འབབ་རྒྱུད་ས་ཁུལ་དུ་འདེབས་གསོ་བྱས་ཆོག ས་བོན་འབུས་སླ་བ་དང་། དྲོད་ཚད 15℃ ~25℃ བར་གྱི་ཆ་རྐྱེན་འོག་སྨྱུ་གུ་འབུས་ནུས། ས་བོན་གསར་བའི་སྨྱུ་གུ་འབུས་ཚད་ནི 50%ཡན་ཡིན་པ་དང་། ཉར་འཇོག་བྱས་ནས་ལོ་གཅིག་འགོར་རྗེས་ཀྱི་ས་བོན་དེའི་སྨྱུ་གུ་འབུས་ཚད་མངོན་བསལ་དུ་མར་ཆག་འོང་། དེ་བས་ཐོན་སྐྱེད་ཐད་ས་བོན་གསར་པ་བཀོལ་ན་ལེགས། སྔང་སྡིན་སྨྱུ་གུ་འབུས་པའི་ཆེས་འོས་འཚམས་ཀྱི་དྲོད་ཚད་ནི 15℃ཡིན་པ་དང་། དཔྱིད་དུས་དང་སྟོན་དུས་སུ་འདེབས་འཛུགས་བྱས་ཆོག དཔྱིད་དུས་འདེབས་འཛུགས་བྱས་པའི་ས་བོན་དེ

ཉིན 20ཡས་མས་སུ་སྨྱུ་གུ་འབུས་པ་དང་། སྟོན་དུས་འདེབས་འཛུགས་བྱས་པ་དེ་ལོ་རྗེས་མའི་དཔྱིད་དུས་འབུས་འོང་།

གསུམ། འདེབས་འཛུགས་ལག་རྩལ།

(གཅིག)ཞིང་ས་འདེམས་པ།

ཚུང་སྐམ་ཤས་ཆེ་བ་དང་ཉི་འོད་དང་ཁ་གཏད་ས། ས་རྒྱུ་སོབ་སོབ་ཅན། ས་བཅུད་བཟང་བ་དང་ས་ཤུན་མཐུག་པ། ཆུ་འདོར་ཐུབ་པ་ལེགས་སའི་བྱེ་མའི་རང་བཞིན་གྱི་ཞིང་ས་འདེམས་རྒྱུ།

(གཉིས)ས་ཁོད་སྐྱོམས་པ།

སྔང་རྐྱིན་ནི་རྩ་བ་གཏིང་ཟབ་ཀྱི་རྩ་རྒྱུ་སྟེ། རྩ་བའི་རིང་ཚད་ལི་སྨི 50 ~ 70བར་དང་། སྟོན་གར་གཏིང་ཚད་ལི་སྨི 40ཡན་གྱི་ཞིང་སར་སྔོ་འདེབས་བྱ་རྒྱུ་དང་། དཔྱིད་མགོར་ཤུར་སྐྱོམས་པ་དང་ཞིང་སའི་གཏིང་གི་རྩ་ལྷུམ་དང་ལྷད་རྫས། རྡོ་ཧུག་རིགས་དོར་ནས་སྨྱུ་གུ་སྐྱེས་པར་ཆ་རྐྱེན་བཟང་པོ⋯⋯བསྐྲུན་དགོས།

(གསུམ)ལུད་འཛོག་པ།

ཞིང་ས་སྤྱི་ཚིང་རེར་རྒྱུ་སྦྱུས་བཟང་བའི་ཁྱིམ་ལུད་སྟོང་ཁ 45000~60000དང་སྟེང་དུ་ལིན་བཀལ་སྦྱར་ཀལ་སྟོང་ཁ 300~450 ཡང་ན་ལིན་སྦྱར་ཨན་སྟོང་ཁ 120~150ལྷག་བསྣོན་རྒྱུ། སྟོན་དུས་ཞིང་ས་སྔོ་འདེབས་མ་བྱས་སྔོན་དུ་ས་ཞིང་སྟེང་གཏོར་ནས་ས་འོག་ཏུ་སྲ་རྒྱུ།

(བཞི)ཞིང་ས་དོ་དམ།

1.ལྷང་བུ་མཐུག་སྐྱོམ།

སྨྱུ་གུའི་མཐོ་ཚད་ལི་སྨི 5ཡི་སྐབས་བར་མཚམས་ལི་སྨི 7བྱས་ནས་ལྷང་བུ་མཐུག་སྐྱོམ་བྱེད་པ་དང་། མཐོ་ཚད་ལ་ལི་སྨི 10 ~13སྐབས་བར་མཚམས་ལི་སྨི

13~16བྱས་ནས་ལྷང་བུ་མཐུག་སྙོམ་བྱ་རྒྱུ།

2.ལྷུམ་བུ་ཡུར་བ།

ཟླ་དྲུག་པའི་སྟོན་དུ་ཡང་དང་བསྐྱར་དུ་ལྷུམ་བུ་འབལ་འབྲིག་བྱས་ནས་ཞིང་ས་གཙང་ལེགས་བྱེད་པ་དང་།

3.སྡོང་རྐང་དུ་ལུད་འཇོག་པ།

ལོ་རེ་ཟླ་དྲུག་པའི་ཟླ་སྟོད་ནས་ཟླ 8པའི་ཟླ་མཇུག་ཏུ་ལུད་གསོས་ཐེངས་རེ་རྒྱག་པ་དང་། མི་ཕྱུགས་ཀྱི་བཤང་གཅི། ལིན་བཅལ་སྐྱུར་ཀལ་སོགས་ཞིང་སའི་སྟེང་གཏོར་དགོས།

4.ཞིང་ཆུ་འདྲེན་པ།

འདེབས་འཛུགས་བྱས་ནས་སྦྲུ་གུ་མ་འབུས་པའི་དུས་སུ་ཞིང་ས་སྐམ་པར་མི་བྱེད་པ། སྔང་སྔིན་ཐན་འགོག་ནུས་པ་བཟང་བས་སྤྱི་བཏང་དུ་ཆུ་གཏོང་མི་དགོས། འོན་ཀྱང་འཁྱིལ་ཆུས་རྩ་བ་རུལ་བར་བྱེད་པས་ཆར་ཞོད་རྗེས་སུ་མྱུར་མོར་ཆུ་ཕྱིར་གཏོང་དགོས།

(ལྔ)གནོད་འབུ་ཐེབས་པར་འགོག་བཅོས།

1.ཕྱི་དཀར་ཐོན་ནད།

དཔྱར་དུས་དང་སྟོན་དུས་གནོད་འབུ་ཐེབས་སླ། གཙོ་བོ་ལོ་མར་གནོད་སྐྱོན་ཐེབས་པ་སླ།

2.གཞོག་སེར་ཧོས་ཞིང་ནད། མེ་ཏོག་བཞད་པའི་དུས་འབྱུང་སླ། དེས་མེ་ཏོག་དང་འབྲས་བུ་ལ་གནོད་པ་ཐེབས་སླ།

འགོག་བཅོས་ཐབས་ལམ།

ལིན་ཙ་རྫས་བཀོལ་རྒྱུ། རླུང་གི་རྒྱུ་བ་བཟང་བར་བྱེད་པ་དང་ཉི་འོད་ཐོག་ཏུ་འཇུག་པ། གནོད་འབུ་ཐེབས་དུས 50%ཅན་གྱི་ཐོ་ཕུའུ་ཅིན་ལྷབ 800~

1000ཅན་དང་། མེ་ཏོག་བཞད་ལ་ཉེ་དུས་གནོད་པ་སླ་ཞིང་མེ་ཏོག་གི་ཐེའུ་དང་ཤིང་ཏོག་ལ་གནོད་པ་ཐེབས་སྲུང་།

འགོག་བཅོས་ཐབས་ལམ།

ནངས་མོ་དང་སྲོད་དུས་སུ 90%ཅན་གྱི་ཧེ་པེད་ཁྲིང་ལྡབ 800ཅན་གྱི་ཞུ་ཁུའམ་ཡང་ན BTཅན་གྱི་འོ་སྣུམ་ལྡབ 300ཅན་གྱི་ཞུ་ཁུ་རླངས་གཏོར་བྱེད་དགོས།

3.བྱེ་ལེབ་སེར་པོ།

ཟླ་ལྔ་པ་ནས་གནོད་ཐེབས་ངེས་པ་དང་འབུ་ཕྲུག་གིས་ལོ་མ་དང་མེ་ཏོག་གི་ཐེའུ་བཟའ་བར་བྱེད།

འགོག་བཅོས་ཐབས་ལམ།

གནོད་འབུ་ཆུང་དུས་ནས 90%ཅན་གྱི་ཧེ་པེད་ཁྲིང་ལྡབ 800ཅན་གྱི་ཞུ་ཁུའམ་ཡང་ན 80%ཅན་གྱི་ཏི་ཏི་ཕེ་འོ་སྣུམ་ལྡབ 1000ཅན་གྱི་ཞུ་ཁུ་རླངས་གཏོར་བྱེད་དགོས།

བཞི། སོན་ཉར་ཐབས་ལམ།

སྐྱེས་འཕེལ་ཐབས་ལམ་གཉིས་ཏེ། ས་བོན་འདེབས་པ་དང་སྡོང་རྐང་བཙུགས་ནས་སྐྱེས་འཕེལ་བྱ་རྒྱུ།

(གཅིག)ས་བོན་འདེབས་པ།

དཔྱིད་དུས་དང་སྟོན་དུས་སུ་འདེབས་འཛུགས་བྱས་ཆོག དཔྱིད་དུས་ཟླ་གསུམ་པའི་ཟླ་སྨད་ནས་ཟླ་བཞི་བའི་ཟླ་དཀྱིལ་དུ་འདེབས་འཛུགས་བྱེད་པ་དང་། སྟོན་དུས་ཟླ་དགུ་བ་ནས་བཅུ་བའི་ནང་ས་ཞིང་མ་འཁྱགས་གོང་ལ་འདེབས་རྒྱུ། ལོ་རྗེས་མའི་དཔྱིད་དུས་སུ་མྱུ་གུ་འབུས་ཡོང་། དཔྱིད་དུས་འདེབས་འཛུགས་བྱེད་དུས་ས་བོན་ཆུ་དྲོད་འཇམ་གྱི་ནང་དུ་སྦངས་ནས་ཉིན་གཅིག་ཙམ་ལ་བཞག་ན་མྱུ་གུ་འབུས་པར་ཕུས་པ་ཆེན་པོ་བསྐྱུན་ཡོང་། བཟོས་ཟིན་པའི་རྣང་མའི་སྟེང་བར

མཚམས་ལི་སྨི 30~40གྱི་མཚམས་སུ་གཏིང་ཚད་ལི་སྨི 2ཅན་གྱི་ཤུར་བཟོ་རྒྱུ་དང་ས་བོན་ཆ་སྙོམས་སྙོམས་ཤུར་ནང་དུ་འདེབས་རྒྱུ། སྟེང་དུ་ས་འགེབ་པ་དང་ཅུང་གནོན་པ། དེའི་སྟེང་རྩ་འགེབ་པ་དང་ཆུ་བཏང་ནས་ས་རྒྱུ་བརླན་པར་བྱེད་དགོས། འདེབས་འཛུགས་བྱས་རྗེས་ཀྱི་ཉིན 20~25ཡས་མས་སུ་སྨྱུ་གུ་འབུས་འོང་། སྤྱི་ཆིང་རེར་ས་བོན་སྟོང་ཁེ 30བཀོལ་རྒྱུ།

(གཉིས)སྟོང་ཀང་འཛུགས་པ།

དཔྱིད་མགོར་ཚངས་ཐིག 0.7ཡན་གྱི་སྟོང་ཀང་དུམ་གསུམ་བཏང་ནས་འདེབས་འཛུགས་བྱེད་པ་དང་། སྟོང་ཀང་གི་བར་མཚམས་ལི་སྨི 15~50དང་ས་རྡོང་གི་གཏིང་ཚད་ལི་སྨི 6~8བྱས་ནས་ནང་དུ་འཛུགས་རྒྱུ། ས་རྡོང་རེར་དུམ་ཚན་གཅིག་འཛུགས་པ་དང་དེ་རྗེས་སྟེང་དུ་སའི་མཐོ་ཚད་ལི་སྨི 3~5ཙམ་འགེབ་རྒྱུ། སྤྱི་ཆིང་རེར་བཀོལ་ཚད་སྟོང་ཁེ 750བཏབ་ཆོག

༤། འཚོལ་བསྡུ་དང་ལས་སྣོན།

སྤྱིར་བཏང་དུ་འདེབས་འཛུགས་བྱས་རྗེས་ཀྱི་ལོ་གཉིས་པའི་ནང་མེ་ཏོག་མ་བཞད་པའི་སྔོན་དང་དགུན་དུས་སུ་འཚོལ་བསྡུ་བྱེད་རྒྱུ། དཔྱིད་མགོར་སྟོང་ཀང་དུམ་ཚན་རེ་བཙུགས་པ་དེ་ལོ་དེའི་དགུན་དུས་སུ་འཚོལ་སྡུད་བྱས་ཆོག རྩ་བའི་རིང་ཚད་ལི་སྨི 30དང་ཚངས་ཐིག་ལི་སྨི 1.6ཡན་གྱི་སྟོང་ཀང་ཡོངས་ཡར་འབལ་ཆོག་པ་དང་། རྣང་མའི་ངོས་སུ་ཅུང་ཟབ་པའི་ཤུར་བཟོས་རྗེས་རེ་རེ་བཞིན་འབལ་རྒྱུ་དང་རྩ་བ་ཆད་དུ་མི་འཇུག རྗེས་སུ་སྟེང་གི་སྤུ་དང་འདམ་སླིགས་རྡོར་ནས་ཉི་མར་སྐམ་པ་དང་རྗེས་སུ་སྦོམ་ཕྲ་དང་རིང་ཐུང་སོ་སོ་ཕྱེ་ནས་ཁེ 250བསྡམ་རྒྱུ། རྗེས་སུ་མེ་དང་ཉི་མར་སྐམ་དགོས།

ས་བཅད་བཅུ་དྲུག་པ། སྟོང་ཆེན།

སྟོང་ཆེན་ནི་རྩི་ཤིང་གི་ཁོང་གདོགས་ཤིག་སྟེ། མིང་གཞན་ལ་རི་ཛའི་རྩ་བ་དང་སྟོང་ཆེན་ཛ། ཐུའུ་ཅིན་ཛའི་རྩ་བ། ཐུ་ཆིན། ཁུའུ་ཆེན་སོགས་ཟེར། རྩ་བ་སྨན་དུ་གཏོང་རྒྱུ། དེས་ཚ་བ་གཅོག་པ་དང་། དུག་འདོན་པ། ཁྲག་གཅོད་པ་སོགས་ཀྱི་ནུས་པ་ལྡན་ལ། གཙོ་བཙོས་སུ་ཚ་བ་རྒྱས་པ་དང་ཆམ་རིམས། མིག་རྩ་དམར་ཞིང་ན་ཟུག་གཏོང་བ། ཁྲག་སྐྱུགས་པ། སྣ་ཁྲག་ཤོར་བ། སློ་ཚད་དང་སློ་ལུ་བ། མཆིན་ཚད། མཁྲིས་པ་ཤ་སེར། ཁྲག་རླུང་སྟོད་འཚངས། མགོ་གཟེར། རྒྱུ་ཚད། རྒྱུ་གཅན། ཕྲུམ་འགྲུལ་མི་བདེ་བ། འབྲས་ནད་སྣ་ཚོགས། མེས་འཚིག་རྨ་སོགས་དང་ཚ་རིམས་བཅས་ལ་སྟོན་འགོག་གི་ནུས་པ་ལྡན། སྨན་བཟོའི་བཟོ་ལས་ཀྱི་རྒྱུ་ཆ་གཙོ་བོ་ཡིན་པ་དང་། སྨན་རྫས་ཡུན་སྟོང་གསེར་ཁུ་རིགས་ཀྱི་གྲུབ་ཆ་གཙོ་བོ་ཡང་སྟོང་ཆེན་གྱི་ཉིང་བཅུད་ཡིན། གཙོ་བོ་ཧྲན་ཞི་དང་ཧུ་པེ། ལའོ་ཉིན། ཧྲན་ཏུང་། ནང་སོག ཧེ་ལུང་ཅང་སོགས་དང་གཞན་འབྲི་ཆུའི་བྱང་རྒྱུད་ཀྱིས་ཁུལ་མང་ཤོས་སུ་འདེབས་འཛུགས་བྱ་བཞིན་ཡོད།

གཅིག རྩི་ཤིང་གི་རྣམ་པ།

ལོ་མང་སྐྱེས་པའི་རྩ་རྒྱུ་སྟེ། མཐོ་ཚད་ལ་ལི་སྨི 30~70 རྩ་བ་སྦོམ་ཞིང་འབིག་ལྷུམ་ཅན། མདོག་ཁམ་སྨུག་དང་བཅད་ངོས་ཙུང་སེར། ཟུར་བཞི་ཅན། གཏིང་རིམ་དུ་ཡལ་ག་མང་དུ་གྱེས་པ་དང་ལོ་མ་གཉིས་རེ་ཁ་གཏད་དུ་སྐྱེས་པ། ལོ་དབྱིབས་ཁབ་གཟུགས་ཅན། ལོ་མའི་ངོས་ལྟང་ནག་དང་ཞོལ་ངོས་ལྟང་སྐྱ། རྩེ་མོར་མེ་ཏོག་གི་བང་རིམ་གྱེས་པ་དང་མེ་ཏོག་མང་པོ་ཚང་ཚིང་དུ་བཞད་པ། མེ་ཏོག་སྔོ་སྨུག་མཆུ་དབྱིབས་ཅན་ཡིན། འབྲས་བུའི(གང་བུ་འབྲུ་མང་ཅན)མདོག

སྨུག་ནག་ལྷུམ་དཔྱིབས་དང་འདྲ་ལ་སྦུའུ་འདབ་ཀྱིས་མཐའ་ནས་བསྐོར། མེ་ཏོག་གི་དུས་ནི་ཟླ 7~10པའི་བར་དང་། འབྲས་བུའི་དུས་ནི་ཟླ 8~10པའི་བར་ཡིན།

གཉིས། སྐྱེ་ཤིང་རིག་པའི་ཁྱད་ཆོས།

ཇོད་འཛམ་གྱི་གནམ་གཤིས་འོག་སྐྱེས་པར་འཚམས། ཚ་བ་དང་གྲང་ལྷག་བཟོད་པ། སྟོང་ཆང་གི་རྩ་བས−30℃ཡི་གྲང་ལྷག་བཟོད་ཐུབ་པ་དང་། སྟོང་ཆང་གིས 35℃ཡས་མས་ཀྱི་ཚ་བ་བཟོད་ཐུབ་པ། ཐུང་སྐམ་ཤས་ཆེ་བ་དང་། ཉི་འོད་དང་ཁ་གཏད་ས། ཆར་བ་འབྲིང་རིམ། ཆུ་འདོར་ནུས་པ་ལེགས་པ། སྙོམས་གཤིས་ཅན་དང་ཐུང་བལ་གཤིས་ཅན་གྱི་བྱེ་མའི་རང་བཞིན་གྱི་ས་རྒྱུར་སྐྱེས་པ་ཐུང་ལེགས། ཐན་པ་བཟོད་པ་དང་ཆར་ཞོད་ལ་འཛེམ་དགོས། ཡང་ན་ཆར་ཆུ་མང་དྲགས་པ་དང་འཁྱིལ་ཆུའི་གནས་སུ་ཡུན་རིང་ན་རྩ་བ་རུལ་སླ་ཞིང་ལེགས་པར་སྐྱེས་པ་ལའང་གེགས་བྱེད་ངེས།

གསུམ། འདེབས་འཛུགས་ལག་རྩལ།

(གཅིག) ས་འདེམ་པ་དང་ཕོད་སྙོམས་པ།

ཐུང་སྐམ་ཤས་ཆེ་ས་དང་ཉི་འོད་མོད་ས། ས་ཤུན་མཐུག་པ་སོགས་སའི་ནུས་པ་ལེགས་པ། ས་འོག་ཆུ་བབ་ཐུང་དམའ་སའི་ན་དང་ཡང་ན་བལ་གཤིས་ལྡན་པའི་བྱེ་མའི་རང་བཞིན་གྱི་ས་རྒྱུའམ་རུལ་སྨུག་ཅན་གྱི་ས་རྒྱུར་འདེབས་འཛུགས་བྱ་རྒྱུ། ཞིང་ས་འདེམས་རྗེས་སུ་ས་ཕོད་སྙོམས་པ་དང་སྤྱི་ཆིང་རེར་ལུད་རྫས་སྟོང་ཁ 37500དང་ལིན་བཀལ་སྦྱར་ཀལ་སྟོང་ཁ 750བསྲེས་ནས་ལི་སྨི 30ཡན་གྱི་ཞིང་སར་རྨོ་འདེབས་བྱེད་དགོས། འདེབས་འཛུགས་མ་བྱས་སྔོན་དུ་ཤལ་བས་སྙོམས་ནས་ཞིང་ལ་ལི་སྨི 1.3ཅན་གྱི་རྣང་མ་བཟོ་རྒྱུ་དང་ཤུར་ཞིང་ལ་ལི་སྨི 40 ཅན། ཕྱོགས་བཞིའི་ཤུར་གཏིང་ཕོད་སྙོམས་པོར་བྱས་ནས་ཆུ་རྒྱུན་ལ་བཀག་རྒྱ་མེད་པར་བྱ་དགོས།

(གཉིས)སྤོར་འཛུགས།

ཟླ 10པའི་ནང་ཧོང་ཆེན་གྱི་སྡོང་རྐང་དང་ལོ་མ་སྐམ་འགྲོ་བ་དང་ཕྱི་ལོའི་ཟླ 4པའི་ནང་རིམ་གྱིས་སྨྱུ་གུ་འབུས་ནས་ལྗང་མདོག་ཏུ་གྱུར་འོང་། དགུན་དུས་ས་བབས་འཁྱགས་པས་མ་བསྡམས་གོང་དང་ལོ་རྗེས་མའི་དཔྱིད་དུས་སྨྱུ་གུ་མ་འབུས་སྔོན་དུ་སྤོ་འཛུགས་བྱེད་དགོས། ཤལ་བ་སྙོམས་ཟིན་པའི་རྣང་མའི་ངོས་སུ་བར་མཚམས་ལི་སྨི 25~27ཡིན་པའི་ཤུར་བཟོས་རྗེས་བཀོས་ཟིན་པའི་སྨྱུག་སོན་དེ་ཆེ་ཆུང་ལྟར་རིམ་པ་གཉིས་སུ་དགར་རྒྱུ་དང་། སྡོང་རྐང་རེ་བར་མཚམས་ལི་སྨི 8~10བྱས་ནས་དྲང་པོར་ཤར་ནང་དུ་འཛུགས་རྒྱུ་དང་གཏིང་ཚད་ས་བབས་ལས་ལི་སྨི 3ཙམ་བྱ། དེ་རྗེས་ས་བབས་ཙུང་མར་མནན་རྒྱུ་དང་དུས་ཐོག་ཏུ་ཆུ་བླུགས་དགོས། མཐར་བསྐྱར་དུ་ས་བཀབ་ནས་རྣང་མ་དང་མཐོ་དམའ་མེད་པར་བྱ།

(གསུམ)ཞིང་ས་དོ་དམ།

1.ཞིང་ས་དོ་དམ་དང་ལྗམ་བུ་ཡུར་བ། སྤོ་འཛུགས་བྱས་རྗེས་ཀྱི་ཟླ 4པའི་ནང་སྨྱུ་གུ་ལྗང་མདོག་ཅན་དུ་གྱུར་དུས་ལྗམ་བུ་དོར་རྒྱུ་དང་། རྗེས་སུ་ཟླ་གཉིས་རེར་ལྗམ་བུ་ཐེངས་རེ་དོར་ནས་རྣང་མའི་ངོས་གཙང་མ་བཟོས་ཏེ་རྩྭ་ཡན་མེད་པར་བྱ་དགོས།

2.ལུད་གསོས་འདེབ་པ།

སྤོ་འཛུགས་བྱས་རྗེས་ཀྱི་ལོ་རེའི་ཟླ 4པ་དང 6པ། 10པའི་ནང་དུ་ལུད་རྫས་འདེབ་རྒྱུ། ཐེངས་སྔོན་མ་གཉིས་ལ་སྤྱི་ཆེང་རེར་མི་དང་ཕྱུགས་ཟོག་གི་བཤང་གཅི་སྤྱི་རྒྱ 22500~30000བར་འདེབ་པ་དང་། ཟླ 10པའི་ནང་བསྐྱར་དུ་སྡོང་རྐང་བར་གྱི་ཤུར་ནང་དུ་སྤྱི་ཆེང་རེར་ལིན་བཀྲལ་སྐྱུར་རྫས་སྟོང་ཁེ 22500བཞག་རྗེས་ས་བཀབ་ནས་དགུན་བསྐྱལ་དགོས།

3.ཆུ་བསྲུང་བ། ཧོང་ཆེན་ནི་ཐན་པ་བཟོད་ལ་ཆར་ཞོད་ཀྱིས་གནོད་པ་ཡོད་

པས་ཆར་ཆུའི་དུས་ཚིགས་སུ་དུས་ཐོག་ཏུ་ཆུ་དོར་ནས་བསྲུང་དགོས་ལ་བསགས་ཆུས་རྩ་བ་རུལ་བར་མཉམ་འཛོག་བྱ་རྒྱུ།

4.མི་ཏོག་གི་གང་བུ་དོར་བ། ཉར་སྲོན་ལས་གཞན་ཟླ 7~10བའི་ནང་གནམ་གཤིས་བཟང་བའི་སྔ་དྲོའི་དུས་སུ་དུས་དང་རིགས་དཀར་ནས་གང་བུ་དོར་ནས་འཚོ་བཅུད་རྩ་བར་ཐིམ་པར་བྱ།

(བཞི)ནད་འབུའི་གནོད་སྐྱོན་དང་འགོག་བཅོས།

1.ཉིད་ནད། གནོད་འབུས་ལོ་མར་གནོད་སྐྱོན་ཐེབས་ལ་ཐོག་མར་ལོ་མའི་རྩེ་དང་རིམ་གྱིས་ལོ་མའི་མཐའ་ལ་དབྱིབས་ངེས་མེད་ཀྱི་མདོག་ཁམ་ནག་ཅན་གྱི་ནད་ཐིག་འབྱུང་བ་དང་དེའི་རྗེས་སྨུར་སོར་གཏིང་ནས་མགོར་ཁྲབ་སྣེ་ལོ་མ་ཡོངས་སྐམ་པར་བྱེད།

འགོག་བཅོས་ཐབས་ལམ།

དགུན་དུས་འཚོལ་བསྡུ་བྱས་རྗེས་ནད་ཅན་གྱི་ཡལ་ག་དང་ལོ་མ་དོར་རྒྱུ་དང་། དགུན་བཀལ་ནད་འབུ་ཚར་གཅོད་བྱེད་པ། ནད་འབྱུང་བའི་སྔ་དུས་སུ་50%ཅན་གྱི་དོ་ཐུན་ལིན་ལྷབ 1000ཅན་ཆྣངས་གཏོར་བྱ་དགོས།

2.རྩ་བ་རུལ་བའི་ནད།

ཟླ 8~9བའི་བར་འབྱུང་ལ། སྔ་དུས་སུ་ཡལ་གའི་རྩ་བ་ཁམ་ནག་ཏུ་གྱུར་ནས་རུལ་འགྲོ་ལ། རིམ་གྱིས་གཞུང་རྟ་དང་རྩད་པའི་སྙིང་ཁྲབ་སྣེ་སྡོང་ཀང་ཡོངས་སྐམ་འགྲོ།

འགོག་བཅོས་ཐབས་ལམ།

ཆར་དུས་སུ་ཆུ་འདོར་བར་ཉམས་འཛོག་བྱས་ནས་ཞིང་སའི་བརླན་བཤེར་གྱི་ཆ་ཉུང་དུ་གཏོང་རྒྱུ། ནད་མ་བྱུང་བའི་སྔ་དུས་སུ 50%ཅན་གྱི་དོ་ཕུའུ་ཐུན་ལྷབ 10000ཅན་བཀོལ་ནས་ནད་སྔོན་འགོག་བྱ་དགོས།

3.ནད་དེར་སྔོན་འགོག་མ་བྱས་ན་ཟླ་6~10བའི་ནང་ནད་དེ་ཧོང་ཆེན་གྱི་སྡོང་རྐང་བརྒྱུད་འཚོ་བཅུད་བསྡུ་ལེན་བྱས་ནས་སྡོང་རྐང་དང་ཡལ་ག་རྣམས་རིམ་གྱིས་སྐམ་པར་བྱེད་སྲིད།

འགོག་བཅོས་ཐབས་ལམ།

འདེབས་འཛུགས་མ་བྱས་སྔོན་དུ་ས་བོན་གཙང་འདེམས་བྱེད་པ་དང་། ནད་འབུ་དེས་གནོད་པ་མཐོང་དུས་མྱུར་དུ་སྡོང་རྐང་འབལ་དགོས་པ་དང་སྐྱེས་དངོས་ཀྱི་སྨན་རྫས་བཀོལ་དགོས།

བཞི། སོན་ཉར་ལག་རྩལ།

ཐད་ཀར་ས་བོན་འདེབས་འཛུགས་བྱེད་པ་དང་ལྗང་བུ་སྤོ་འཛུགས་བྱེད་པ་སོགས་སྐྱེས་འཕེལ་ཐབས་ལམ་གཉིས་ཡོད།

(གཅིག)ས་བོན་འཚོལ་བསྡུ།

ཧོང་ཆེན་མེ་ཏོག་དང་འབྲས་བུའི་དུས་ཚུང་རིང་ལ་ཕལ་ཆེར་ཟླ་གསུམ་ལྷག་སྟེ། སྨིན་ཚད་མི་འདྲ་ཞིང་ཤིང་ཏོག་ལྷུང་སླ། ཟླ་7~8པར་འབྲས་བུ་མང་ཆེ་བ་ལྗང་མདོག་ཅན་ནས་རིམ་བཞིན་སེར་པོར་གྱུར་དུས་འབྲས་བུའི་ཡུ་བ་དང་བཅས་ཐོགས་རྗེས་སྐམ་པ་དང་བརྟུང་སྟེ་ས་བོན་ཕྱིར་འདོན་རྒྱུ། གཙང་འདེམས་བྱས་རྗེས་རས་ཁུག་ཏུ་བཙུག་སྟེ་ཚུང་སྐམ་ཤས་ཆེ་བ་དང་བསིལ་གནས་སུ་ཉར་ཏེ་བཀོལ་སྤྱོད་བྱེད་པར་གྲ་སྒྲིག་བྱ་རྒྱུ། ས་བོན་ཉར་ཚད་ལོ་གསུམ་ཡིན།

(གཉིས)ས་བོན་འདེབས་པ།

མཚོ་སྔོན་ས་ཁུལ་དུ་ཟླ་10བའི་ཟླ་སྨད་དེ་ས་འཁྱགས་པས་མ་བསྣམས་གོང་ལ་འདེབས་འཛུགས་བྱ་རྒྱུ། ཞལ་བ་སྙོམས་ཟིན་པའི་རྣང་མའི་སྟེང་དུ་བར་མཚམས་ལི་སྨི་25~27བར་དུ་གཏིང་ཚད་ལི་སྨི་2~3ཙམ་གྱི་ཤུར་བཟོས་ཏེ་ས་ཁོད་རན་པར་བྱ་དགོས། རྗེས་སུ་ས་བོན་དང་ས་ཐལ་འདྲེས་མར་ཤུར་ནང་སྙོམས

པོར་གཏོར་རྒྱུ་དང་སྟེང་དུ་མཐུག་ཚད་ལི་སྨི་1~1.5ཡས་མས་ཀྱི་ས་བཀབ་ནས་ས་བོན་མི་མཐོང་བར་བྱ། སྤྱི་ཆིང་རེར་ས་བོན་འདེབས་ཚད་སྤྱི་ཀྲ་7.5~11.75བར་ཡིན། བཏབ་རྗེས་ཀྱི་ཞིང་སར་བརླན་བཤེར་གྱི་ཆ་རྒྱུན་འཁྱོངས་བྱ་རྒྱུ། དབྱིད་དུས་བཏབ་པའི་ས་བོན་དེ་ཉིན་7~10རྗེས་སུ་མྱུ་གུ་འབུས་འོང་བ་དང་དགུན་དུས་ཀྱི་ས་བོན་དེ་ཕྱི་ལོའི་དབྱིད་ཀར་མྱུ་གུ་འབུས་འོང་། མྱུ་གུའི་དུས་སུ་དོ་དམ་ལ་ཤུགས་བསྣན་ནས་མཐོ་ཚད་ལི་སྨི་5ཡིན་དུས་ལྡང་བུ་མཐུག་སེལ་བྱེད་པ་དང་བར་མཚམས་ལི་སྨི་10བྱས་ནས་མྱུ་གུ་འཛུགས་རྒྱུ།

(གསུམ)ལྡང་གསོ།

དབྱིད་དུས་ཟླ་གསུམ་པའི་ཟླ་སྨད་ནས་ཟླ་བཞི་བའི་ཟླ་སྟོད་དུ་ཤལ་བ་སྙོམས་ཟིན་པའི་ལྡང་བུ་གསོ་སའི་སྟེང་བར་མཚམས་ལི་སྨི་27ཅན་གྱི་ཤུར་བཟོ་རྒྱུ་དང་ཤུར་གཏིང་ལི་སྨི་2ཡས་མས་བྱ་རྒྱུ། འདེབས་འཛུགས་མ་བྱས་སྔོན་དུ་ས་བོན་40℃~45℃ཡིན་པའི་ཆུ་དྲོད་འཇམ་དུ་དུས་ཚོད་6རིང་ལ་སྦངས་རྒྱུ་དང་དེ་ནས་ཡར་བླངས་ཏེ་ཁང་དྲོད་འོག་དྲོད་དང་བརླན་སྲུང་བར་བྱས་ནས་མྱུ་གུ་འབུས་པར་རམ་འདེགས་བྱེད་རྒྱུ། ས་བོན་མང་ཆེ་བ་གས་དུས་ཆ་སྙོམས་སྒྲོས་ཤུར་ནང་དུ་གཏོར་བ་དང་སྟེང་དུ་སའི་མཐུག་ཚད་ལི་སྨི་1ཙམ་བཀབ་ནས་ས་བོན་མི་མཐོང་བར་བྱ། ཞིང་ས་སྤྱི་ཆིང་རེར་ས་བོན་འདེབས་ཚད་སྤྱི་ཀྲ་30ཡས་མས་ཡིན། འདེབས་འཛུགས་བྱས་རྗེས་རྣང་མའི་ངོས་སུ་རྩ་བཀབ་ནས་དྲོད་བསྲུང་རྒྱུ་དང་ཞིང་ས་བརླན་བཤེར་གྱི་ཆ་དེ་རྒྱུན་འཁྱོངས་བྱ་རྒྱུ། དྲོད་ཚད་15℃~20℃ཡི་སྐབས། ཉིན་7~10ནང་མྱུ་གུ་འབུས་ཡོང་བ་དང་དེ་དུས་དུས་ཐོག་ཏུ་རྣང་མའི་སྟེང་གི་རྩ་ལེན་པ་དང་། བསྐྱུད་མར་ལྷུམ་བུ་ཚར་གཅོད་པ་དང་ལྡང་བུ་མཐུག་སེལ་བྱ་རྒྱུ། མྱུ་གུའི་མཐོ་ཚད་ལི་སྨི་5ཙམ་ཡིན་དུས་བར་མཚམས་ལ་ལི་སྨི་10བྱས་ནས་འདེབས་འཛུགས་བྱེད་པ་དང་དུས་ཐོག་ཏུ་ལུད་རྫས་དང་ཆུ་

གཏོང་དགོས། ལྷང་བུ་གསོས་ནས་ལོ་གཅིག་ལོན་དུས་སྤོ་འཛུགས་བྱེད་ཆོག སྐྱེས་འཕེལ་ཐད་ས་བོན་བཏབ་ན་ཤིན་ཏུ་ལེགས་ཏེ། སྐྱེས་པ་མྱུར་ལ་དོ་དམ་སླ། སྐྱེས་ཟིན་པའི་སྡོང་རྐང་རིང་ལ་གྲེས་ཆེབ་ཞུང་། རྒྱུ་ཕྲུས་བཟང་ཞིང་ཐོན་འབབ་མཐོ་བས་ཞིང་ས་ཆུང་ངུ་ཙམ་དུ་གསོ་སྐྱོང་བྱས་ཏེ་མྱུ་གུ་སྤོ་འཛུགས་བྱས་ཆོག

ལྔ། འཚོལ་བསྡུ་དང་ལས་སྣོན།

ས་བོན་འདེབས་འཛུགས་བྱས་པ་དེ་བཏབ་རྗེས་ཀྱི་ལོ 2~3ཀྱི་རྗེས་སུ་བསྡུ་ལེན་བྱས་ཆོག་པ་དང་། མྱུ་གུ་སྤོ་འཛུགས་བྱས་པ་དེ་ལོ་རྗེས་མའི་དབྱིད་དུས་མྱུ་གུ་མ་འབུས་སྔོན་དང་ཡང་ན་ཟླ 10བའི་ཟླ་སྨད་འམ་ཟླ་དཀྱིལ་དུ་ཡལ་ག་དང་ལོ་མ་རྙིད་རྗེས་སུ་བསྡུ་ལེན་བྱས་ཆོག སྐྱེས་ནས་ལོ་གསུམ་ལོན་དུས་བསྡུ་ལེན་བྱས་ན་སྨན་རྫས་ཀྱི་རྒྱུ་ཕྲུས་ཆེས་ལེགས་པ་དང་ཐོན་འབབ་ཆེས་མཐོ། ཧོང་ཆེན་ཀྱི་གཞུང་རྩད་ཤིན་ཏུ་གཏིང་ཟབ་སྤབས་འབལ་དུས་རྩ་བར་གནོད་པ་དང་ཆད་འགྲོ་བར་ཉམས་འཛོག་བྱ་རྒྱུ། རྩ་བ་བླངས་རྗེས་ནད་ཅན་གྱི་ཡན་ལག་ཁག་དོར་དགོས་པ་དང་། ཙུང་ཟད་སྐེམ་རྗེས་སླེ་པོ་ནང་དུ་བཙུག་ནས་ཕྱི་ཤུན་རྙིང་བ་དོར་ནས་རྩ་བའི་མདོག་སྨུག་སེར་ཅན་དུ་ཡོང་བར་བྱ། མཐར་རྩ་བ་སྐམ་ཐག་ཆོད་པར་བྱ་རྒྱུ་དང་བསྐྱར་དུ་ཕྱི་ཤུན་དོར་ནས་ཕྱི་ངོས་འཇམ་ཞིང་སེར་སྐྱར་གྱུར་དུས་ཚོང་ཟོག་བྱས་ཆོག སྐམ་དུས་ཉི་མར་བསྲོས་དྲགས་ན་རྩ་བ་དམར་པོར་འགྱུར་བ་དང་། ཆར་ཆུས་བརླན་དྲགས་ན་རྩ་བ་ལྷང་ནག་ཏུ་གྱུར་ནས་རྒྱུ་ཕྲུས་ལ་ཤུགས་རྐྱེན་ཐེབས་པས་དེའི་རིགས་ལ་གཟབ་གཟབ་བྱ་དགོས།

ས་བཅད་བཅུ་བདུན་པ། རྫ་ཡུངས།

རྫ་ཡུངས་ནི་ལུག་མཉེའི་མེ་ཏོག་གི་ཁོང་གཏོགས་ཀྱི་རྩི་ཤིང་ཞིག་ཡིན།

མིང་གཞན་ལ་ཧྥེ་ཧྥ་ཡུངས། སོད་ཧྥ་ཡུངས། ཟོན་པེན་ཙི་ཆོད་སོགས་ཟེར། འདི་ནི་རྒྱུན་བཀོལ་གྱི་རྩྭ་སྨན་ཞིག་སྟེ། ས་འོག་གི་རྩ་བའི་རང་བཞིན་གྱི་གཞུང་ཁང་དེ་སྨན་དུ་བཀོལ་བཞིན་ཡོད། དེས་ཚ་བ་གཅོག་པ་དང་། གློ་ཚད་སེལ། གཅོ་བཅོས་སུ་ཚ་བ་རྒྱས་པ་དང་སྙིང་འཕྱུས་པ། སྐམ་དད། མཚན་དུས་རྫུལ་ནག་འདོན་པ། གློ་ཚད་གཅོག་པ་དང་གློ་ལུ་བ། རྒྱུ་ཚད། རྩ་སྐམ་པ། གཅིན་སྙི་ཟ་ཁུ་སོགས་ལ་ཕན། གཙོ་བོ་ཧའོ་པའི་དང་ཧྲན་ཞི། ནང་སོག་དང་ཧྲའན་ཤིས། གན་སུའུ་སོགས་ཞིང་ཆེན་ཁག་ཏུ་ཐོན་ཚད་མཐོ་པ་དང་། རྒྱ་ཕྱུས་ཆེས་ལེགས་པ་ནི་ཧའོ་པའི་ཞིང་ཆེན་ཡིས་རྫོང་གི་ཧྲ་ཡོངས་དེ་ཡིན་པར་བཤད།

གཅིག ཙྷེ་ཤིང་གི་རྣམ་པ།

ལོ་མང་སྐྱེས་པའི་རྩ་རྒྱུ་སྟེ། སྡོང་ཁང་གི་མཐོ་ཚད་ལི་སྨི 60~100བར། གཞུང་རྩད་སྦོམ་ཞིང་མདོག་སྐྱ་ཁ། ཚི་སྐྱའི་དབྱིབས་ཅན་མང་དུ་སྐྱེས་པ་དང་སྐྲ་འདྲ་བའི་རྩ་བ་ཕྲན་བུ་མང་དུ་གྱེས་པ། ལོ་མ་གཏིང་རིམ་དུ་ཚང་ཚིང་དུ་རྒྱུས་ལ་རྒྱུ་སྲ། གཟུགས་སྐུད་དབྱིབས་དང་ནར་དབྱིབས་ཅན། ལོ་མའི་རྩེ་རིང་ཞིང་ཕྲ་ལ་མཐའ་ཡོངས་སྲུ་དང་བྲལ་བ། གཞུང་ཁང་གི་རྩེ་ནས་མེ་ཏོག་ཁང་གཅིག་ནས་ཁང་གསུམ་ལྷག་བཞད་པ་དང་། མདོག་སྨུག་པོ། འབྲས་བུ་སྒོར་དབྱིབས་ཅན། སྨིན་དུས་ཁ་གསུམ་དུ་གས་འགྲོ་བ་དང་ས་བོན་གྱི་མདོག་ནག་ལ་གྲུ་གསུམ་ཅན། མེ་ཏོག་གི་དུས་ནི་ཟླ 5~8པའི་བར་དང་འབྲས་བུའི་དུས་ནི་ཟླ 5~9དུས་ཡིན།

གཉིས། ཙྷེ་ཤིང་རིག་པའི་ཁྱད་ཆོས།

གྲང་ལྷགས་དང་ཐན་པ་བཟོད་ལ་ཅུང་དྲོད་འཛམ་གྱི་གནམ་གཤིས་འོག་སྐྱེས་པར་འཚམས། ཞིང་ས་སོབ་སོབ་ཅན་དང་ཆུ་འདོར་ནུས་པ་ལེགས་པའི་ས་གཤིས་རང་བཞིན་གྱི་ས་རྒྱུ་དང་ཡང་ན་ཟུལ་སྨུག་ཅན་གྱི་ས་རྒྱུ་ཅུང་བཟང་། འདམ་བུ་ཅན་གྱི་ས་ཞིང་དང་ཉི་འོད་མི་ཕོག་སའི་རི་སྒང་། ཆུ་འདོར་ནུས་པ་མི་ལེགས

པའི་ས་ཀོང་དུ་འདེབས་འཛུགས་བྱ་མི་འོས། ཟ་ཡུངས་ནི་ལོ་མང་སྐྱེས་པའི་རྩ་བ་འཁྲུམས་པའི་རྩི་ཤིང་སྟེ། ལོ་རེའི་དཔྱིད་དུས་དྲོད་ཚད་10℃ཡན་ཡིན་དུས་མྱུ་གུ་ས་ཁར་འབུས་འོང་བ་དང་། ཟླ་4~6པའི་བར་ནི་སྐྱེ་འཕེལ་གྱི་དུས་ལེགས་ཤོས་ཡིན་པ་དང་། ཟླ་8~10བའི་བར་ནི་རྩ་བ་ཆེར་རྒྱས་པའི་དུས་སོ།། ཟླ་11པའི་ནང་སྡོང་རྐང་སྐམ་འགྲོ་བ་དང་། སྐྱེ་འཚར་གྱི་དུས་ནི་ཉིན230ཡས་མས་ཡིན།

གསུམ། འདེབས་འཛུགས་ལག་རྩལ།

(གཅིག)ཞིང་ས་འདེམས་པ་དང་ས་ཁོད་སྙོམས་པ།

ས་གཤིས་གཤིན་པོ་དང་ཅུང་སོབ་སོབ་ཅན། ཆུ་འདོར་ནུས་པ་ལེགས་ཤིང་ཉི་འོད་མོད་ས། བྱེ་མའི་རང་བཞིན་གྱི་ས་རྒྱུ་ཅན་དང་རྡུལ་སྨུག་གི་གྲུབ་ཆ་མང་བའི་ས་རྒྱུ་ཅན་འདེམས་ནས་འདེབས་འཛུགས་བྱེད་པ་དང་། ས་ཤུན་མཐུག་པའི་རི་སྐང་དང་ས་རྐོད་དུའང་འདེབས་འཛུགས་བྱས་ཆོག སྙོམས་གཤིས་རང་བཞིན་གྱི་ས་རྒྱུ་ལ་འདེབས་འཛུགས་བྱས་ན་སྐྱེས་པ་ཅུང་ལེགས། ཞིང་ས་འདེམས་རྗེས། སྤྱི་ཆེང་རེར་ལུད་རྫས་སྟོང་ཁ45009དང་འདྲེས་སྦྱོར་རྫས་སྟོང་ཁ150འམ་ཡང་ན་ལུད་རྫས་སྟོང་ཁ750བཞག་རྗེས་ས་འོག་ཏུ་སྦས་ནས་གཏིང་ལུད་བྱ་རྒྱུ། སྤྱིར་གཤིས་རང་བཞིན་གྱི་ཞིང་ས་ཡིན་དུས་སྟེང་དུ་རྡོ་ཐལ་བྱེ་མ་འོས་མཚམས་ཞིག་གཏོར་ནས pHཚད7གྱི་ཡས་མས་སུ་སྙོམས་རྒྱུ། རྗེས་སུ་མཐོ་ཚད་ལི་སྨི25ཅན་གྱི་ཞིང་སར་རྐོ་འདེབས་བྱེད་པ་དང་ཤལ་བ་སྙོམས་ནས་ཞིང་ལ་སྨི1.3ཅན་གྱི་རྣང་མ་བཟོ་རྒྱུ། གལ་ཏེ་ཞིང་ས་སྐམ་ཐག་ཆོད་ཚེ། མྱུར་མོར་རྣང་མའི་ནང་དུ་ཆུ་གཏོང་དགོས།

(གཉིས)ཆུ་རིམ་གྱིས་སར་འཐིམས་ནས་ས་ཤུན་ཅུང་སྐམ་ཤས་ཆེ་དུས་འདེབས་འཛུགས་བྱ་རྒྱུ།

དཔྱིད་དུས་དང་དཔྱིད་མགོར་འདེབས་འཛུགས་བྱེད་དགོས། འདེབས

འཇོགས་བྱེད་དུས་བར་མཚམས་ལི་སྨི 18~20བར་དང་སྡོང་ཆང་གི་བར་མཚམས་ལི་སྨི 5~7བྱས་ནས་ཤུར་གཏིང་ལི་སྨི 4~5ཙམ་ཞིག་བཟོ་རྒྱུ་དང་། འདེབས་འཇོགས་བྱས་རྗེས་ས་བསྒྲིག་པ་དང་ཆུ་གཏོང་རྒྱུ། རིམ་གྱིས་ལྗང་བུ་ལ་སྨ་ར་ཙམ་གྱི་རྩ་བ་ཕྲན་བུ་མང་དུ་གྱེས་དུས་སྐྱེས་པ་ལེགས།

(གསུམ)ཞིང་ས་དོ་དམ།

1.སྨྱུ་གུ་མཐུག་སེལ་དང་གསེབ་པ།

དཔྱིད་དུས་སྨྱུ་གུ་འབུས་པ་དང་སྨྱུ་གུའི་མཐོ་ཚད་ལི་སྨི 4~5ཡིན་དུས་བཟང་ངན་དགར་བ་དང་། སྨྱུ་གུའི་མཐོ་ཚད་ལི་སྨི 10ཡས་མས་སུ་སྡོང་ཆང་བར་ལི་སྨི 4~5ཙམ་དུ་བྱས་ནས་གསེབ་དགོས། ཅུང་འོས་འཚམས་སྔོས་མཐུག་འདེབས་བྱེད་པ་ནི་རྫ་ཡུངས་ཀྱི་ཐོན་འབབ་ཇེ་མཐོར་གཏོང་བའི་གཞི་རྩའམ་གནད་འགག་ཡིན།

2.སྨྱུ་གུ་མཐུག་སེལ་བྱས་རྗེས་ས་སྐྱོམས་པ་དང་རྩ་ལྷམ་ཚར་གཅོད་ཐེངས་གཅིག་བྱ་རྒྱུ། ས་ཞིང་གི་སྟེང་ངོས་ས་སོབ་སོབ་ཏུ་བཟོས་ན་ཆོག ཡུར་མ་ཡུར་ནས་རྩ་ལྷམ་ཚར་གཅོད་བྱས་ཏེ་ནང་མའི་ངོས་སུ་རྩ་ལྷམ་ཉག་གཅིག་ཀྱང་མེད་པར་བྱ་དགོས།

3.ལུད་འཇོག་པ། འོས་འཚམས་ཀྱི་ལུད་རྫས་འཇོག་པ་ནི་རྫ་ཡུངས་ཀྱི་ཐོན་ཚད་ཇེ་མཐོར་གཏོང་བའི་བྱེད་ཐབས་གཙོ་བོ་སྟེ། གཏིང་ལུད་འདང་ངེས་ཤིག་འཇོག་དགོས་པ་དང་སྨྱུ་གུ་དུས་སུ་གཙོ་བོ་ཨེམ་ལུད་རྫས་གཙོ་བོར་བཀོལ་རྒྱུ། ཞིང་ས་སྤྱི་ཆེང་རེར་ཨི་སྤུགས་ཀྱི་བཤང་གཅི་སྤྱི་ཀྲ 15000~22500བར་འཇོག་དགོས་པ་དང་། སྐྱེས་འཚར་ཡོང་བའི་བར་མཇུག་ཏུ་ཏན་ལུད་རྫས་དང་ཙ་ལུད་རྫས་འཇོག་པ་དང་སྤྱི་ཆེང་རེར་ཧྲ་ལུད་དང་རྩི་ཤིང་གི་གོ་ཐལ་སྤྱི་ཀྲ 15000དང་ཡང་ན་ལུ་ཟི་སྐྱུར་ཙ་སྟོང་ཁེ 450བཀོལ་རྒྱུ། ཟོ་རེའི་ཟླ 7~8པའི་ནང་སྐྱེ་འཚར་

ཤིན་ཏུ་སྨུར་དུས་ཞིང་ས་སྤྱི་ཆེང་རེར 0.3%ཅན་གྱི་ལིན་སྐྱུར་གཉིས་ཆང་ཅ་སྤྱོང་ཁེ 750འཛོག་རྒྱུ། ཟླ་ཕྱེད་ཀྱི་ནང་དུ་ལོ་མའི་ངོས་སུ་ཐེངས་གཅིག་གཏོར་རྒྱུ་དང་མཐུད་ནས་ཐེངས་གཉིས་གཏོར་རྒྱུ། གནམ་གཤིས་དྭངས་པའི་ཕྱི་དྲོའི་དུས་ཚོད 4པ་ནི་རྫས་དེ་གཏོར་བའི་དུས་ལེགས་ཤོས་ཡིན་པ་དང་གལ་ཏེ་བཀོལ་རྗེས་སུ་ཆར་བབས་ཚེ་བསྐྱར་དུ་ཐེངས་གཅིག་གཏོར་རྒྱུ།

4.ཞིང་ཆུ་འདྲེན་པ། དགུན་དུས་ས་མ་འཁྱགས་གོང་ལ་ཐེངས་གཅིག་དྲངས་ནས་དུས་དེར་ཐན་པ་མི་འབྱུང་བར་བྱ་ལ། དཔྱིད་དུས་སྨྱུ་གུ་འབུས་དུས་ས་རྒྱུ་སྐམ་ཤས་ཆེ་དུས་དུས་ལྟར་ཆུ་འདྲེན་ཐེངས་གཅིག་བྱས་ནས་རྩ་བ་རྒྱས་པར་རོགས་བྱེད་རྒྱུ་དང་། ཆར་ཆུ་དུས་སུ་དུས་ལྟར་ཆུ་ཕྱིར་དྲངས་ནས་འཁྱིལ་ཆུས་རྩ་བར་གནོད་མི་ཐེབས་པར་བྱ།

5.རྫ་ཡུངས་འདེབས་འཛུགས་བྱས་རྗེས་ཀྱི་ལོ་གཉིས་པའི་དབྱར་མགོ་ཚེས་དུས་གཞུང་སྙིང་དོན་ཏེ་སྡོང་བཅོས་བྱ་དགོས། དེས་འཚོ་བཅུད་མང་པོ་གྲོན་ཆུང་བྱ་ཐུབ། ཉར་སོན་ལས་གཞན་མེ་ཏོག་གི་དུས་སུ་ད་རུང་སྡོང་བཅོས་གཅོད་འབྲེག་བྱ་རྒྱུ། ལག་རྩལ་དེས་རྩ་བ་ལེགས་པར་རྒྱས་པ་དང་ཐོན་ཚད་མཐོར་འདེགས་གཏོང་བར་ཕན་ནུས་འདོན་ཐུབ།

6.རྩ་འགེབ་པ། ལོ་གཅིག་ནས་ལོ་གསུམ་ནང་སྐྱེས་པའི་རྫ་ཡུངས་ཀྱི་སྨྱུ་གུ་དེ་ལོ་རེའི་དཔྱིད་དུས་ས་སློམས་པ་དང་རྩ་ལྷུམ་དོར་བ། ལུད་རྫས་བཞག་རྗེས་རྣང་མའི་ངོས་སུ་རྩ་འགེབ་རྒྱུ་དང་། དེས་དྲོད་དང་བརླན་སྲུང་གི་ནུས་པ་འདོན་པ་ལས་གཞན་རྩ་ལྷུམ་སྐྱེ་འཕེལ་བྱེད་པར་གེགས་བྱེད་ཐུབ།

(བཞི)ནད་འབུའི་གནོད་འཚེ་དང་འགོག་བཅོས།

ཆུའུ་ཚོད་འབུ་ཕྲས་རྫ་ཡུངས་ཀྱི་སྨྱུ་གུའམ་ཡང་ན་ས་འོག་གི་གཞུང་རྩ་ཟོས་ནས་སྡོང་རྐང་ལ་གནོད་པ་ཐེབས་ངེས།

འགོག་བཅོས་ཐབས་ལམ།

མ་ལ་སོང་འོ་རྫས་ལྷབ 8000~1000ཅན་གྱི་ཞུ་ཁུ་དང་ཡང་ན 50% ཞིན་ལི་ལིན་ལོ་སྨུམ་སོགས་ཆུ་དང་བསྲེས་ནས་ཞིང་ས་སྤྱི་ཚེང་རེར་ཧོ་ཧྲིན 750 ཁུང་བུའི་ནང་དུ་བཀོལ་རྒྱུ།

བཞི། སོན་འཛོག་ལག་རྩལ།

སྐྱེ་འཕེལ་ཐབས་ལམ་གཉིས་ཏེ། ས་བོན་འདེབས་པ་དང་ཐད་ཀར་སྡོང་རྐང་སར་འཛུགས་པ་གཉིས་སོ།།

(གཅིག) ས་བོན་སྐྱེ་འཕེལ་ཐབས།

1. ས་བོན་འདེམས་པ། སྐྱེས་ནས་ལོ་གསུམ་ལོན་པ་དང་། གནོད་འབུས་ཟིན་མེད་པའི་སྡོང་རྐང་འདེམས་ནས་མ་སྡོང་བྱེད་དགོས། ཟླ 8པའི་ཟླ་དཀྱིལ་ནས་ཟླ་དགུ་བའི་ཟླ་དཀྱིལ་དུས་སུ་སྨིན་ཟིན་པའི་འབྲས་བུ་འཚོལ་བསྡུ་བྱས་ཏེ། འབྲུ་འདོན་པ་དང་གཙང་འདེམས་བྱེད་པ། སྐམ་སྲིག་བཏང་རྗེས་ཉར་ཏེ་བཀོལ་སྤྱོད་ལ་གྲ་སྒྲིག་བྱེད་དགོས།

2. ས་བོན་གོ་སྒྲིག

རྫ་ཡུངས་ཀྱི་སྨུ་གུ་འབུས་ཚད་ནི 40% ~50%ཙམ་ལས་མེད་པས། སྤྱིར་བཏང་དུ་ས་བོན་བྱེ་སའི་ནང་དུ་ཉར་ནས་ལོ་རྗེས་མའི་དཔྱིད་དུས་བཏབ་ན་ལེགས་པར་སྣང་། ས་བོན་མ་བཏབ་སྔོན་གྱི་ཟླ་གསུམ་པའི་ཟླ་དཀྱིལ་དུ་ས་བོན་དྲོད་ཚད 60℃ཅན་གྱི་ཆུའི་ནང་དུས་ཚོད 8 ~12ཙམ་ལ་སྦངས་དགོས་པ་དང་། དེ་རྗེས་ས་བོན་ཡར་བཏོན་པ་དང་ངོས་ཀྱི་ཆུ་སྐམ་ཙམ་བྱས་རྗེས་ས་བོན་ལས་ལྷབ་གཉིས་ལས་མང་བའི་རླན་ཅན་གྱི་བྱེ་མའི་ནང་དུ་བསྲེས་པ་དང་། ཙུང་དྲོད་འཛམ་དང་ཉི་འོད་དང་ཁ་གཏད་ཀྱི་ས་ཁུལ་དུ་གཏིང་མི་ཟབ་པའི་ཕུར་ཞིག་བརྐོ་རྒྱུ་དང་། བྱེ་མ་དང་བསྲེས་པའི་ས་བོན་ཕུར་ནང་དུ་འཇོག་རྒྱུ་དང་སྟེང་དུ་ལི་སྨི

5 ~6བར་གྱི་བྱེ་ཟགས་འགེབ་རྒྱུ། དེའི་སྟེང་དུ་ས་བཀབ་ནས་ཅུང་མར་གནོན་དགོས། ས་བོན་མང་ཆེ་ཤས་ཀྱི་མདོག་དཀར་པོར་གྱུར་དུས་ས་ནས་བཏོན་ཏེ་བཏབ་ཆོག

3.འདེབས་འཛུགས།

དཔྱིད་དུས་ཟླ 4བའི་ཟླ་དཀྱིལ་དུ་འདེབས་རྒྱུ། རྣང་མའི་ངོས་སུ་བར་མཚམས་དུ་ལི་སྨི 20བྱས་ནས་གཏིང་ཚད་ལ་ལི་སྨི 2ཙམ་གྱི་ཞུར་བཟོ་རྒྱུ་དང་། དེ་རྗེས་ཅུང་འབུས་ལ་ཉེ་བའི་ས་བོན་དེ་ཞུར་ནང་དུ་གཏོར་བ་དང་སྟེང་དུ་ས་བཀབ་ནས་མར་མནན་ནས་ས་བོན་མི་མཐོང་བར་བྱ་རྒྱུ། ས་བོན་བཏབ་རྗེས་ཞིང་སའི་བརླན་གཤེར་གྱི་ཆ་རྐྱེན་འཁྱོངས་བྱ་རྒྱུ་དང་ཟླ་ཕྱེད་ཙམ་འགོར་རྗེས་མྱུ་གུ་འབུས་འོང་། སྤྱི་ཆིང་རེར་ས་བོན་བཀོལ་ཚད་སྤྱི་ཀྲ 150ཡིན། སྤྱི་ཆིང་རེར་གསོས་པའི་ལྗང་བུ་དེ་ཞིང་ས་སྤྱི་ཆིང 150ལ་སྤོ་འཛུགས་བྱས་ཆོག

(གཉིས)སྡོང་རྐང་འཛུགས་པ།

སྔོན་དུས་དང་དགུན་དུས་སྡོང་རྐང་དགུན་ཉལ་གྱི་དུས་ནས་ལོ་རྗེས་མའི་དཔྱིད་དུས་མྱུ་གུ་མ་འབུས་སྔོན་དུ་འཛུགས་དགོས། སྔོན་དུས་སྡོང་རྐང་འཁྲུམ་པའི་དུས་སུ། ལོ་གཉིས་ལ་སླེབས་ཟིན་པའི་རྩ་ཡུངས་ཀྱི་གཞུང་རྩད་འབལ་རྒྱུ་དང་། ཅུང་སྦོམ་ཞིང་གྱིས་ཆེབ་ཞུང་བའི་གཞུང་རྩད་དེ་མ་རྐང་བྱ་རྒྱུ། དེ་རྗེས་གཞུང་རྩད་དེ་དུམ་བུ་བཞི་ལྔ་ཙམ་བྱ་རྒྱུ། དུམ་བུ་རེའི་སྟེང་སྨར་འདྲའི་རྩ་བ་ཐུན་བུ་ཡོད་དགོས། དེ་རྗེས་བཟོས་ཟིན་པའི་རྣང་མའི་ངོས་སུ་བར་མཚམས་ལ་ལི་སྨི 20བྱས་ནས་གཏིང་ཚད་ལི་སྨི 4 ~5ཙམ་གྱི་ཞུར་བཟོ་བ་དང་། གཞུང་རྩད་དུམ་བུ་རེ་རེ་བཞིན་ཞུར་མའི་ནང་དྲང་པོར་འཛུགས་རྒྱུ་དང་བར་མཚམས་ལི་སྨི 5བྱ་རྒྱུ། མཐར་སྟེང་དུ་ས་བཀབ་ནས་ཅུང་མར་མནན་པ་དང་ཆུ་བཏང་ནས་རྩ་བ་བརྟན་པོ་མི་འགྱུལ་བར་བྱ་དགོས།

ལྔ། འཚོལ་བསྡུ་དང་ལས་སྟོན།

(གཅིག) འཚོལ་བསྡུ།

ས་བོན་སྐྱེས་འཚར་བྱུང་རྗེས་ཀྱི་ལོ་གསུམ་ནས་བསྡོག་དགོས། གྲུབ་ཆ⋯⋯ ཚུང་མཐོ་བའི་དུས་ནི་མེ་ཏོག་མ་གད་པའི་སྔོན་གྱི་ཟླ་བཞི་ནས་ལྔའི་བར་ཡིན། གྲུབ་ཆ་འབྲིང་ཙམ་གྱི་དུས་ནི་འབྲས་བུ་སྨིན་ཟིན་པའི་ཟླ་བཅུ་གཅིག་གི་རྗེས་ཡིན། ཟླ་བཞི་བའི་ཟླ་མཇུག་ལ་རྩ་བ་བཀོས་ཏེ་བརླན་མེད་སར་ཉར་དགོས་ལ་གཏུབ⋯⋯ གཙོག་བྱས་ཏེ་ཉར་ནའང་ཆོག

ལེའུ་གཉིས་པ། ཤིང་འབྲས་རིགས་ཀྱི་ཀྲུང་བོད་སྨན་འདེབས་འཛུགས།

ས་བཅད་དང་པོ། འཕང་འབྲས།

འཕང་འབྲས་ནི་ལྷམ་ཚན་རིགས་ཀྱི་རྩི་ཤིང་ཞིག་ཡིན་ལ། མིང་གི་རྣམ་གྲངས་ལ་ཉུབ་ཀྱི་འཕང་འབྲས། གྲ་འབྲུམ་དཀར་པོ། འདྲེ་ཚེར་མ། ཉིན་ཞྭ་འཕང་འབྲས། ཚེར་སིལ་བཅས་ཟེར། རང་རྒྱལ་གྱི་སྨན་རྫས་རྩ་ཆེན་ཞིག་ཡིན། འབྲས་བུ་དང་ཤིང་པགས་སྨན་རྫས་སུ་བྱེད་པ་དང་། འབྲས་བུ་ལ་མཆིན་མཁལ་གསོ་བ་དང་བཅུད་ལེན་མིག་གསལ་གྱི་ནུས་པ་ཡོད་པ། གཙོ་བོ་མཆིན་མཁལ་རྒུད་པ་དང་ཟུངས་ཁྲག་ཞན་པ། མཁལ་རྐེད་དང་པུས་ཚིགས་ན་བ། མཐོང་སྣུགས་ཉམས་པ། མགོ་ཡུ་འཁོར་བ་སོགས་ལ་ཕན། ཤིང་པགས་ཀྱིས་འབྲུམ་འདུལ་བ་དང་ཁྲག་ཚད་གཙོག་པ། ཁམས་སྐྱོམས། གློ་ཚད་གཙོག་པའི་ནུས་པ་ཡོད་པ་སྟེ། གཙོ་བོ་གློ་གཙོང་དང་རླུང་ཚད། གློ་རྫོལ། ཁྲག་ཤེད་མཐོ་བ། གཙིན་སྙི་ཟ་ཁྲུ་སོགས་ལ་ཕན། ཚད་འཛལ་བྱས་པ་ལྟར་ན། འབྲས་བུའི་ནང་དུ་ཧྲུགས་ཚད 25% ~50% སྲི་དཀར་རྫས 10% ~20% ཚིལ་རིགས 12% གཞན་མངར་ཚལ་བུལ། སྐྱུར་སྐྱི་དམར་རྒྱུ། གུང་ལ་ཕུག་རྒྱུ། ལིའུ་ཨིན། རྟོ་རྟོང་རྒྱུ། ལི་ཁྲུ་སྐྱུར། འཚོ་བཅུད། ཚད་ཤུང་གཞི་རྒྱུ། ཀལ། ལིན། ལྕགས་སོགས་ཀྱི་གྲུབ་ཆ་འདུས། དེང་རབས་སྨན་རྫས་ཞིབ་འཇུག་ལས་འཕང་འབྲས་ལ་འབྲས་འགོག་གི་

ནུས་པ་དང་ཁྲག་རྟུགས་འབེབས་པ། ཁྲག་ཤེད་གཅོག་པ། ཁྲག་རྩ་ཆེར་རྒྱས། འཕར་རྩ་སྲ་འགྱུར་སྔོན་འགོག མཁྲིས་ཁྱུམ་འབེབས་པ་སོགས་ཀྱི་བྱེད་ནུས་ཡོད་པ་ར་སྤྱོད་བྱས་ཡོད། ཉིན་ཞ་དང་ཧྲན་ཞི། ནང་སོག ཧྲའན་ཞི། ཀན་སུའུ། མཚོ་སྔོན། ཧུའུ་པའེ། ཞིན་ཅང་སོགས་ནས་ཐོན་སྐྱེད་བྱེད་པ་དང་། ཁྱད་པར་དུ་ཉིན་ཞའི་ཀྲུང་ཉིན་དང་ཀྲུང་ཝེས་རྫོང་གཉིས་དང་མཚོ་སྔོན་གྱི་ཚྭ་འདམ་གཞོང་ས་ནས་ཐོན་སྐྱེད་བྱས་པ་དེ་རྒྱུ་སྤུས་ལེགས་ཤིང་མིང་གྲགས་ཆེ་བ་ཡིན།

གཅིག རྩི་ཤིང་གི་རྣམ་པ།

འཕང་འབྲས་ནི་ཤོན་ལྗང་ཤིང་སྡན་རིགས་ཡིན་པ་དང་། མཐོ་ཚད་ལ་སྨི1.5~2ཡོད། སྡོང་པ་གས་གསར་དུས་མདོག་སྐྱ་བོ་འཇམ་པོ། རིམ་བཞིན་སེར་ནག་དང་གས་ཤུར་ཡོད་པ། གཞུང་རྐང་ཉུང་ལ་རྩུབ་པ། ཡལ་ག་མང་བ། ཐུར་དུ་འཕྱང་ཞིང་ཚེར་དབྱིབས་ཅན། ལོ་མ་མང་ཤོས་ཁ་སྤྲོད་དུ་སྐྱེ་བ་དང་འགའ་ཤས་ཚོམ་བུར་སྐྱེ་བ། ཡུ་བ་ཐུང་བ། སྒང་དབྱིབས་དང་མཐའ་སྐོམས་པ། སྤུ་མེད་པ། མེ་ཏོག་ཁེར་སྐྱེས་དང་ཁ་ཤས་མཆན་ཁུང་ནས་ཚོམ་བུར་སྐྱེ་བ། འདབ་མ་ཟྲིང་སྐྱ་དང་ཡང་ན་སྨུག་སྐྱ། རྩ་རིས་སྨུག་ནག ངར་བ་སྦྲ་བ། འབྲས་བུ་འཛོང་དབྱིབས་ཡང་ན་སྒོང་དབྱིབས། སྨིན་ནས་མདོག་དམར་པོ་ཡང་ན་ལི་དམར་མདངས། ས་བོན་རྡོག20~25དང་། མཁལ་དབྱིབས་ལེབ་མོ། མདོག་དཀར་སེར། མེ་ཏོག་འཆར་ཡུན་ཟླ་ལྔ་བ་ནས་བཅུ་བའི་བར་དང་། འབྲས་བུ་ཐོག་པའི་དུས་ནི་ཟླ་དྲུག་པ་ནས་བཅུ་གཅིག་པར་ཡིན།

གཉིས། སྐྱེ་དངོས་རིག་པའི་ཁྱད་ཆོས།

གནམ་གཤིས་བསིལ་ངང་ལྡན་པ་དང་ཉིན་ས་ནས་སྐྱེས་པ། སྲིབས་ནས་སྐྱེ་ཡང་ཐོན་འབོར་ཉུང་བ། ཆུ་ལུད་འཛོམས་པོ་བྱུང་ན་ལོ་རྗེས་མར་མེ་ཏོག་བཞད་པ་དང་ལོ་ལྔའི་རྗེས་ནས་འབྲས་བུ་འབོར་ཆེན་འབྱུང་བ། ལོ་སུམ་ཅུ་རྗེས

ནས་གཟེད་རྗེ་ཞུང་དུ་འགྲོ། ལོ་བཞི་བཅུ་ནས་རིམ་བཞིན་རྒུད་འགོ་ཚུགས་པ་དང་བདག་སྐྱོང་མ་ལེགས་ན་ལོ་ཉི་ཤུ་ནས་རྒུད་འགྲོ། འཕང་འབྲས་ཀྱི་འཕྲོད་ཤུགས་ཆེ་བ་སྐྱེ་གྲང་ངར་དང་ཐན་པ། བ་ཚྭ་ཐེག་ཐུབ་པ། བྱེ་ས་སོབ་སོབ་དང་ས་སེར། བྱེ་ཐང་། བ་ཚྭ་ཅན་སོགས་ས་གང་ནས་ཀྱང་སྐྱེ་ཐུབ་པ། སྐྱེ་སྟོབས་ཤིན་ཏུ་ཆེ་བ་སྟེ་ཟླ་4 ~8ཡལ་ག་གསར་བ་འབུས་པ་དང་། ཚོམ་བུ་ནི་མཉམ་བསྲེས་ཅན་དང་མཚན་ཁྱུང་ནས་སྐྱེས་པ། མང་ཤོས་ལོ་གཅིག་དང་གཉིས་ནས་ལྷུག་ཐྲན་དུ་འགྱུར། འདེབས་འཛུགས་བྱེད་ན་ས་ཤུན་མཐུག་པོ་དང་ས་གཤིན་པོ། ཆུ་ཡུར་སོགས་བཟང་བའི་བྱེ་ཤས་ཆེ་བའི་ས་དང་བར་གཤིས་ཡང་ན་བུལ་གཤིས་ཆུང་བའི་ས་གཤིན་དགོས་པ་དང་། རྣང་མའི་འགྲམ་དང་ཆུ་འཁྱིལ་གཤོང་ས་སོགས་སུ་འདེབས་འཛུགས་མི་ལེགས།

གསུམ། འདེབས་འཛུགས་ལག་རྩལ།

(གཅིག) ས་འདེམ་ཞིང་ས་ཁོད་སྙོམས་པ།

ས་ཁོད་སྙོམས་པ་དང་ཆུ་འདྲེན་སྟབས་བདེ། ཆུ་ཡུར་བཟང་བ། ཉི་འོད་འཛོམས་པོ། ས་ཤུན་མཐུག་པ། ཞིང་སའི་སྐྱུར་བུལ་ཚད་pH8ལས་དམའ་བའི་བྱེ་ས་སོབ་སོབ་ཡིན་དགོས་པ། སྟོན་མཇུག་ས་གཏིང་དུ་བརྐོས་ནས་ས་བོན་འདེབས་པ་དང་། སྤྱི་ཆིང་རེ་ལ་ལུད་རྫས་37500~45000དགོས་པ་དང་། དགུན་ཁར་ཆུ་གཏོང་བ། སོས་ཀའི་དུས་སུ་ཞིང་ས་10cmའཁྱོགས་ཞུ་རྗེས་ས་ཁོད་སྙོམས་པ་དང་ཤལ་ཞིབ་རྒྱག་དགོས། རྩ་སྤྱོས་གནས་ནི་ཚྭ་འདུས་ཚད་0.3%མན་གྱི་བྱེ་ཤས་ཆེ་བའི་ས་ལེགས་པ་དང་འདེབས་འཛུགས་ལེགས་བསྒྱུར་བྱེད་དགོས། ས་འདེམས་རྗེས་དགུན་ཁར་ཞིང་ས་བསློག་ནས་ས་རྒྱུ་གཤིན་པོ་ཆགས་པ། འདེབས་འཛུགས་བྱེད་རན་དུས་ཡང་བསྐྱར་ཞིང་ས་བསློག་པ་དང་ས་ཁོད་སྙོམས་པ། ཆུ་གཏོང་བ། དོང་བརྐོ་བ་དང་གཏིང་ལུད་འཛོག་པ། དེ་རྗེས་དངོས་

སྦུ་འདེབས་འཛུགས་བྱེད་དགོས་པ་ཡིན། དུས་མཉམ་དུ་འགྲོ་ལམ་དང་ཁྲུང་ཤྲུར། ཡུར་བ་སོགས་ལེགས་པོ་བཟོ་དགོས།

(གཉིས)ཚ་སྲོས་རྒྱག་པ།

ཚ་སྲོས་རྒྱག་པའི་དུས་ནི་སྟོན་མཇུག་ནས་སོས་ཀར་ཞིང་མྱུག་མ་འབུས་སྔོན་དུ་ཡིན། ཟླ་གསུམ་པའི་སྨད་ནས་ཟླ་བཞི་བའི་སྟོད་དུ་ཆེས་བཟང་བ་དང་གསོན་ཚད་ཀྱང་མཐོ་བ་ཡིན། སྟོང་རྐང་གི་བར་མཚམས 2m×2m (156རྐང་/མུ)ཡིན་པའི་ངོང་བརྐོ་བ་དང་། ས་ངོང་གི་ཚངས་ཐིག་དང་གཏིང་ཚད་ལ 40cmདགོས། ས་ངོང་ལི་སྨི 10རེ་ལ་རུལ་བསྐྱལ་བྲེས་ལུད་དང་ཡང་ན་ལུད་ཕུང་སྟོང་ཁ 45~75འཛོག་པ་དང་སྟེང་དུ་ས་ལི་སྨི 10འགེབ་པ། དེ་རྗེས་ལོ་གཅིག་ནས་གཉིས་ལ་ཚ་ཚུགས་བྱས་པའི་མྱུ་གུ་སྐྱེ་སྟོབས་ཅན་གྱི་ཚ་བ་ཕྲ་ཞིང་རིང་བ་རྣམས་བཅད་ནས་ཁྲུང་བུ་རེ་རེར་འཛུགས་པ། ཐོག་མར་མཐའ་དང་རྗེས་ནས་དཀྱིལ་དུ་ས་འགེབ་པ། ཕྱེད་ཙམ་ལ་ཐོན་ནས་སྟོང་རྐང་ཡར་ཙུང་འཐེན་པ་དང་ས་འགེབ། ཆུ་ལྷུག་པ་དང་བརྟན་འཇགས་བྱེད་པ། ས་བཀབ་ནས་ས་ངོས་ལི་སྨི 10ཡིས་མཐོ་བ་བྱས་ཏེ་རུས་སྦལ་གྱི་ཕྱི་སྐོགས་དབྱིབས་བཟོ་བ། དེ་སྟོན་ཀབ་དང་སྲན་མ། སྔོ་ཚལ་སོགས་སྤེལ་འདེབས་བྱས་ཆོག

(གསུམ)ཞིང་ཁ་བདག་གཉེར།

1.གསེང་སྐོད་བྱེད་པ་དང་ཡུར་མ་ཡུར་བ། འདེབས་འཛུགས་བྱས་རྗེས་ཀྱི་ལོ་སྔོན་མ་གཉིས་ལ་སྤེལ་འདེབས་དང་ཟུང་འབྲེལ་བྱས་ཏེ་ཡུར་མ་ཡུར་བ་དང་ཆུ་འདྲེན་པ། ལུད་འདྲེན་པ་སོགས་ཀྱིས་མྱུ་གུ་འཚར་ལོངས་ལ་སྐྱུལ་སྤྱེལ་བྱེད་པ་དང་། ལོ་གཉིས་རྗེས་ནས་སྤེལ་འདེབས་མི་བྱེད། སྤྱིར་བཏང་ཟླ་གསུམ་པའི་དཀྱིལ་ནས་ཟླ་བཞི་བའི་སྟོད་དུ་གཏིང་ཚད་ལི་སྨི 10~15ཙམ་བསློག་ནས་ཉི་སྐམ་ཐེངས་གཅིག་གཏོང་བ། ཟླ་བརྒྱད་པའི་དཀྱིལ་དང་སྨད་དུ་གཏིང་ཚད་ལི་སྨི 20

ཅམ་བསྒྲོག་ནས་ཉེ་སྐྱེམ་ཡང་བསྐྱུར་ཐེངས་གཅིག་གཏོང་བ། དེས་བརྟན་འཛིན་པ་དང་ས་རྡོད་ཆེར་སོང་བས་རྩ་ལག་རྒྱས་པར་བྱེད།

2.འཚར་ལོངས་སྐབས་སུ་མུ་མཐུད་ནས་མི་ཕྱུགས་ཀྱི་བཤང་གཅི་ཏུལ་བསླལ་དང་ཡང་ན་གཅིན་རྒྱུ། ཡུ་སྐྱུར་ཨིན་སོགས་ཀྱི་སྦྱར་ཕན་ལུད་རྫས་ཏེ་ཟླ་ལྔ་པའི་སྟོད་དང་ཟླ་དྲུག་པའི་སྟོད་དང་སྨད་དུ་ཐེངས་གསུམ་ལ་ཁེ 100འཛོག་པ་དང་། གཅིན་རྒྱུ་སྟོང་འགྲམ་ལུད་རྫས་ཁྱུང་འཛོག་བྱེད་པ་དང་། བཞག་རྗེས་ཆུ་འདྲེན་པ་དང་ས་འགེབ་པ། གཞན་ཟླ་ལྔ་བ་དང་དྲུག་པ། བདུན་པ་སོ་སོ་ལ 0.5%ཅན་གྱི་གཅིན་རྒྱུ་དང 0.3%ཅན་གྱི་ལིན་སྐྱུར་ཉིས་ཆེན་ཅ་གཉིས་ཀྱིས་འདབ་ལོར་ལུད་ཐེངས་གཅིག་འཛོག སང་ལོའི་ཟླ་བཅུ་གཅིག་པའི་སྟོད་དང་དཀྱིལ་དུ་མི་ཕྱུགས་ཀྱི་བཤང་གཅི་སྟོང་ཁེ 20དང་། གད་སྙིགས་ལུད 50 འབབ་ཆའི་ལུད་སྟོང་ཁེ 2བཅས་འཛོག་དགོས། རྩ་བའི་མཐའ་འཁོར་ནས་ཁྱུང་བུ་རྐོ་བ་དང་ཡུར་རྐོ་ལུད་འཛོག རྗེས་ལ་ས་འགེབས་པ་སོགས་བྱས་ན་དགུན་བཀལ་བྱེད་པར་ཕན།

3.ཆུ་འདྲེན་པ། ཡལ་འདབ་འཚར་ལོངས་བྱུང་ནས་མེ་ཏོག་འཆར་བའི་ཡུན་ལ་ཆུ་ཐེངས་གསུམ་ནས་བཞི་ལ་འདྲེན་པ་དང་། ཐེངས་དང་པོ་ཟླ་བཞི་པའི་སྨད་ནས་ཟླ་ལྔ་པའི་སྟོད་པར་དང་། དེའི་རྗེས་ནས་ཟླ་ཕྱེད་པར་ནས་ཐེངས་གཅིག་ལ་ཆུ་འདྲེན། དབྱར་དུས་འབྲས་བུ་སྨིན་པའི་དུས་སུ་ཆུ་མང་པོ་དགོས་པས་འབྲས་བུ་ཐོགས་རྗེས་ཆུ་ཐེངས་གཅིག་འདྲེན་དགོས། སྟོན་དུས་རྩེ་མོ་འཚར་ལོངས་དུས་ཀྱི་ཟླ་བརྒྱད་པ་དང་དགུ་པ། བཅུ་གཅིག་པའི་སྟོད་དུ་ཐེངས་གཅིག་འདྲེན་པ། ས་མ་འཁྱགས་པའི་སྔོན་དུ་ད་དུང་ཐེངས་གཅིག་ནས་གཉིས་སུ་འདྲེན་དགོས།

4.སྐྱེ་ལུགས་ལེགས་སྒྲིག་དང་ཡལ་བཅད་སྡོང་བཅོས་བྱེད་པ། དེའི་དམིགས་ཡུལ་ནི་སྡོང་ཁང་བརྟན་འཛུགས་དང་ཡལ་འདབ་འཐུས་ཚང་། རླུང་རྒྱུ་ཞིང་འོད་ཐོག་པ། ཐོན་འབོར་མང་བའི་སྡོང་དབྱིབས་བཟོ་ཆེད་ཡིན། ཐོན་འབོར་མང

བའི་ས་ཁུལ་དུ་ཉམས་སྦྱོང་ལྟར་ན་སྡོང་གཞུང་རིམ་འབྱེད་གཟུགས་ཀྱི་སྡོང་དབྱིབས་ནི་ཆེས་བཟང་བ་དང་། མཐོ་ཚད་ལ་སྨི་2ཙམ་དང་། སྡོང་གཞུང་ནས་ཡལ་ག་གཙོ་བོ་གྱེས་པ་དང་དཀྱིལ་གྱི་སྡོང་གཞུང་དུ་རིམ་པ་གསུམ་དུ་གནས་པ། རིམ་པ་སོ་སོར་བར་ཐག་ངེས་ཅན་ཡོད་པ། ཡལ་ག་གཙོ་བོ་དང་དཀྱིལ་གྱི་སྡོང་གཞུང་ཟུར་ཚད་ངེས་ཅན་ཡོད་པ། རླུང་རྒྱུ་ཞིང་འོད་ཐོག་པ་ཡིན། སྐྱེ་ལུགས་ལེགས་སྒྲིག་དང་ཡལ་བཅད་སྡོང་བཅོས་རྒྱུག་སྟངས་གཤམ་གསལ་ལྟར།

(1)སྨུ་གུའི་སྐབས། ཙ་སྦྱོར་བརྒྱབ་པའི་ལོ་དེར་སྡོང་ཀང་གི་ལི་སྨི་60མཚམས་ནས་བཅད་དེ་གཞུང་ཀང་བྱེད་པ་དང་། དཔྱིད་དུས་གོང་གི་བཅད་མཚམས་ནས་ལི་སྨི་15མཚམས་སུ་སྐྱེས་པའི་ཡལ་གའི་ཁྲོད་དུ་བར་ཐག་ངེས་ཅན་ཡོད་པའི་ཡལ་ག་ལྔ་དྲུག་ཙམ་འདེམས་ནས་རིམ་པ་དང་པོའི་སྡོང་མགོའི་ཡལ་ག་གཙོ་བོ་བྱེད་པ་དང་། དབྱར་དང་སྟོན་དུས་རིམ་གྱིས་རྩེ་བཅད་དེ་རིང་ཚད་ལི་སྨི་20འཇོག་པ། ལོ་ཕྱི་མའི་དཔྱིད་དུས་ཡལ་ག་གཙོ་བོའི་སྟེང་ནས་ཡལ་ག་གསར་པ་མང་པོ་སྐྱེ་བ་དང་། སྐྱེ་སྟོབས་བཟང་བ་རྣམས་དབྱར་དུས་རྩེ་བཅད་ནས་རིང་ཚད་ལི་སྨི་20~30འཇོག་རྒྱུ་དང་སྐྱེ་སྟོབས་མི་བཟང་རྣམས་རྩ་ནས་བཅད་ནས་དོར་བ། ཙ་སྦྱོར་བརྒྱབ་པའི་ཕྱི་ལོར་སྡོང་གཞུང་ནས་གྱེས་པའི་ཡལ་ག་སྦོམ་ལ་དྲང་བ་ཞིག་ཕྱིར་སྲིད་སྡོང་གཞུང་བྱེད་པ་དང་རིམ་པ་དང་པོའི་སྡོང་མགོ་དང་བར་ཐག་ལི་སྨི་60ཡི་མཚམས་ནས་རྩེ་གཅོད་པ། བཅད་མཚམས་ནས་སྐྱེས་པའི་ཡལ་ག་གསར་པའི་ཁྲོད་ནས་ལྔ་དྲུག་ཙམ་རིམ་པ་གཉིས་པའི་སྡོང་མགོའི་ཡལ་ག་གཙོ་བོ་བྱེད་པ་ཡིན། ཙ་སྦྱོར་བརྒྱབ་པའི་ལོ་གསུམ་པར་རིམ་པ་གཉིས་པའི་སྡོང་མགོ་ནས་གྱེས་པའི་སྦོམ་ལ་དྲང་བའི་ཡལ་ག་ཞིག་ཕྱིར་སྲིད་སྡོང་གཞུང་བྱེད་པ་དང་། རིམ་པ་གཉིས་པའི་སྡོང་མགོ་དང་བར་ཐག་ལི་སྨི་40ཡི་མཚམས་ནས་རྩེ་གཅོད་པ། བཅད་མཚམས་ནས་སྐྱེས་པའི་ཡལ་ག་གསར་པའི་ཁྲོད་ནས་གསུམ་ལྔ་ཙམ

རིམ་པ་གསུམ་པའི་སྟོང་མགོའི་ཡལ་ག་གཙོ་བོ་བྱེད་པ་ཡིན། མདོར་ན་འདི་ལྟར་རྩ་སྦྱོར་བརྒྱབ་རྗེས་ཀྱི་ལོ་བཞི་ལྔའི་རིང་ལ་རིམ་པ་སོ་སོའི་སྟོང་མགོ་དང་དཀྱིལ་གྱི་སྟོང་གཞུང་གི་འཚར་ལོངས་ཡག་པོ་བྱུང་རྒྱུ་དང་སྐྱེ་སྟོབས་མི་བཟང་བའི་ཡལ་ག་རྣམས་དོར་ཞིང་བཟང་བ་རྣམས་སོར་འཇོག་བྱེད་དགོས།

(2)འཚར་ལོངས་སྐབས་ཀྱི་ཡལ་བཅད་སྟོང་བཅོས་རྒྱག་པ་ནི་རྩ་སྦྱོར་བརྒྱབ་ནས་ལོ་ལྔ་དྲུག་རྗེས་སུ་འབྲས་བུ་རྒྱས་པའི་དུས་སུ་ཡལ་བཅད་སྟོང་བཅོས་རྒྱག་པ་དེ་ཡིན། དཔྱིད་དུས་ནི་གཙོ་བོ་ཡལ་ག་གཙོ་བོ་དང་རྙེད་པ་རྣམས་ཡལ་བཅོས་རྒྱག་པ། དབྱར་དུས་ཟླ་བ་ལྔ་བ་དང་དྲུག་པར་སྟོང་གཞུང་དང་ཡང་ན་ཡལ་གའི་སྙིང་གི་ལོ་མ་སྐྱེས་དྲགས་པའི་ཡལ་ག་དང་ལོ་མ་སྐྱེས་སྲུག་པའི་ཡལ་ག ནད་འབུ་ཅན་གྱི་ཡལ་ག་རྣམས་ཡལ་བཅོས་བརྒྱབ་པས་འཚོ་བཅུད་ཆུད་ཟོས་སུ་མི་འགྲོ་བ་དང་འབྲས་བུ་འཚར་ལོངས་ལེགས་པོ་བྱུང་ཐུབ། སྟོན་དུས་ཟླ་བ་བརྒྱད་པ་ནས་བཅུ་གཅིག་བར་དུ་གཙོ་བོ་སྟོང་རྐང་གི་རྩད་ནས་སྐྱེས་པའི་ལོ་མ་མང་པའི་ཡལ་ག་རྣམས་ཡལ་བཅོས་བརྒྱབ་པས་སྟོང་མགོ་ཧེ་དྲང་ཡིན་པ་དང་སྐྱེས་ཚད་ལ་ཚོད་འཛིན་བྱེད་ཐུབ། ད་དུང་སྟོང་མགོའི་རྙེད་པ་དང་ཆུང་བའི་ཡལ་ག་རྣམས་བཅད་པས་རླུང་གི་རྒྱུ་བ་ཡང་བ་དང་འོད་ཐོག་ཚད་ཧེ་མཐོར་འགྲོ། དེར་མ་ཟད་ཡལ་ག་འཕྲེད་དུ་སྐྱེས་པ་དང་རྩེ་རྙོ་བའི་ཡལ་ག ལོ་མ་སྐྱེས་དྲགས་པའི་ཡལ་ག ནད་འབུ་ཅན་གྱི་ཡལ་ག་རྣམས་དོར་བས་སྐྱེ་སྟོབས་བཟང་བའི་"ཚུན་བདུན་ཡལ་ག"དང་"ཀས་མིག་ཡལ་ག"སྐྱེ་ལོ་རྗེས་མའི་འབྲས་འདོགས་ཡལ་གར་འགྱུར་སྲིད།

(3)རྒས་དུས་ཀྱི་ཡལ་བཅོས་རྒྱག་སྟངས། སྟོང་མགོ་ཆ་མི་ཚང་བ་དང་སྐྱེ་སྟོབས་ཅུང་བཟང་བའི་སྟོང་རྐང་ལ་ཡལ་བཅོས་བརྒྱབ་ནས་སྟོང་མགོ་ཧེ་ལེགས་སུ་གཏོང་བ། སྤྱིར་སྟོང་རྐང་གི་སྐྱེ་སྟོབས་ཅུང་བཟང་བ་དང་སྟོང་རྐང་ཁ་ཤས་ཀྱི་སྐྱེ་སྟོབས་ཞན་པ་དང་ཡང་ན་ཉམས་རྒུད་དུ་འགྲོ་བ་ལ་རྙེད་པ་རྣམས་དོར་ཞིང་

སྔོང་ཕྲུག་གསར་འཛུགས་བྱེད་པ། ཞིང་ས་ཉམས་རྒུད་དུ་འགྲོ་བ་ལ་ས་བསློག་ནས་ཡང་བསྐྱར་ཞིང་ས་བཟོ་དགོས།

(བཞི)ནད་འབུའི་གནོད་པ་དང་དེའི་སྔོན་འགོག

1.འཕང་འབྲས་འབྲས་ནག་ནད། མིང་གཞན་ལ་ས་ནད་ཀྱང་ཟེར། འབྲས་བུ་དང་ལོ་མ་ལ་གནོད་བྱེད་པ་ཡིན། འབྲས་བུ་ལ་གནོད་བྱེད་དུས་འབྲས་བུའི་སྟེང་དུ་ཁམ་མདོག་སྔོར་དབྱིབས་ཅན་གྱི་ཙུང་རྗེབ་ཡོད་པའི་ཐིག་ལེ་འབྱུང་བ་དང་དེའི་སྟེང་དུ་ནག་ཐིག་ཡོད་པ་དང་སྐར་སྒྲིག་བྱས་ཏེ་ཁྲ་འཁོར་དབྱིབས་སུ་མངོན། ཐིག་ལེ་ཁ་ཤས་སྟེང་དུ་ལི་དམར་ཅན་གྱི་འབྱར་རྫས་ཤིག་བྱུང་བས་རིམ་བཞིན་འབྲས་བུ་ནག་པོར་འགྲོ་བ་དང་རྙིད་ནས་ལྷུང་འགྲོ། ལོ་མ་ལ་གནོད་བྱེད་དུས་དང་ཐོག་སེར་ཐིག་འབྱུང་བ་དང་རིམ་གྱིས་ཆེར་རྒྱས་ནས་ཐིག་ལེར་འགྱུར་བ་དང་མཐའ་ནི་མདོག་ཁམ་དམར་ཡིན། རྗེས་སུ་ཐིག་ལེ་ཁ་ཤས་སྟེང་དུ་ནག་ཐིག་འབྱུང་བ་དང་ཁ་ཤས་ཁུང་བུ་བརྟོལ་འགྲོ། ཟླ་བདུན་པ་དང་བརྒྱད་པར་ཚ་བ་ཆེ་ཞིང་བརླན་ཆེ་བའི་དུས་སུ་གནོད་པ་ཚབས་ཆེན་འབྱུང་།

སྔོན་འགོག་བྱ་ཐབས། དགུན་དུས་ཡལ་བཅད་སྔོང་བཅོས་རྒྱག་སྐབས་ནད་འབུ་ཅན་གྱི་ཡལ་ག་དག་ལོ་མ་དང་བཅས་མེར་བསྲེག་ནས་ནད་འབུ་ཚར་གཅོད་གཏོང་བ། 40%ཅན་གྱི་རྫུལ་སེལ་འོ་སྨྱུར་སྨུམ་ལྡབ་གཉེར 2000ཅན་དང་ཡང་ན 32%ཅན་གྱི་མད་ཞིན་འཐབ་འོ་སྨྱུར་ལྡབ་གཉེར 1500ཅན་གཏོར་བྱེད་པ་དང་། ཉིན་བདུན་ནས་བཅུ་ཙམ་འགོར་རྗེས་ཐེངས་གཉིས་གསུམ་བསྟུད་ནས་གཏོར་བྱེད་དགོས།

2.འཕང་འབྲས་སྐྱ་ཁྲ་ནད། ལོ་མ་ལ་གནོད་བྱེད་པ་དང་ཐིག་ལེ་སྔོར་དབྱིབས་ཅན་གྱི་དཀྱིལ་དུ་སྐྱ་ཐིག་འབྱུང་བ་དང་མཐའ་ནི་ཁམ་མདོག་ཡིན་པ་འབྱུང་བ་དང་། ལོ་མའི་རྒྱབ་ཏུ་ནག་ཞད་ཚུང་བའི་རླུམ་དབྱིབས་ཀྱི་རྫས་ཤིག

འབྱུང་།

སྔོན་འགོག་བྱ་ཐབས། ལིན་རྩུ་ལུད་རྫས་མང་དུ་བཞག་ནས་ནད་འགོག་ནུས་པ་མཐོར་འདེགས་གཏོང་བ། 10%ཅན་གྱི་པིན་ཟར་ཀ་གདུབ་ཙ་གསེར་རྡུང་འོ་རྫས་ལྷབ 1000ཅན་གསེར་ཁུ་ཡིས་ཉིན་བདུན་ནས་བཅུ་ཙམ་འགོར་རྗེས་ཐེངས་གཉིས་གསུམ་བསྟུད་ནས་ཐྲངས་གཏོར་བྱེད་དགོས།

3.འཕང་འབྲས་རྩ་རུལ་ནད། རྩ་བ་ལ་གནོད་བྱེད་པ་དང་དང་ཐོག་རྩ་བ་ཁམ་མདོག་ཏུ་གྱུར་པ་ནས་རིམ་གྱིས་རུལ་བ། རིམ་བཞིན་གཞུང་རྩ་ལ་མཆེད་ནས་མདོག་ནག་པོར་འགྱུར་ཞིང་རུལ་བ། ཚབས་ཆེ་དུས་ཤུན་པ་ཁོག་ནས་ལྷུང་བ་དང་ཐ་མ་སྐམ་འགྲོ།

སྔོན་འགོག་བྱ་ཐབས། སྡོང་ཀང་གི་ལོ་མ་སེར་པོར་འགྲོ་བ་དང་ཡལ་ག་སྐམ་དུས་དེའི་སྡོང་ཀང་རྩ་བ་ནས་འབལ་དགོས་པ་དང་། 5%ཅན་གྱི་རྡོ་ཞོ་སླ་ཕོས་དུག་སེལ་བྱས་ཏེ་ཁྱབ་མཆེད་འབྱུང་བར་སྔོན་འགོག་དགོས། ཐོག་མའི་དུས་སུ་སྤྲིན་མང་བདུད་རྩི་ལྷབ 1000 ~1500ཅན་ཞུ་ཁུ་ཡིས་རྩ་བར་དུག་སེལ་བྱེད་དགོས།

4.འབུ་གནོད། དེའི་རིགས་ལ་ས་འབུ་མགོ་སེར་དང་དཀར་པོ། སྨུག་མ། འབུ་མེ་ལྕེབ། སྦྲང་མ་སོགས་ཡོད། ཧི་པོ་མེཙ 3ཏུཙ་རྡོ་ཞོ་ལུ་ཐི་བསྲེས་རྫས་གཏོར་བས་ནད་འབུ་ཇེ་ཉུང་དང་། 10%ཅན་གྱི་པུ་ཁྲུང་ལིན་འོ་སྦྱུམ་ལྷབ 2000ཅན་གྱི་ཞུ་ཁུ་དང་ཡང་ན་ཏིན་ཁྲུང་ལྷབ 1500ཅན་གསེར་ཁུ་ཐྲངས་གཏོར་བྱེད། གནོད་འབུ་ཆེ་བ་རྣམས་འཛིན་བཟུང་བྱས་ཀྱང་ཆོག

བཞི། ས་བོན་ཉར་ཐབས།

སྐྱེ་འཕེལ་ཐབས་ལམ་ལས་ས་བོན་སྐྱེ་འཕེལ་ནི་གཙོ་བོ་ཡིན་པ་དང་། ཤིང་སོན་འཛུགས་པ་དང་སྡོང་ལག་སྐྱེ་འཕེལ་བྱས་ཀྱང་ཆོག

(གཅིག)ས་བོན་སྐྱེ་འཕེལ།

1.སྨིན་འཕྲུ་དང་ས་བོན་ཉར་ཐབས། ལོ་དྲུག་ཡན་དང་སྐྱེ་སྟོབས་བཟང་བ། འབྲས་བུ་ཆེ་ལ་མདངས་ཆེ་བ། གནོད་འབུ་མེད་པའི་རིགས་ཀྱི་ས་བོན་དགོས་པ་དང་། ཟླ་དྲུག་ནས་བཅུ་གཅིག་བར་འབྲས་བུ་སྔོ་མདོག་ནས་དམར་པོར་འགྱུར་ཞིང་དུས་ཐོག་ལ་ཐོགས་པའི་འབྲས་བུ་ཡིན་དགོས། ཐོག་མར 30℃~50℃ཡི་ཆུ་དྲོད་འཇམ་ནང་དུ་ཉིན་ཞག་གཅིག་ལ་སྦངས། འགོར་ནས་དལ་གྱིས་འཕུར་ཞིང་ཆུ་གཙང་ནང་དུ་བཀྲུ། ཤུན་པ་དོར་ཞིང་ནང་གི་ས་བོན་བླངས་ནས་བསིལ་སྐམ་བྱེད་པ། བསྐམས་རྗེས་སྦྱར་མོར་འདེབས་དགོས། དེ་ལྟར་མིན་ན་ས་བོན་དེ་ལྷབ་སུམ་འགྱུར་གྱི་བྱེ་སྙོན་དང་བསྲེས་ནས་ཤིང་སྒམ་ནང་དུ་འཇོག་པ་དང་ཁང་པའི་དྲོད་ཚད 20℃ཡིན་དགོས། སང་ལོའི་དཔྱིད་ཀར 30%~50%ཡི་ས་བོན་ཁ་གས་ཤིང་ནང་སྙིང་མངོན་དུས་འདེབས་དགོས།

2.ས་བོན་འདེབས་པ། དཔྱིད་དབྱར་སྟོན་གསུམ་གང་རུང་ལ་བཏབ་ཆོག དཔྱིད་དུས་སུ་ཟླ་གསུམ་པའི་སྨད་དུ་འདེབས་པ་ལེགས་ཤིང་ས་ཞིང་སྟེང་དུ་གྲལ་ཐག་ལི་སྨི 20 ~30བར་ནས་འཕྲེད་ལ་ཤུར་བརྐོས་ནས་ས་བོན་འདེབས་པ་དང་། ཤུར་གྱི་གཏིང་ཚད་ལི་སྨི 2~3དང་། འདེབས་ཞེང་ལི་སྨི 5ཡིན། སྨྱུ་གུ་སྐྱེ་འདོད་འབྲུ་ཡང་ཤུར་ནང་སྐོམས་པོར་བཏབ་ཆོག འབྲུ་སྐམ་ཡིན་ན་ཉིན་གཅིག་ནས་གཉིས་ལ་སྦངས་པ་དང་། ཁུ་བ་གཏོར་ཞིང་བསིལ་སྐམ་བྱས་རྗེས་བྱེ་མ་ཞིབ་མོ་དང་རྩེ་ཤིང་ཐལ་བ་ལ་བསྲེས་ནས་འཇུགས་པ། བཙུགས་རྗེས་ས་འགེབ་ཞིང་ཙུང་བཅག་བཅག་བྱེད་པ་དང་དེའི་སྟེང་རྩྭ་བཀབ་ནས་དྲོད་དང་བརླན་འཛིན་པར་བྱ་དགོས། སྤྱི་ཆིང་རེ་ལ་ས་བོན་ཁེ 2250~3000འདེབས་པ་དང་། སྨྱུ་གུ་འབུས་རྗེས་རྩྭ་བཀབ་པ་བླངས་ཤིང་ཞིང་སའི་སྐམ་ཚད་རན་དུས་ཆུ་གཏོང་བ། ཆུ་ཐིམ་ནས་གསེང་སྐྱོད་བྱེད་པ་དང་ཡུར་མ་ཡུར་བ། འདི་ལྟར་ལོ་རེར་ཐེངས་བཞི་ལྔ

ཙམ་ལ་བྱེད་དགོས། གསེང་རྫོད་དང་ཡུར་མ་གཉིས་ཟུང་འབྲེལ་བྱས་ནས་སྨུག་གསེང་བྱེད་པ་སྟེ་ཐེངས་དང་པོ་ནི་སྨུ་གུའི་མཐོ་ཚད་ལི་སྨི 5ཙམ་ཡོད་དུས་སྐྱེ་སྟོབས་ཞན་པ་དག་འབལ་བ་དང་སྨུག་གསེང་ལ་ལི་སྨི 10~15འཇོག་པ། ཐེངས་གཉིས་པ་གོང་ལྟར་ཟླ་བདུན་པའི་སྟོད་དང་བར་དུ་བྱ་བ་དང་། མི་ཕྱུགས་ཀྱི་ལུད་ཆུ་དང་ཡང་ན་གཅིན་རྒྱ་ཞུང་ཙམ་བཞག་ནས་སྨུ་གུའི་སྐྱེ་འཚར་ལ་སྐུལ་སྤེལ་བྱེད་པ། མཐོ་ཚད་ལི་སྨི 30ཡིན་དུས་རྩ་བ་ནས་གྲེས་པའི་ཡལ་ག་རྣམས་ལམ་སེང་འབལ་དགོས། མཐོ་ཚད་ལི་སྨི 60ཡིན་དུས་རྩེ་བྲེགས་ནས་སྡོང་གཞུང་དང་ཡལ་ག་གཙོ་བོའི་སྐྱེ་འཚར་ཇེ་མགྱོགས་སུ་གཏོང་བ། དཔྱིད་ཀར་སྨུག་གསོ་བྱས་པ་ལོ་མཇུག་ལ་རྩ་སྦྱོས་རྒྱག་པ་དང་། དབྱར་སྟོན་ལ་སྨུག་གསོ་བྱས་པ་དགུན་ཁར་ཆུ་ཐེངས་གཅིག་གཏོང་བ་དང་སང་ལོའི་སྟོན་མཇུག་ལ་རྩ་སྦྱོས་རྒྱག་དགོས།

(གཉིས)ཤིང་སོན་འཛུགས་པ།

དཔྱིད་དུས་སྡོང་གཤེར་ཟད་པ་དང་ལོ་མ་འབུས་སྔོན་དུ་སྐྱེ་སྟོབས་ལེགས་པའི་མ་ཤིང་སྟེང་ནས་ལོ་མ་སྐྱེས་དྲགས་པའི་ཡལ་ག་དང་ཡང་ན“ཚུན་བདུན་ཡལ་ག”ཅན་གྱི་ཡལ་ག་རིང་ཚད་ལི་སྨི 18 ~20དུ་བཅད་ནས་འཛུགས་པ། རྩ་བ 500~1000ppm (IBA)ང་རིམ་ཞུན་མ་ནང་དུ་སྐར་ཆ 10~15ལ་སྦངས་པ་དང་། བསིལ་སྐམ་རྗེས་ལ་སྡོང་ཁང་བར་མཚམས 15cm×7cmབྱས་ནས་འཕྲེད་གསེག་ཏུ་འཛུགས་པ། བཙུགས་རྗེས་བཞའ་རློན་དང་བསིལ་གྲིབ་ལྡན་ན་གསོན་ཚད 80%ཡན་ཆད་ལ་ཐོན་ཐུབ། མཐོ་ཚད་ལི་སྨི 80ཡིན་དུས་རྩ་སྦྱོས་རྒྱག་ཆོག་པ་དང་ཐད་ཀར་དུ་ཤིང་སོན་བཙུགས་ཀྱང་ཆོག སྨུ་གུ་འཚར་ལོངས་བྱུང་བ་དང་བསྟུན་ནས་ལུད་མང་པོ་བཞག་ན་ལོ་དེར་མེ་ཏོག་བཞད་ཐུབ།

(གསུམ)སྡོང་ལག་སྐྱེ་འཕེལ།

འཕང་འབྲས་ཀྱི་སྡོང་ལག་འབུས་སྟོབས་ཤིན་ཏུ་ཆེ་བ་དང་རྩ་བའི་མཐའ་

འཁོར་ནས་སྡོང་ལག་མང་པོ་འབུས་ཡོང་། སྟོན་དགུན་ལ་མྱུ་གུ་བསྒོག་ནས་འདེབས་འཛུགས་བྱས་ཆོག

ལྔ། འཚོལ་བསྡུ་དང་ལས་སྣོན།

(གཅིག)འཚོལ་བསྡུ།

ཟླ་བདུན་པ་ནས་བཅུ་གཅིག་བར་དུ་འབྲས་བུ་རྣམས་གཅིག་རྗེས་གཉིས་མཐུད་དུ་སྨིན་པ་ཡིན། འབྲས་བུ་སྔོ་མདོག་ནས་དམར་པོ་དང་ཡང་ན་ཟིང་སྐྱ་རུ་འགྱུར་བ་དང་། སིལ་ཤ་ཅུང་སྙི་བ། འབྲས་བུའི་རྩ་བ་སོབ་སོབ་ཡིན་དུས་འཐོག་རན་པ་ཡིན། སྔ་ན་ཚོས་མདངས་མི་ལེགས་པ་དང་འབྲས་བུ་གང་མེད་པ། འཕྱི་ན་འབྲས་བུ་ལྷུང་འགྲོ་བ་དང་ལས་སྣོན་རྗེས་ཀྱི་ཕྲུས་ཚད་ཞན་པ། ཆར་གཞུག་དང་ཟིལ་བ་ཡོད་དུས་འཐོག་མི་རུང་།

(གཉིས)ལས་སྣོན།

འབྲས་བུ་བཏོག་ནས་མྱུར་མོར་ཉི་སྐམ་དང་ཡང་ན་བཙན་སྐམ་བྱེད་དགོས། ཐོག་མར་འབྲས་བུ་རྣམས་ཐང་མར་སྙོམ་པར་བརྡལ་ནས་ཉི་སྐམ་བྱེད་པ་དང་། ཐོག་མའི་ཉིན་གཉིས་ལ་ཉིན་གུང་ཚད་ཆེ་དུས་བསིལ་སྐམ་དགོས་པ་དང་སྐེམ་དྲགས་ན་མཁྲེགས་པོར་འགྱུར་འགྲོ་བར་མ་ཟད་ཚོས་མདངས་ཀྱང་མི་ལེགས། སྐམ་དཀའ་བ་ཡིན། ཕྱི་དྲོ་དུས་ཚོད་གསུམ་གྱི་རྗེས་ནས་ཉི་སྐམ་བྱས་ཆོག ཉིན་གསུམ་པ་ནས་ཉིན་གང་པོར་ཉི་སྐམ་བྱས་ཆོག སྒྱུར་བརྡང་ཉིན་བདུན་ནས་བཅུའི་བར་དུ་ཡོངས་སུ་སྐམ་འགྲོ། གལ་ཏེ་གནམ་རུབ་པ་དང་ཆར་བབས་ན་བཙན་སྐམ་བྱེད་དགོས། སྒོ་ཁང་དྲོད་ཚད 50℃~55℃བར་དང་། བཙན་སྐམ་བྱེད་སྐབས་ཕར་སློག་ཚུར་སློག་གང་ཐུབ་བྱས་ནས་དྲོད་ཕབ་དགོས་པ་དང་སྒྱུར་བརྡང་ཉིན་གཅིག་ནས་གཉིས་ཙམ་དགོས། འབྲས་བུ་སྲ་མཉེན་རན་པ་དང་ཆུ་འདུས་ཚད 10%~20%ཡོད་དུས་ཚད་རན་པ་ཡིན། སྐམ་འབེབས་ཚད

25%ཙམ་དང་། འབྲས་བུ་སྐམ་རྗེས་རྩ་བའི་ཡལ་ག་དོར་ཞིང་རིམ་པ་བགར་ནས་ཐུམ་སྒྲིལ་བྱེད། རྩ་བ་བརྐོས་རྗེས་ཆུ་གཙང་གིས་བཀྲུས་ཤིང་འཕྲེད་དུ་དུམ་བུ་དུ་མར་གཙོད་དགོས།

ས་བཅད་གཉིས་པ། བྱི་བཟུང་།

བྱི་བཟུང་ནི་ལྷུམ་བུ་ཐང་སྨན་གྱི་ཁོངས་སུ་གཏོགས་པ་དང་། མིང་གཞན་དུ་བྱི་འཛོན་པ་དང་། དམ་པ་ཡོག་མགོ་ཡང་ཟེར། རང་རྒྱལ་གྱི་ས་ཆ་མང་ཆེ་བར་སྐྱེས་ཤིང་ལྷག་ཏུ་ཡ་གླིང་དང་ཨོ་གླིང་བྱང་མ་སོགས་སུ་སྐྱེས་པ་མང་། ནུས་པས་རྗེ་ཡི་སྐྲན་བཤིག་ཅིང་སྐྲངས་ཞི་ལ་དུག་འཇོམས་པ། བྱི་བཟུང་གི་འབྲས་བུ་དང་། རྩ་བ། ལོ་མ་བཅས་ལ་སྨན་གྱི་ནུས་པ་རེ་རེ་ཡོད་དེ། དེའི་འབྲས་བུ་ནི་ནུས་པ་བསིལ་ཞིང་རོ་ཁ་ལ་བསྐ་བ་དང་། བསྟེན་ན་རླུང་ཚད་འདོན་སྐིང་སྐྲངས་པ་ཞི་ལ་དུག་འཇོམས་པའི་ནུས་པ་ལྡན་པ་དང་། ཕན་ནུས་གཙོ་བོ་ནི་ཆམ་ནད་དང་། གྲེ་བ་ན་བ། གློ་ལུ་བ། སིབ་བུའི་ནད། ཟ་འཁྲམ་གྱི་ནད། སྐྲངས་པ་རྣག་ཏུ་འགྱུར་པའི་རིགས་ལ་ཕན། དེའི་རྩ་བའི་ཕན་ནུས་ཀྱང་གོང་དང་མཚུངས་ལ། ཁོང་དུ་བསྟེན་ན་གཅིན་འབབ་པ་དང་ཕྱི་རུ་བཀོལ་ན་ཟུག་གཟེར་དང་ཚ་བའི་མགོ་གནོན་པའི་ཕན་ནུས་ལྡན་ཞིང་རང་རྒྱལ་གྱི་ཧྲན་ཧྲུང་དང་ཧྲུའུ་པེ། ཀན་སུའུ། མཚོ་སྔོན། ལོའོ་ཉིན་བཅས་སུ་སྐྱེ་བ་དང་། ཉེ་བའི་ལོ་འགའི་རིང་ཞིབ་འཇུག་བྱས་པ་ལས་ཤེས་རྟོགས་བྱུང་བ་ནི། བྱི་བཟུང་བའི་རྩ་བ་རྒྱུན་དུ་བསྟེན་ན་རོ་ཙ་བསྐྱེད་ཅིང་ལུས་སྟོབས་རྒྱས་པ་དང་། རུས་ཁ་སྲ་ཞིང་བཤང་བ་སྐམ་པ་དང་། ཁྲག་རླུང་གི་ནད། གཞང་འབྲས་དང་ཆོལ་འཕེལ་བ་བཅས་ལ་གསོ་བཅོས་ཀྱི་ནུས་པ་ལྡན་པར་ཤེས་པས་འདེབས་འཛུགས་ཀྱི་རིན་ཐང་ལྡན་པར་མཐོང་བཞིན་ཡོད།

གཅིག སྐྱེ་དངོས་ཀྱི་རྣམ་པ།

བྱི་བཟུང་ནི་ལོ་གཉིས་ནང་སྐྱེ་བའི་ལྕུམ་བུ་ཐང་སྨན་གྱི་རིགས་ཡིན་ལ། ལྕུམ་སྡུང་གི་མཐོ་ཚད་ལ་སྨི 1~2ཡོད། སྡོང་པོ་སྨུག་ནག་ཤུར་རེས་ཅན་སྤྲ་ལ་ཡལ་ག་མང་བ། ལོ་མ་ལྗང་ནག་ཆེ་ལ་རྩུབ་པ་རྒྱབ་ལྗང་སྐྱ་སྤུ་འཛམ་དཀར་པོ་ཅན། དབྱིབས་མ་ནུ་པ་ཏྲའི་ལོ་མ་དང་ཕྱོགས་མཚུངས། ཁ་ཅིག་ས་ངོས་སུ་བགྲད་ནས་སྐྱེ་བ་དང་། ཁ་ཅིག་ཡལ་གའི་བར་གསེང་ནས་སྐྱེ་བ། མེ་ཏོག་སྔོ་དམར་དོམ་དོམ་འདྲ་བ། ཕྱི་ཐམས་ཅད་ཁ་སྤྲའམ་ཚེར་མ་ལྷགས་ཀྱུ་ཅན་གྱིས་ཁྱབ་པ་ལྟ་བུ། རྨས་ནས་ཁྲི་དང་བ་སྤུགས་ཀྱི་ལུས་ལ་འབྱར་བས་བཀོག་དཀའ་བ། དེའི་ནང་དུ་འབྲས་བུ་ཐལ་ཆེར་ནས་འབྲུ་ཙམ་ལ་དབྱིབས་ནར་ལེབ་སྐྱ་པོ་ནག་ཐིག་ཅན་ཉའི་རྒྱབ་རི་འདྲ་བ་རོ་ཁ་བ་ཞིག་གོ། མེ་ཏོག་བཞད་པའི་དུས་ཡུན་ནི་ཟླ་དྲུག་པ་ནས་བརྒྱད་པའི་བར་ཙམ་ཡིན་ལ། འབྲས་བུ་ཐོག་པའི་དུས་ཡུན་ནི་ཟླ་བརྒྱད་པ་ནས་བཅུ་པའི་བར་ཙམ་ཡིན།

གཉིས། སྐྱེ་དངོས་ཀྱི་ཁྱད་ཆོས།

(གཅིག) སྐྱེ་ཁམས་ཁོར་ཡུག་གི་ཆ་རྐྱེན།

བྱི་བཟུང་ནི་ཉི་འོད་ལྡན་པའི་དྲོད་ཁུལ་དང་བརླན་སར་སྐྱེ་ཞིང་སྐམ་ས་དང་གྲང་བའི་ས་ཁུལ་དུ་ཡུན་རིང་དུ་གནས་ཐུབ་ལ། དཔྱིད་ཀ་དང་དབྱར་ཁ། སྟོན་ཁ་བཅས་གང་རུང་དུ་འདེབས་འཛུགས་བྱེད་ཆོག་པ་ཡིན། སྐྱེ་བའི་དུས་ཡུན་གྱི་རིང་ཐུང་མི་འདྲ་སྟེ། སྤྱིར་བཏང་དུ་མྱུ་གུ་འབུས་པའི་དུས། མྱུ་གུའི་དུས། འདབ་ལོ་རྒྱས་ཤིང་སྐྱེ་སྟོབས་འབར་བའི་དུས། རྩ་བ་རྒྱས་པའི་དུས། མེ་ཏོག་བཞད་ཅིང་འབྲས་བུ་ཐོགས་པའི་དུས། འབྲས་བུ་སྨིན་པའི་དུས་བཅས་སུ་དབྱེ་ཡོད་པ་དང་། རྒྱུན་ལྡན་དུ་བྱིའི་ཁོར་ཡུག་གི་དྲོད་ཚད་20℃~35℃བར་མྱུ་གུ་འབུས་ཐུབ་ལ། དྲོད་ཚད་35℃ཡན་ཆད་དང་3℃མན་ཆད་ལ་ལྷུང་ན་སྐྱེས

སྐྱོབས་མེད། དེའི་རྩ་བ་ནི་དྲོད་ཚད་−20℃བར་དུ་གནས་ཐུབ་ཅིང་བྱི་ལོའི་དཔྱིད་ཀའི་དུས་སུ་ད་གཟོད་སྦྲུ་གུ་འབུས་ཐུབ། ཕྱིའི་ཁོར་ཡུག་གི་དྲོད་ཚད་5℃ཡས་མས་སམ་རྒྱུན་དུ་ཉི་འོད་ཐོག་ཐུབ་པའི་ཆ་རྐྱེན་འོག་ཏུ་ཉིན་58ཡས་མས་ཀྱི་རིང་དུ་སྦྲུ་གུ་འབུས་ཤིང་དེའི་རྗེས་སུ་རིམ་གྱིས་མེ་ཏོག་བཞད་ཅིང་འབྲས་བུ་སྨིན་པ་ཡིན།

གལ་ཏེ་བྱི་བཟུང་ནི་མཐོ་སྒང་གི་ས་ཆའམ་ས་གཤིས་ངན་པའི་སྟེང་དུ་འདེབས་འཛུགས་བྱས་ན་ལོ་གསུམ་དང་བཞིའི་རྗེས་སུ་ད་གཟོད་མེ་ཏོག་བཞད་སྲིད་ལ། དེའི་རྩ་བ་རྒྱས་ཤིང་གཏིང་རིང་བས་རྫིང་བུའམ་ཆུ་འཁྱིལ་བའི་ས་ནས་རྩ་བ་རུལ་ཉེན་ཆེ་སོད། འོན་ཀྱང་དེའི་ས་གཤིས་ཀྱི་ཆ་རྐྱེན་ལ་ངེས་པ་མེད་པར་ནགས་འདབ་དང་། ས་སྟོང་སོགས་གང་རུང་དུ་འདེབས་འཛུགས་བྱ་རུང་བ་ཡིན།

(གཉིས)སྐྱེ་སྐྱོབས་ཀྱི་རང་བཞིན།

བྱི་བཟུང་ནི་དྲོད་ཁུལ་དང་བརླན་སར་སྐྱེ་ཞིང་སྐམ་ས་དང་གྲང་བའི་ས་ཁུལ་དུ་ཡུན་རིང་དུ་གནས་ཐུབ་པས་སྐྱེ་བའི་དུས་སུ་ཆུ་མང་དུ་གཏོང་དགོས་ལ། ཞིང་ས་མ་གཏོགས་པའི་ཁང་བའི་མདུན་རྒྱབ་དང་ལམ་ཁ། གྲོག་ཤུར་དང་རྩ་ཐང་སོགས་གང་རུང་དུ་སྐྱེས་སྲིད། ས་བོན་བཏབ་སྟེ་སྦྲུ་གུ་འབུས་པའི་ཚད་ནི་70%~90%ཟིན་ཞིང་ས་བོན་གྱི་ཚེ་ཚད་ནི་ལོ་གཉིས་ཡིན་ཏེ། ས་བོན་བཏབ་པའི་ལོ་དེར་འདབ་ལོ་སོགས་རྒྱས་པ་དང་ལོ་གཉིས་པར་མེ་ཏོག་བཞད་ཅིང་འབྲས་བུ་སྨིན་པ་ཡིན།

གསུམ། འདེབས་འཛུགས་ཀྱི་ལག་རྩལ།

(གཅིག)གནས་འདེམས་པ།

བྱི་བཟུང་འདེབས་འཛུགས་བྱེད་སྐབས་གཙོ་བོ་ས་གཤིས་མཐུག་ཅིང་

སོབ་པའི་བྱེ་སྣང་ངམ་ས་སྙིང་དང་། ས་གཤིས་ཀྱི་pHཚད་6.5~7.5བར་ཡིན་པ། གྲོ་དང་། ཡུང་མ། སྣེ་ཚེ་སོགས་དང་མཉམ་དུ་འདེབས་མི་རུང་། འདེབས་འཛུགས་བྱེད་པའི་སྐབས་སུ་ས་བོན་གྱི་བར་ཐག་ནི་ལི་སྨི70དང་། ཞེང་ཚད་ལི་སྨི30~40བར། གཏིང་ཚད་ལི་སྨི40ས་བོན་སྒྱི་རྒྱ་རེ་ལ་རང་བྱུང་ལུད་རྫས་སྟོང་ཁེ3000དང་། སན་ཡོན་མཉམ་སྦྱོར་ལུད་རྫས་སྟོང་ཁེ750ཀོའོ་ལིན་སན་ཀན་སྟོང་ཁེ750བཅས་གཏོང་དགོས་ཞིང་། རང་བྱུང་གི་ལུད་རྫས་རིམ་པ་དང་ས་གཤིན་རིམ་པ་བཅས་མཉམ་པར་བརྡལ་རྗེས་ས་བོན་འདེབས་དགོས་པ་དང་དེ་དང་མཉམ་དུ་ས་འོག་གི་གནོད་འབུ་ལ་འགོག་སྲུང་བྱེད་དགོས།

(གཉིས)ས་ཞིང་དོ་དམ།

1.སྨུ་གུར་བརྟག་དཔྱད་བྱེད་པ། སྨུ་གུ་འབུས་པའི་རྗེས་སུ་ས་བོན་ཡོད་ཚད་སྨུ་གུ་རུ་འབུས་ཡོད་མེད་ལ་བལྟ་ཞིབ་བྱེད་པ་དང་། གལ་ཏེ་སྨུ་གུ་འབུས་མེད་ཚེ་སྨྱུར་དུ་ས་བོན་ཁ་གསབ་བྱེད་པའམ་ཡང་ན་གནས་གཞན་དུ་འདེབས་འཛུགས་བྱེད་དགོས།

2.སྨུ་གུ་ཡོངས་སུ་འབུས་ཤིང་ལོ་མ་འབུས་པའི་དུས་སུ་ཐིངས་དང་པོའི་བྱེད་པ་དང་། ལོ་མ་གཉིས་ནས་གསུམ་ཙམ་འབུས་ཡོད་དུས་ཐིངས་གཉིས་པས་བྱེད་དགོས། སྨུ་གུའི་མཐོ་ཚད་ལ་ལི་སྨི10~20བར་འབུས་ཤིང་ལོ་མ4~5བར་འབུས་ཡོད་པའི་སྐབས་སུ་བྱེད་དགོས་པ་དང་། དེ་བྱེད་པ་དང་བསྟུན་ནས་སྨུ་གུ་ཁ་གསབ་བྱས་ཏེ་ཆུ་གཏོང་དགོས།

3.ལྷམ་བུ་འབལ་བ། བྱེ་བཟུང་གི་སྐྱེ་ཡུན་ཙུང་རིང་བས་ལྷམ་བུ་འདྲ་མིན་སྣ་ཚོགས་སྐྱེས་སྲིད་པས་དུས་ལྟར་དུ་ལྷམ་བུ་འབལ་བ་དང་། སྐྱེ་བཞིན་པའི་ཁྲོད་དུ་དེའི་རྩ་བར་མི་གནོད་པའི་ངང་ནས་ལྷམ་བུ་ཐེངས2~3ལ་འབལ་དགོས་ལ། མཐའ་མཇུག་བྱེ་བཟུང་གི་སྐྱེ་སྟོབས་རྫོགས་པའི་དུས་སུ་ལྷམ་བུ་སྐྱེས་ཙང

བས་འབལ་མི་དགོས།

4.ལུད་རྫས་ཁ་གསབ། ཕྱི་བཟུང་ལ་ལུད་རྫས་འབོར་ཆེན་གཏོར་དགོས་ཏེ། རྨང་གཞིའི་ལུད་རྫས་སྟེང་དུ་ད་དུང་ཐེངས་གཉིས་ལ་ལུད་རྫས་ཁ་གསབ་བྱེད་དགོས། ཐེངས་དང་པོ་ནི་སྨུ་གུ་འབུས་པའི་རྗེས་སུ་ས་བོན་དང་ལུད་རྫས་ཀྱི་བསྡུར་ཚད་ལ་དཔགས་ནས་སྨུ་གུའི་རྩ་བའི་ས་བྲུས་ཏེ་ས་དོང་ནང་དུ་ལུད་རྫས་འཛུག་པ་དང་ཆུ་གཏོང་བ་ཡིན་ལ། ཐེངས་གཉིས་པ་ནི་རྩ་བ་རྒྱས་པའི་དུས་སུ་གོང་བཞིན་ལུད་རྫས་འཛུག་པ་དང་ཆུ་གཏོང་དགོས།

5.ཆུའི་དོ་དམ།

ཕྱི་བཟུང་སྨུ་གུ་འབུས་དུས་སུ་ཆུ་བརླན་ཆེ་བའི་ས་གཤིས་དང་འབྲལ་ཐབས་བྲལ་བས་ཐན་པས་གནོད་པའི་དུས་སུ་སྨུ་གུར་སྲུང་སྐྱོབ་བྱས་ཏེ་དུས་ལྟར་དུ་ཆུ་གཏོང་དགོས་ལ། ཕྱི་བཟུང་གི་སྡོང་པོ་ཆར་ཆུ་དང་ཆུ་ལོག་གི་གནོད་སྐྱོན་ལས་ཐར་དཀའ་བས་ཆར་ཆུ་མོད་པའི་དུས་སུ་ཆུ་ཕྱིར་བཏང་སྟེ་གནས་གཅིག་ཏུ་མི་འཁྱིལ་བ་བྱེད་དགོས།

(གསུམ)གནོད་འབུ་ཉེན་འགོག

ཕྱིར་བཏང་དུ་གནོད་འབུའི་རིགས་ལ་དབྱེ་བ་ཧ་ཅང་མང་མོད། རྒྱུན་མཐོང་གི་གནོད་འབུའི་རིགས་ལ་གནོད་འབུ་ནག་ཁྲའི་ནད་དང་གནོད་འབུ་སྲིན་ཕྲའི་ནད་གཉིས་ཡོད་པ་དང་། དེའི་རིགས་ལ་ནད་སློང་བའི་དུས་ནས་ཉེན་སྲུང་བྱས་ཏེ་གནོད་འབུ་གསོད་བྱེད་ཀྱི་སྨན་རྫས་རིགས་བཀོལ་ན་ནུས་པ་ལྷ་ལྷག་ཐོན་སྲིད།

1.གནོད་འབུ་ནག་ཁྲའི་ནད། ནད་འབུ་འདིའི་རིགས་ཀྱིས་གཙོ་བོ་ལོ་མར་གནོད་སྐྱོན་བཟོ་སྲིད། ཐོག་མར་ནད་སློང་བའི་དུས་སུ་ལོ་མ་དང་ངར་བའི་གནས་སུ་མདོག་དཀར་ཤས་སམ་སྨུག་ཤས་ཆེ་བའི་མདོག་འབྱུང་ཞིང་ལན་རེར

ནད་མདོག་དེའི་མཐའ་སྐོར་དུ་མདོག་སེར་པོ་ཅན་གྱི་འོད་ཁྱིམ་ལྟ་བུ་ཡང་འབྱུང་སྲིད་ལ། གནོད་སྐྱོན་ཐེབས་པའི་ལོ་མ་སྒྲུབ་ན་གས་སླ་བ་ཡིན། བརླན་ཤས་ཆེ་བའི་སྐབས་སུ་ནད་འབུ་དེ་དག་གི་གནོད་སྐྱོན་ཐེབས་པའི་གནས་སུ་མདོག་ནག་པོ་ཅན་གྱི་སྤུ་ཅན་སྐྱེ་སྲིད་ལ་དེ་ནི་ནད་འབུ་དེའི་འབུ་ཕྲུག་དག་ཡིན། ལོ་མ་དང་ངར་བའི་གནས་སུ་བྱུང་བའི་མདོག་ནི་སྨུག་ནག་དང་དབྱིབས་ནི་ཐག་དབྱིབས་ཡིན་ལ། ནང་དུ་ཅུང་བརྗིབས་པ་དང་། བརླན་ཆེ་བའི་ཆ་རྐྱེན་འོག་རུལ་འགྲོ་བ་ཡིན།

འགོག་སྲུང་གི་ཐབས་ཤེས། འདེབས་འཛུགས་སྐབས་སུ་ས་བོན་གྱི་བར་ཐག་འོས་ཤིང་འཚམས་པ་ཡིན་དགོས་ལ། ནད་འབུས་གནོད་སྐྱོན་ཐེབས་པའི་ལོ་མ་སོགས་དུས་ཐོག་ཏུ་མེད་པར་གཏོང་དགོས། དེར་མ་ཟད་ནད་འབུ་འགོག་སྲུང་དང་གསོད་པའི་སྨན་རྫས་སོགས་བསྡེབས་ཏེ་ཕྱི་བཟུང་གི་སྟེང་དུ་གཏོར་བ་དང་། ཉིན་བདུན་ནང་ཐེངས་གཅིག་དང་། བསྡུད་མར་ཐེངས་གཉིས་ནས་གསུམ་བར་གཏོར་དགོས།

2.གནོད་འབུ་སྲིན་ཕྲའི་ནད། ནད་འབུ་འདིའི་རིགས་ཀྱིས་གཙོ་བོ་རྩ་བ་ནས་རྩེ་མོ་བར་གྱི་ལོ་མའི་སྟེང་རིམ་པ་བཞིན་དུ་གནོད་སྐྱོན་བཟོ་བ་དང་། གནོད་སྐྱོན་བཟོ་བའི་ཁྱབ་ཚུང་ཆེ་བ་མ་ཟད་གནོད་སྐྱོན་ཐེབས་པའི་གནས་རུལ་ནས་རིམ་གྱིས་ལོ་མ་དང་ངར་བ། སྡོང་རྐང་བཅས་ལ་གནོད་སྐྱོན་བཟོས་ཏེ་སྡོང་པོ་རུལ་ཞིང་ཆག་འགྲོ་བ་རེད། མཇུག་མཐར་རུལ་ཟིན་པའི་སྡོང་རྐང་གི་རྒྱུ་ཤོར་ཏེ་དེའི་གནས་ཀྱི་མདོག་ནག་པོར་འགྱུར་སྲིད།

འགོག་སྲུང་གི་ཐབས་ཤེས། ས་བོན་མ་བཏབ་པའི་སྔོན་དུ་དྲོད་ཚད་55℃ཡིན་པའི་ཆུ་དྲོད་འཇམ་གྱི་ནང་དུ་སྐར་བཅུ་ཙམ་ལ་ས་བོན་སྦངས་ན་ནད་འབུ་གསོད་ཐུབ་པ་དང་། གཞན་ནད་འབུ་གསོད་པའི་སྨན་དེ་དག་འོས་འཚམས་

ངང་བསྡེབས་རྗེས་སྡོང་པོའི་སྟེང་དུ་གཏོར་དགོས།

བཞི། ས་བོན་འཇོག་པའི་ལག་རྩལ།

འདེབས་འཛུགས་གཙོ་བོ་ནི་ས་བོན་ཡིན་ལ། དེ་ཡང་དཔྱིད་ཀ་དང་དབྱར་ཁ། སྟོན་ཁ་བཅས་ལ་བཏབ་ཆོག་སྟེ། དཔྱིད་ཀའི་དུས་སུ་ལུགས་གསར་གྱི་ཟླ་བཞི་བའི་ཟླ་མགོ་ཙམ་ལ་འདེབས་པ་དང་། དབྱར་དུས་ནི་དབྱར་འགོ་ཚུགས་རྗེས་སུ་འདེབས་དགོས། སྟོན་དུས་ནི་སྟོན་འགོ་ཚུགས་རྗེས་སུ་འདེབས་པ་བཅས་ཡིན་ལ། དེར་དབྱེ་ན་ས་བོན་ཐད་ཀར་འདེབས་པ་དང་སྨྱུ་གུ་གནས་སྤོར་ཏེ་འདེབས་པ་གཉིས་སུ་དབྱེ་ཡོད་དེ།

(གཅིག) ས་བོན་ཐད་ཀར་འདེབས་པ།

ས་བོན་ཆུ་དྲོད་འཇམ་གྱི་ནང་དུ་ཆུ་ཚོད་24ལ་སྦངས་རྗེས་དྲོད་གྲང་རན་པའི་གནས་སུ་བཞག་སྟེ་ཉིན་རེ་བཞིན་དུ་ཆུ་དྲོ་འཇམ་གྱིས་ཐེངས་རེར་བཤལ་བ་དང་སྨྱུ་གུ་འབུས་འགོ་ཚུགས་རྗེས་སུ་འདེབས་འཛུགས་ཀྱི་བར་ཐག་དང་། སའི་གཏིང་ཚད། ཞེང་ཆེ་ཆུང་བཞིན་དུ་འདེབས་འཛུགས་བྱེད་དགོས་ལ། ས་དོང་རེའི་ནང་དུ་ས་བོན་རྡོག་མ་3 ~4གཏོར་དགོས་ཤིང་དེའི་སྟེང་ས་ཁོད་སྙོམས་པོར་བཏབ་སྟེ་ས་བོན་དང་ས་གཉིས་གཞི་གཅིག་ཏུ་འདྲེས་དགོས། སྤྱིར་བཏང་དུ་དབྱར་དང་སྟོན་གྱི་དུས་སུ་བཏབ་ན་ཉིན་དྲུག་ནས་བདུན་བར་དུ་སྨྱུ་གུ་འབུས་ཐུབ་པ་དང་། སྨྱུ་གུ་འབུས་རྗེས་ས་དོང་རེའི་ནང་དུ་སྐྱོན་མེད་པའི་སྡོང་རྐང་གཉིས་ལས་བཞག་མི་ཆོག་ལ་གལ་ཏེ་སྡོང་རྐང་མི་འདང་ཚེ་དུས་ཐོག་ཏུ་ཁ་གསབ་བྱེད་དགོས།

(གཉིས) སྨྱུ་གུ་གསོས་རྗེས་གནས་སྤོར་ཏེ་འདེབས་པ།

ས་གཤིན་གྱི་སྟེང་དུ་བསྟུར་ཚད་བཞིན་དུ་ལུད་རྫས་གཏོར་བ་དང་འདེབས་འཛུགས་ཀྱི་བར་ཐག་དང་། སའི་གཏིང་ཚད། ཞེང་ཆེ་ཆུང་སོགས་གཏན་འཁེལ

བྱས་རྗེས་ས་བོན་འདེབས་དགོས་ལ། ཐན་པས་གནོད་དུས་སུ་ཆུ་གཏོང་དགོས། སྨྱུ་གུ་འབུས་ཏེ་ལོ་མ་འབུས་པའི་དུས་སུ་སྡོང་རྐང་རེའི་བར་ཐག་ལི་སྨི་3བཞག་སྟེ། སྨྱུ་གུ་གསོས་བའི་རྗེས་སུ་དཔྱིད་ཀ་དང་དབྱར་ཁར་བཏབ་པའི་སྨྱུ་གུ་སྟོན་ཁའི་དུས་སུ་གནས་སྤར་ཏེ་འདེབས་པ་དང་། སྟོན་ཁའི་དུས་སུ་བཏབ་པའི་སྨྱུ་གུ་དཔྱིད་ཁ་ལོ་མ་འབུས་པའི་སྔོན་དུ་གནས་སྤར་ཏེ་འདེབས་དགོས་པ་ཡིན། གནས་སྤར་ཏེ་འདེབས་པའི་སྐབས་སུ་སྨྱུ་གུའི་རྩ་བའི་ས་རྡོག་དང་བཅས་སྡོང་རྐང་འདེབས་འཛུགས་ཀྱི་བར་ཐག་ནི་ལི་སྨི་70ཙམ་ས་དོང་བརྐོས་ཏེ་འདེབས་པ་དང་། གཏིང་ཚད་བཅས་གོང་ལྟར་ཡིན་ལ་དུས་ལྟར་ཆུ་བཏང་སྟེ་སྨྱུ་གུ་འབུས་པར་གྲོགས་བྱེད་དགོས།

༤། བསྡུ་ལེན་དང་ལས་སྣོན།

(གཅིག)འབྲས་བུ་བསྡུ་ལེན་དང་ལས་སྣོན།

སྤྱིར་བཏང་དུ་ས་བོན་བཏབ་པ་ནས་ལོ་ལེགས་སྨིན་པའི་བར་དུ་ལོ 2 ~3 ཡིན་ལ། འབྲས་བུའི་ཕྱི་ཤུན་སེར་པོར་གྱུར་བའི་སྐབས་སུ་བསྡུ་ལེན་བྱེད་ཆོག་མོད། ཡིན་ཡང་མེ་ཏོག་བཞད་པའི་དུས་ཡུན་མི་འདྲ་བའི་དབང་གིས་ལོ་ལེགས་སྨིན་པའི་དུས་ཡུན་ཀྱང་མི་འདྲ་བས་སྨིན་ཟིན་པའི་འབྲས་བུ་དུས་ལྟར་དུ་རེ་རེ་བཞིན་བསྡུ་ལེན་བྱ་དགོས། བསྡུ་ལེན་བྱེད་པའི་དུས་ཚོད་ཆེས་ལེགས་ཤོས་ནི་སྔ་མོའམ་གནམ་རུབ་པའི་དུས་སུ་ཡིན་ལ། རྒྱུ་མཚན་ནི་དུས་དེར་འབྲས་བུའི་ཕྱི་ཤུན་སྟེང་གི་ཚེར་མ་ཅུང་སླེ་བས་ལུས་ཀྱི་ཤ་ལྤགས་ཀྱི་སྟེང་དུ་གཙག་པའི་གནོད་སྐྱོན་ཅུང་ཆུང་བ་ཡིན། འབྲས་བུའི་སྟེང་དུ་སྤུ་ཤུན་མང་བས་བསྡུ་ལེན་བྱེད་པའི་སྐབས་སུ་བསྡུ་ལེན་བྱེད་མཁན་གྱིས་ཁ་འཐུམ་དང་ལག་ཤུབས་སོགས་བཀོལ་ན་མིག་དང་པགས་པར་གནོད་མི་ཐུབ། བསྡུ་ལེན་བྱས་རྗེས་སུ་སྡོང་རྐང་སྟེང་གི་ལོ་མ་དང་འབྲས་བུ་སོགས་རེ་རེ་བཞིན་བཀར་ཏེ་འབྲས་བུ་ཉི་མར་སྐེམ་པ་དང་།

སྐམ་གསེད་ལེགས་པོ་བྱས་རྗེས་དབྱུག་པས་ཡང་ཡང་བརྡུངས་ཏེ་འབྲས་བུའི་ནང་སྙིང་འདོན་དགོས་པ་ཡིན་ནོ།།

(གཉིས)ཕྱི་བཟུང་རྩ་བ་བསྟུ་ལེན་དང་ལས་སྟོན།

འདེབས་འཛུགས་བྱེད་པའི་དུས་ཡུན་མི་འདྲ་བའི་དབང་གིས་རྩ་བ་བསྟུ་ལེན་བྱེད་པའི་དུས་ཀྱང་མི་འདྲ་སྟེ། ཟླ་9~10བར་བསྟུ་ལེན་བྱེད་པ་ཡིན་ལ། བསྟུ་ལེན་བྱེད་དུས་ཐོར་བས་ངར་བ་དང་ལོ་མ། སྡོང་རྐང་སོགས་བྲེགས་རྗེས་རིང་ཐུང་ལ་ལེ་སྨི་15ཙམ་གྱི་སྡོང་རྐང་བཞག་སྟེ་གཞོགས་གཅིག་ནས་སའི་གཏིང་ཚད་ལེ་སྨི་25~35བར་ས་བསློག་སྟེ་རྩ་བ་ཡོངས་སུ་ཕྱིར་མངོན་པའི་དུས་སུ་ལག་གཉིས་ཀས་དལ་གྱིས་རྩ་བ་བསྒྲུལ་ཏེ་རྩ་བ་ཕྱིར་འདོན་པ་དང་། ས་སོགས་གཙང་མར་བཀྲུས་ཏེ་བསིལ་སྐམ་བྱ་དགོས།

(གསུམ)ཕྱི་བཟུང་གི་ལོ་མ་བསྟུ་ལེན་དང་ལས་སྟོན།

ཟླ་བ་5བར་མེ་ཏོག་བཞད་པའི་དུས་སུ་ལོ་མ་བསྟུ་ལེན་བྱེད་པ་དང་། སྐམ་གསེད་ལེགས་པོ་བྱས་རྗེས་སྨན་རྫས་སུ་བཀོལ་བའམ་ཡང་ན་ཟས་སུ་བཀོལ་ཆོག

ཟུར་བཀོད། ཕྱི་བཟུང་མ་ཟོས་པའི་སྔོན་དུ་རྩ་བའི་ཕྱི་ཤུན་བཤུས་ཏེ་དུམ་བུར......གཏུབས་རྗེས་ཆུ་ནང་དུ་སྦང་ཞིང་བཙོས་ཏེ་ཟ་ཆོག་པ་དང་། ཡང་ན་ཤ་དང་མཉམ་དུ་བརྗེ་བ་སོགས་ཡུན་རིང་དུ་ཟོས་ཆོག་པའོ།།

ལེའུ་གསུམ་པ། རྩྭ་ལོ་མེ་འབྲས་ཡོངས་རྫོགས་རིགས་ཀྱི་ཀྲུང་བོད་སྔོ་སྨན་འདེབས་འཛུགས།

ས་བཅད་དང་པོ། པན་ལན་ཀུན།

སྨན་འདི་ནི(ལ་ལས་རམས་རྩ་ཡང་ཟེར)རྒྱ་གྲམ་མེ་ཏོག་གི་ཁོངས་སུ་གཏོགས་པའི་རྩི་ཤིང་གི་རིགས་ཡིན་ལ། མིང་གཞན་ལ་སྔོན་པོ་དབང་དུ། རམས་རྩ་ཆེན་མོ། ར་ཆེན་རྩ་ཤོགས་སོགས་ཟེར། རྩ་བ་སྨན་དུ་བཟོ་བར་བྱེད། གཙོ་བོ་ཚ་སེལ་དུག་འཇོམས་ཀྱི་ཕན་ནུས་སོགས་ཡོད། དེས་གཙོ་བོར་ཆམས་རིམས་དང་དཀྲུལ་ཆེའི་འགྲམ་རྨེན་ཚ་ནད། གློད་རྒྱངས་ཚ་ནད། སྨུར་གཉིས་རང་བཞིན་གྱི་འགོས་ནད་དང་མཆིན་ཚད་མགྲིན་པ་སྐྲངས་པ་སོགས་ཀྱི་ནད་ལ་ཕན། འདིའི་ལོ་མ་སྨན་དུ་བཏང་སྟེ་མིང་ལ་སྔོ་འདབ་ཆེ་བ་ཟེར། རྩ་བ་དང་འདྲ་བའི་ཕན་ནུས་ཡོད། དེང་རབས་སྨན་ལུགས་ཞིབ་འཇུག་གིས་བདེན་དཔང་བྱས་པ་ལྟར་ན། རྫས་འགྱུར་གྱི་གྲུབ་ཆ་གཙོ་བོ་ལ་སྐྱེས་དངོས་ཀྱི་བ་ཚ་རིགས། རགས་ཀྱི་རིགས། ཤིང་གི་རིགས། སྐྱེ་ལྡན་སྐྱུར་རིགས། ཁྲུམ་རིགས། ཡུངས་འབྲུ་རིགས། ཨེན་མང་སྐྱུར་རིགས། ཨུ་ཟེ་ལྡན་པའི་རིགས། ཙན་ཕྲུན་རིགས། ནད་དུག་འགོས་པ་ལ་ཕན་པའི་ནུས་པ་དང་སྲིན་འགོག་པའི་ནུས་པ། ཤ་དུག་འགོག་པ་སོགས་ཀྱི་ནུས་པ་ལྡན་ལ་རིམས་ཐར་མ་ལག་དང་འབྲས་སྐྲན་འགོག་པའི་ནུས་པའང་ལྡན་པར་བཤད། ཐོན་ས་གཙོ་བོ་ནི་ཧོ་པེ། ཙང་སུའུ། ཨན་ཧེ། ཧྲན་ཞི། ཧེ་ནན

ཞིང་ཆེན་སོགས་ཡིན། ད་ལྟ་རྒྱལ་ཁབ་ཀྱི་ས་གནས་སོ་སོ་ནས་འདེབས་འཛུགས་གསོ་སྐྱོང་བྱེད་ཀྱིན་ཡོད། ཁྱད་པར་དུ་ཨན་ཧེ་ཨན་གོ་ནས་ཐོན་བཞིན་པ་ནི་སྤུས་ཀ་ཧ་ཅང་བཟང་བར་བཤད་བཞིན་ཡོད།

དང་པོ། རྩི་ཤིང་གི་རྣམ་པ།

ལོ་གཉིས་ཀྱི་ནང་དུ་རྩ་རྒྱུ་སྐྱེ་བ། མཐོ་ཚད་ལ་ལི་སྨི 40 ~90 གཞུང་རྩད་རིང་ལ་ཀ་ཟླུམ་དབྱིབས། ཕྱི་ལྤགས་མདོག་སྐྱ་སེར། གཞུང་དྲང་། སྟོད་ཆའི་ཡན་ལག་འཛམ་ཞིང་སྤུ་མེད། པན་ཚུན་སྐྱེ་བའི་རྐང་ལོ། རྩང་སྐྱེས་ལོ་མ་ཆེ། ཡུ་བ་ཅན། ལོ་མ་དབྱིབས་ཟླུམ་པོའམ་འཇོང་དབྱིབས། སྟོང་རྐང་དུ་གྱེས་པའི་ལོ་མ་སྟོར་དབྱིབས་དང་སྟོར་ནར་ཅན་དེ་ཉལ་བ། རྩང་སྐྱེས་རྣ་བ་འཕྱང་བ་ལྟར་མདའ་གཟུགས་སྟོང་རྐང་འཛིན་པ། མེ་ཏོག་བང་རིམ་ཇོག་མ་ཅན། མེ་ཏོག་ཡལ་ག་ཕྲ་ལ་རིང་བ། འདབ་མ་བཞི། མེ་ཏོག་གི་ཟེ་སྡྲོ་སེར་པོ་ཅན། འབྲས་བུ་སྟོར་ནར་ཅན་ཉེ་ལེབ་མོ། མུ་འགྲམ་དུ་གཤོག་པའི་དབྱིབས་ཅན་ཧེ་མདོག་རྒྱ་སྨུག རྩེ་མོ་སྟོར་ལ་རྟུལ་བའམ་བཙད་པའི་རྣམ་པ་ཅན། འབྲས་བུ་གཅིག ནར་དབྱིབས་ཅན། ཁམ་མདོག་ཅན་དང་འོད་མདངས་ལྡན་པ། མེ་ཏོག་བཞད་དུས་ཟླ 4 ~5 བའི་བར་དང་། འབྲས་བུ་སྨིན་དུས་ཟླ 5~6 པའི་བར་ཡིན།

གཉིས། སྐྱེས་དངོས་རིག་པའི་ཁྱད་ཆོས།

སྐྱེ་དངོས་འདིའི་རིགས་ས་གནས་དང་འཕྲོད་ཤུགས་ཆེ་ཞིང་། གྲང་ངར་སོགས་ཐུབ་པས་ས་བོན་སྐྱེ་སའི་རང་བྱུང་ཁོར་ཡུག་ལ་འབྲེལ་བ་ཆེན་པོ་མེད་དེ། རང་རྒྱལ་གྱི་ལྷོ་བྱང་ས་ཁུལ་གང་ནས་ཀྱང་གདབ་ཆོག་པ་རེད། རྩད་པ་རིང་བས་ས་བབས་མཐུག་ཅིང་སྐྱི་མོའམ་སོབ་སོབ་ཡིན་ཁར། ཕྱི་ཟགས་ལྡན་པའི་ཞིང་ས་རུ་འདེབས་པ་མ་གཏོགས། ཆུ་ཡུན་རིང་དུ་འཁྱིལ་བའི་ཁོར་ཡུག་ཏུ་འདེབས་མི་རུང་།

གསུམ། སོན་འདེབས་ལག་རྩལ།

(གཅིག)ས་ཁོད་སྒྲིམས་སའི་ཞིང་ས་འདེམས་པ།

ས་ཁོད་སྒྲིམས་ཤིང་ཆུའི་བཞུར་རྒྱུན་ལེགས་པ། ས་སྐྱི་མོའམ་སོབ་སོབ་ཡིན་པའི་བྱེ་ཟགས་འབྲེལ་བའི་ས་འདེམས་དགོས། སྟོན་དུས་ས་སློག་པའི་སྐབས་སུ་སའི་གཏིང་ཚད་ལ་ལི་སྨི་བཞི་བཅུ་ལྷག་བསློག་དགོས་ཏེ། སའི་གཏིང་ཚད་ཅི་ལྟར་བསློག་ཐུབ་ཆེ་དཔྱིད་དུས་ས་བོན་འདེབས་སྐབས་ས་སོབ་སོབ་ཏུ་འགྱུར་བས་སྨྱུ་གུ་སྐྱེ་བ་ལ་མཐུན་རྐྱེན་ལེགས་པོ་འབྱུང་ངེས། ལུད་འཛུག་པའི་ཐབས་ཤེས་ནི་འདི་ལྟ་སྟེ། སའི་ཁྲོན་སྤྱི་ཆིང་གཅིག་ལ་ལུད་སྤྱི་རྒྱ་30000དང་། སྐྱུར་ལེན་ལུད་རྫས་སྤྱི་རྒྱ་700འམ་རྩི་ཤིང་གི་ཁོ་ཐལ་སྤྱི་རྒྱ་500བསློག་ཟིན་པའི་སའི་གཏིང་དུ་འཛུག་དགོས། དེ་ནས་ས་བསྙམས་ཏེ་ཤལ་བརྒྱབ་རྗེས་མཐོ་ཚད་ལ་སྨི་1.3ལྷག་གི་རྣང་མ་བཟོས་ཐོག ཞིང་གི་ཕྱོགས་བཞི་ལ་ཆུ་ཀ་བཟོས་ནས་ཆུའི་བཞུར་རྒྱུན་བཟང་བོར་བྱ་དགོས།

(གཉིས)ས་བོན་འདེབས་པ།

ས་བོན་འདེབས་པའི་དུས་ཚིགས་ལ་དཔྱིད་དང་དབྱར་གྱི་ཁྱད་པར་མེད་དེ། དཔྱིད་ཀྱི་དུས་སུ་ཟླ་བཞི་བའི་ཟླ་མགོ་དང་དབྱར་གྱི་དུས་སུ་ཟླ་ལྔ་བའི་ཟླ་མཇུག་ནས་ཟླ་དྲུག་པའི་ཟླ་མགོ་ལ་འདེབས་དགོས། ས་བོན་འདེབས་སྲོལ་ལ་གཏོར་འདེབས་དང་རོལ་འདེབས་གཉིས་སུ་དབྱེ་ཆོག་མོད། འོན་ཀྱང་རོལ་འདེབས་བྱ་ཆེ་ཇོ་དམ་བྱེད་བདེ་བ་རེད། ས་བོན་བཏབ་རྗེས་ཞིང་ས་དེ་ཉུ་རྣང་མ་བཟོ་དགོས་ཤིང་། རྣང་མའི་རིང་ཚད་ལ་ལི་སྨི་20~25དང་། མཐོ་ཚད་ལ་ལི་སྨི་2ཡས་མས་ཙམ་བསྒྱུར་དགོས། ད་དུང་མཉམ་འཛོག་བྱེད་དགོས་པ་ཞིག་ལ་ཞིང་མ་བཏབ་གོང་དུ་ས་བོན་དྲོད་ཚད 30℃ ~40℃ཆུ་དྲོན་ནང་དུ་དུས་ཆོད་བཞི་ཙམ་དུ་སྲུང་རྗེས། ཕྱིར་བཏོན་ནས་སྐམ་པར་གྱུར་པ་ན་ད་གཟོད་བཏབ་ཆོག

ས་བོན་བཏབ་རྗེས་མི་འམ་དུད་འགྲོ་ཡི་ལུད་གསེབ་འབྲེལ་གྱིས་རྣང་མ་དང་མཉམ་པར་བྱེད་ཐོག ཉིན་ལྔ་ནས་དྲུག་བར་ཏུ་རྡོད་གྲངས་སྙོམས་པར་བྱས་ན་སྐྱེ་དངོས་འདིའི་མྱུ་གུ་འབུས་ངེས་ཡིན། ད་རུང་དོ་སྣང་བྱེད་དགོས་པ་ཞིག་ལ་ས་བོན་འདེབས་པའི་བར་ཐག་ལ་སྤྱི་ཆིང་རེར་ས་བོན་གྱི་གྲངས་སྤྱི་རྒྱ་སུམ་ཅུ་ཡས་མས་འདེབས་པར་བྱ།

(གསུམ་པ)ཞིང་ལ་དོ་དམ་བྱ་ཚུལ།

1.ཞིང་ལ་དོ་དམ་མམ་བདག་སྐྱོང་བྱེད་པའི་ཐབས་ལ་མྱུ་གུ་མཐུག་སེལ་དང་མྱུ་གུ་གསེབ་འཕྲལ་གཉིས་སུ་དབྱེ་སྟེ། མྱུ་གུ་སྐྱེ་ནས་རིང་ཚད་ལ་ལི་སྨི 7~10 ཐོན་ཚེ་མྱུ་གུ་མཐུག་སེལ་གྱི་ལས་སུ་ཞུགས་དགོས་ཏེ། སྐྱེ་སྟོབས་རྒྱས་པ་རྣམས་བསྲུར་བ་དང་གཞན་རྣམས་འབལ་བར་བྱ། མྱུ་གུ་སྐྱེ་ནས་ལི་སྨི 12ཙམ་ལ་ཐོན་ཚེ། ལྡུང་ཁང་གི་བར་མཚམས་ལ་ལི་སྨི 7~10གསེབ་འཕྲལ་གྱི་ཚུལ་དུ་བསྐྱང་དགོས་པ་མ་ཟད། དེའི་བར་ལ་ལྡུང་མྱུག་གཅིག་ཙམ་བསྲུར་དགོས།

2.ཡུར་མ་ཡུར་བའམ་རྩ་ལྷམ་དག་གཙང་བྱེད་པ་ལ་འདི་ལྟར་དོ་སྣང་བྱ་དགོས་ཏེ། ཞིང་ས་རུ་རྩ་ལྷམ་སྐྱེས་ཡོད་ཚེ་མྱུ་གུ་སྐྱེ་བ་ལ་གནོད་དུ་འགྱུར་ངེས་པས་རྩ་ལྷམ་དུས་ལྟར་དུ་འབལ་དགོས་པ་མ་ཟད། ཟླ་ཕྱེད་རེར་ཐེངས་གཅིག་ལ་དུས་ལྟར་དུ་འབལ་དགོས།

3.ལུད་རྫས་འཇོག་པ། ལོ་མ་ཁ་འབུས་རྗེས་ཞིང་ལས་ལྟར་ལྷམ་བུ་ཡུར་རྒྱུ་དང་མི་ཕྱུགས་གི་ལུད་རྫས་ཐེངས་གཅིག་འཇོག་དགོས། དེ་ཡང་ས་སྤྱི་ཆིང་གཅིག་ལ་ལུད་རྫས་སྤྱི་རྒྱ 22500~30000འཇོག་དགོས། ལོ་མ་བཏོག་ཐེངས་རེར་མི་ཕྱུགས་ཀྱི་ལུད་རྫས་སྦྱང་བའི་ཆུ་ཐེངས་རེར་ལྷུག་དགོས་ལ། དེ་ཡང་སྤྱི་ཆིང་རེར་སྤྱི་རྒྱ 30000འཇོག་དགོས། དེའི་ནང་ལ་ནུ་སྦྱར་ཨེན་སྤྱི་རྒྱ 75~105བླུགས་ན་ལོ་མ་གསར་བ་མང་དུ་འབུས་པར་ཕན། གལ་ཏེ་ལོ་མ་འཐོག་མི་དགོས་ན་ལུད་

རྫས་ཤུང་ཡང་སྐྱོན་ཆེན་པོ་མེད།

4.ཆུ་དྲངས་པ་དང་ཕྱིར་འཐོ་བ། དཔྱར་ཁ་ཐན་པ་བྱུང་ཚེ་དུས་ལྟར་ཆུ་དྲངས་རྒྱུ་དང་ཆར་ཆུ་མང་དུས་ཞིང་ནང་གི་འཁྱིལ་ཆུ་ཕྱིར་འཐོ་དགོས།

(བཞི)འབྲུ་ཕྲའི་གནོད་པ་དང་དེའི་སྔོན་འགོག

1.རྟང་མེན་ནད་འབུ། ནད་འདི་གཙོ་བོ་ལོ་མར་གནོད་སྐྱེད་ལ། ཐོག་མར་ལོ་མའི་རྒྱབ་ཕྱོགས་སུ་དཀར་པོའམ་ཐལ་མདོག་གི་རྡུལ་ཙམ་ཆགས་པ་དང་། དེ་ལ་མངོན་སུམ་གྱི་ཕྲ་ཐིག་དང་རྟགས་མེད་ལ། རིམ་བཞིན་ཚད་ཇེ་ཆེར་སོང་སྟེ་ལོ་མའི་སྟེང་དུ་ཕྲ་ཐིག་སྔོ་སྐྱ་འོང་བ་དང་ཡང་ན་ལོ་མ་སྐམ་འགྲོ་ངེས།

སྔོན་འགོག་གི་སྨན་གཏོར་བ་དང་དེ་ཚར་རྗེས་ཞིང་ནང་ལ་དག་གཙང་ནན་མོ་བྱ་དགོས་ཏེ། ནད་འབུས་ཐེབས་པའི་ཡལ་ག་དང་ལོ་མ་རྣམས་མཉམ་དུ་མེར་བསྲེགས་ཏེ་ས་ལ་སྦས་རྒྱུ་དང་། ཞིང་ནང་གི་འཁྱིལ་ཆུ་འཐོ་བ་དང་རླུང་རྒྱུ་བ། ཉི་མར་སྐེམ་པ་སོགས་བྱས་ཏེ་ཞིང་ས་སྐམ་པར་འཛོག་དགོས། ནད་དུག་ཐོག་མར་སྐྱེད་སྐབས 1:1:100ཡི་ཕོར་ཨར་དོ་ཆུ་དང་ཡང་ན 65%དར་སུན་ཤེན་ལྷབ 500 ཅན་ཆུའི་ནང་བླུགས་ཏེ་ཉིན 7~10ནང་དུ་ཐེངས་གཅིག་གཏོར་དགོས། བསྟུད་མར་ཐེངས 2~3ལ་བྱ་དགོས།

2.རྩ་བ་རུལ་བའི་ནད། ཆར་ཆུ་མང་བའི་དུས་སུ་འབྱུང་སླ་སྟེ། གཙོ་བོ་རྩ་བ་ཆུས་རུལ་ཏེ་རྩེ་མོ་སྐམ་པའི་ནད་ཅིག་ཡིན།

སྔོན་འགོག 50%ཅན་གྱི་དོ་ཅོན་ལིན་ལྷབ 1000ཅན་ཆུ་ནང་དུ་བསྲེབས་པ་དང་ཡང་ན 70%ཅན་གྱི་ཀ་རྩང་ཐོ་པུའུ་ཅེན་ལྷབ 1000ཅན་ཆུ་ལ་བསྲེབས་ཏེ་རྩ་བར་བླུགས་པ་དང་རུལ་ཟིན་པའི་རྩ་བ་བཏོན་ཏེ་མེར་བསྲེག་དགོས།

3.རྡུལ་དཀར་ཕྱེ་ལེབ། ནད་འབུ་འདི་ནི་རྡུལ་དཀར་པོའི་ཕྱེ་ལེབ་ཙམ་ཞིག་ཡིན་ལ། རྒྱུན་པར་རམས་རྩའི་ལོ་མའི་ནང་དང་དཔྱར་ཁ་སྒོང་གས་ཏེ་འབུ་ཕྲན་

སྐྱེས་ལ། འབུ་སྨན་དག་གིས་ལོ་མ་ཟོས་ཏེ་ཁྱུང་བུ་བཏོན་པའམ་ཡང་ན་ལོ་མའི་རྩ་ལམ་ཙམ་ལས་ཚང་མ་ཟོས་ཚར་འགྲོ། འབུ་སྨན་འདི་ནི་ལྗང་མདོག་ཡིན་པས་མིང་གཞན་ལ་སྔོ་ཚོད་འབུ་ཡང་ཟེར།

སྔོན་འགོག   འབུ་སྨན་གྱི་སྐབས་སུ 90%ཅན་གྱི་འབུ་རྒྱ་གསོད་སྨན་ལྡབ 800ཅན་ཆུ་དང་བསྲེབས་ཏེ་ནད་འབུ་སྔོན་འགོག་དང་གསོད་དགོས།

4.ཚོད་ཆུང་ཕྱེ་ལེབ།   འབུ་སྨན་གྱིས་ལོ་མ་ཟོས་ཏེ་ཁྱུང་བུ་བཏོན་པ་དང་ཚབས་ཆེན་ལོ་མ་ཡོངས་སུ་ཟོས་ཚར་འགྲོ།

སྔོན་འགོག   རྒུལ་དཀར་ཕྱེ་ལེབ་ཀྱི་སྔོན་འགོག་དང་མཚུངས།

5.ཐའོ་ཡ། ནད་འབུ་འདིས་གཞུང་རྐང་དང་ལོ་མར་གནོད་པ་སྐྱེད་ལ། གཞུང་རྐང་སྙི་མོ་དང་ལོ་མའི་རྒྱབ་ཏུ་འབུ་མང་དུ་འཚངས་ཏེ་བཅུད་འཇིབ་པར་བརྟེན་ལོ་མ་སྐམ་ནས་ལེགས་པར་སྐྱེས་མི་ཐུབ།

བཞི། འབྲས་བུ་ལེན་ཐབས།

འབྲས་བུ་ལེན་ཐབས། སྨན་འདེབས་འཛུགས་བྱེད་པའི་ལོ་དེར་མེ་ཏོག་མི་བཞད་ལ། ལོ་གཉིས་པར་མེ་ཏོག་གི་སྐབས་འབྲས་བུ་ལེན་དགོས། ཟླ་བཅུ་པའི་ས་གནས་དེའི་རམས་རྩའི་གཞུང་རྐང་དང་ལོ་མ་སོགས་ཅུང་སྐམ་པའི་དུས་སུ་རྩ་བ་དང་བཅས་བཀོ་དགོས་ལ། དེ་ཡང་སྐྱེ་སྟོབས་བཟང་བ་དང་ནད་འབུ་སོགས་ཀྱིས་བཏབ་མེད་པ། གཞུང་རྐང་སྦོམ་ལ་ཡལ་ག་ཉུང་བའི་ཡལ་ག་དག་བླངས་ཏེ་ས་གཙང་མ་གཞན་ཞིག་ཏུ་འདེས་འཛུགས་བྱེད་དགོས། འདེབ་འཛུགས་སྐབས་སུ་རྐང་རྣམས་གྲལ་བསྒྲིགས་ཏེ་བར་ཐག་ལ 40cm×30cmབཞག་སྟེ་འཛུགས་དགོས། བཙུགས་ཚར་རྗེས་དུས་ལྟར་ཆུ་གཏོང་རྒྱུ་དང་ལུད་འཇོག་དགོས་ལ། གཞན་ལྡིན་རྫས་དང་ཅ་རྫས་སོགས་བཞག་ནས་བདག་སྐྱོང་བྱེད་དགོས། མེ་ཏོག་བཞད་རྗེས་འབྲས་བུ་ཐོགས་ལ། འབྲས་བུ་དེ་ཟླ 5~6ལ་བཞག་རྗེས་སྨ་གཞུག་ལྟར་སྨིན་པའི་

འབྲས་བུ་བླངས་ཏེ་སྐམ་གསེད་ལེགས་པོ་བྱས་ཏེ་ཉར་ཚགས་བྱ་དགོས།

ལྔ། བསྡུ་ལེན་དང་བཟོ་བཅོས།

(གཅིག) པན་ལན་ཀུན།

ཟླ 10བའི་དཀྱིལ་དང་ཟླ་མཇུག་ཏུ་ས་གནས་དེའི་སྨན་རྩའི་གཞུང་ཁང་དང་ལོ་མ་སྐམ་པའི་དུས་སུ་རྩ་བ་དང་བཅས་བརྐོ་དགོས། རྗེས་ནས་རིམ་བཞིན་མདུན་ཏུ་བསློག་དགོས་ལ་རྩ་བ་གཙོད་པ་དང་བརྡད་པ་སོགས་གཏན་ནས་བྱེད་མི་རུང་། དེའི་རྗེས་རྩ་བའི་སྟེང་གི་འདམ་སླེགས་སོགས་གཙང་སེལ་བྱས་རྗེས་གཞུང་ཁང་དང་ལོ་མ་སོགས་ཕྲལ་ཏེ་བཀྲུས་ལ་རྗེས་སུ་ཉི་མར་སྐམ་ཏེ་ཐོན་པོར་བྱས་ཏེ་བསྡམ་དགོས།

(གཉིས) སྟོ་འདབ་ཆེ་བ།

དཔྱིད་ཀ་འདེབ་འཛུགས་བྱས་པ་རྣམས་ཟླ 7པའི་ཟླ་སྟོད། ཟླ 9པའི་ཟླ་སྟོད། ཟླ 10པའི་ཟླ་མཇུག་བཅས་ཐེངས 3ལ་བླངས་ཆོག དབྱར་ཁར་འདེབས་འཛུགས་བྱས་པ་རྣམས་ཕྱི་ལོའི་ཟླ 4~5དང་། 7~10བར་ཐེངས 3~4ལ་བླངས་ཆོག སྟོ་འདབ་ཆེ་བ་བསྡུ་ལེན་བྱེད་སྐབས་སྟོང་ཁང་དང་ས་མཚམས་སུ་ལི་སྨི 2བཞག་སྟེ་འབྲེག་དགོས་ལ། དེའི་རྩ་བ་ནས་སླར་ཡང་ཡལ་ག་འབུས་ཏེ་ལུ་མཐུད་དུ་སྐྱེས་ཐུབ། བསྡུ་ལེན་བྱས་རྗེས་ཉི་མར་སྐམ་ཏེ་ཐོན་པོར་བསྡམ་ཏེ་ཉར་འཇོག་བྱ་དགོས།

ས་བཅད་གཉིས་པ། གུར་གུམ།

གུར་གུམ་ནི་ལུག་མིག་རིགས་ཀྱི་རྩི་ཤིང་དུ་གཏོགས་ཤིང་མིང་གཞན་ལ་རྩ་གུར་གུམ་ཡང་ཟེར། གུར་གུམ་གྱི་མེ་ཏོག་སྨན་དུ་བཏང་ལ་མོ་ནད་རིགས་ཀྱི་སྨན་ཡིན། དེས་ཁྲག་གསོ་ལ་སྐྲངས་པ་འཇོམས། ཟུག་གཟེར་གཅོག་པ་བཅས་ཀྱི་ཕན་ནུས་ལྡན། གཙོ་བོར་ཟླ་མཚན་གྱི་ན་ཟུག་རྒྱག་པ་དང་ཟླ་མཚན་འགག་པ། མངལ་ཁྲག་ཟགས་པ། འགྱེལ་རྡབ་རྨས་སྐྱོན་སོགས་ཀྱི་ནད་སེལ། དེང་རབས་ཀྱི་སྨན་ནུས་ཞིབ་འཇུག་གིས་དེའི་རྫས་འགྱུར་གྲུབ་ཆ་ལ་ཏོང་ཐོང་རིགས་དང་ཤིང་ཚིལ་རིགས། ཙིང་མང་རིགས་དང་ཕྲིས་དཀར་རིགས། ཚིལ་བུ། བཟའ་བཅའ་ཚི་སྣ་ཚད་ཁུང་མ་རྒྱ་བཅས་ཡོད་པར་བཤད་ལ། ཁྲག་འཁྱགས་དང་ཁྲག་རྡོག་འཇུ་ལ་ཁྲག་ཤེད་དམད་པ། ཁྲག་ཚིལ་སྙོམ་སྒྲིག གཉན་ཚད་སེལ་བ་བཅས་ཀྱི་ནུས་པ་ལྡན། གཞན་མངལ་སྒྲིབ་པར་འཇུག་པ་དང་ན་ཟུག་གཅོག་པ། མཆིན་ཁམས་སྲུང་ལ་རིམས་འགོག་སྙོམ་སྒྲིག འབྲས་སྐྲན་འགོག་པ་བཅས་ཀྱི་ནུས་པའང་ལྡན། གུར་གུམ་སྨན་དུ་བཀོལ་བ་མ་ཟད་རང་བྱུང་གི་ཚོས་རྒྱུའམ་ཚོས་ཀྱང་ཡིན། ས་བོན་ལ་20%~30%ཡི་གུར་གུམ་སྣུམ་ལྡན་ཅན་དེ་ཙང་། དེ་བཟོ་ལས་རྒྱུ་ཆ་དང་བདེ་སྲུང་དུ་བཀོལ་བའི་སྣུམ་གཙོ་བོ་ཞིག་ཡིན། གཙོ་བོ་ཧེ་ནན་དང་ཀྲེ་ཅིང་། སི་ཁྲོན། ཧེ་པེ། ཞིན་ཅིང་། ཨན་དཔེ་སོགས་སུ་ཐོན་ལ་རྒྱལ་ཡོངས་ས་གནས་སོ་སོར་འདེབས་གསོ་བྱེད་བཞིན་ཡོད།

གཅིག རྩི་ཤིང་གི་རྣམ་པ་དང་ཁྱད་ཆོས།

ལོ་གཅིག་ལ་སྐྱེས་པའི་རྩྭ་རིགས། མཐོ་ཚད་ལ་ལི་སྨི་30~100ཀང་ཡོངས་འཛམ་ལ་སྤུ་མེད་པ། སྡོང་ཀང་དྲང་མོར་གནས་ལ་རྩེ་མོར་ཡལ་ག་གྱེས་ཡོད། ལོ་

མ་ཆ་སྐྱེས་པ་དང་ཞབས་སུ་སྔོང་རྐང་འཐམ་པ། འཛོང་གཟུགས་སམ་སྔོང་གཟུགས་ཀྱི་ཟོ་མ་ཁབ་དབྱིབས་ཅན་སྐྱེས་ཡོད། རིང་ཚད་ལ་ལི་སྨི 4~9ཞིང་དུ་ལི་སྨི 1~3.5རྩེ་མོ་ཕྲ་ལ་ཞབས་སུ་རིམ་བཞིན་ཞིང་ཆུང་། མཐའ་ཁུལ་དུ་ངེས་མེད་ཀྱི་རྡོ་བའི་སོག་ལེའི་ཁ་ཡོད། དེ་སྟེང་དུ་ཚེར་མ་ཡོད་ལ་གོང་དུ་རིམ་བཞིན་ཟོ་མ་ཆུང་ལ་ཟེའུ་འབྲུ་སྔོ་ཐུམ་སྣང་བ། མེ་ཏོག་མགོ་དབྱིབས་ཅན་རྩེ་དུ་སྐྱེས་པ། ཚངས་ཐིག་ལ་ལི་སྨི 3~4སྤྱིའི་ཟེའུ་ཐུམ་རླུམ་གཟུགས་ཅན་ལ་ཉེ་ཤིང་སྤྱིའི་ཟེའུ་འབྲུ་སྔོ་ཐུམ་ཕྲེང་མང་བ། ཕྱི་ཁུལ་དུ་ཕྲེང 2~3སྟོད་ཀྱི་མཐའ་ཁུལ་དུ་རིང་ཚད་མི་སྙོམ་པའི་ཚེར་མ་རྣོན་པོ་ཡོད་ལ་ནང་ཁུལ་དུ་སྔོང་དབྱིབས་ཅན་གྱི་ཕྲེང་ལྡན། དེའི་མཐའ་ཁུལ་དུ་ཁ་དོག་དཀར་ལ་དྭངས་པའི་སྐྱི་རྒྱུ། ཚེར་མ་མེད། ནང་ཕྲེང་ནི་ནར་དབྱིབས་ཅན་དང་ཁྲབ་བྱང་དབྱིབས་ཅན་གྱི་ཁ་དོག་དཀར་ལ་དྭངས་བའི་སྐྱི་རྒྱུ། དེར་དྲི་ཞིམ་ལྡན། རྩེ་མོར་ལྷུ་གོས་ཟབ་པ། གོས་ལེབ་ནར་མོ། ཐོག་མར་བཞད་དུས་མདོག་སེར་བ་དང་རིམ་བཞིན་དམར་པོར་གྱུར་པ། སྨིན་དུས་དམར་ནག་ཟེའུ་འབྲུ་ཕོ་ལྷུ་མཉམ་དུ་སྦྲུག་དབྱིབས་ཅན་དུ་གྲུབ་སྟེ་མེ་ཏོག་ཟེ་སྦྲེའུ་ཡོད་པ། ཟེའུ་འབྲུ་སྙིང་པོའི་འོག་ཏུ་གནས་ལ་ཟེའུ་འབྲུ་ཀ་བ་ཕྲ་ལ་རིང་ཞིང་སྨུད་པ་ཅན། ཀ་བའི་མགོ་ཉིས་གས། གས་ལེབ་ལྕེ་དབྱིབས་ཅན། སྐམ་སོན་རིགས་མདོག་དཀར་ལ་སྔོང་དབྱིབས་ཅན་ཟེ་སྤྲོ་སྤུ་མེད་ཅན་ཞིག་ཡིན།

གཉིས། སྐྱེ་དངོས་རིག་པའི་ཁྱད་ཆོས།

གུར་གུམ་དྲོ་ལ་ཉུང་སྐམ་པའི་མཁའ་དབུགས་ལ་དགའ་ཞིང་། གྲང་བ་དང་ཐན་པ་ཐུབ། ས་འཕྲོད་ཤུགས་ཆེ་ལ་ཚ་བ་ཆེ་བ་མི་བཟོད། ཞོད་སྐྱོན་ཀྱང་མི་ཐུབ། གུར་གུམ་ནི་ཉི་མ་ཕོག་ཡུན་རིང་བའི་སྐྱེ་དངོས་ཡིན་ལ། སྐྱེ་འཚར་གྱི་མཇུག་དུས་ཉི་མ་ཕོག་པ་མང་བས་མེ་ཏོག་བཞད་པ་དང་འབྲས་བུ་སྨིན་ལ་ཕན་འབབ་ཀྱང་མཐོ་བའོ།། གུར་གུམ་ལ་ས་རྒྱུའི་ཁྱད་པར་ཆེན་པོ་མེད་མོད། འོན་ཀྱང་

ཆུ་འབུད་པ་བཟང་ལ་ས་བཅུད་འཇོམས་པའི་བྱེ་ས་ཡིན་ན་ཧ་ཅང་འཕྲོད།

གསུམ། འདེབས་འཛུགས་ལག་རྩལ།

(གཅིག)ས་འདེམས་པ་དང་ས་ལོད་སྙོམ་པ།

ས་ཆུ་བཟང་ལ་ས་བཅུད་འཇོམས་པའི་བྱེ་སར་འདེབས་པ། དེ་སྔོན་གྱི་དང་སླེ་ཚེ་བཏབ་སྔོང་ས་བཟང་། ལོ་ཏོག་བླངས་རྗེས་མྱུར་དུ་ཞིང་ས་ལི་སྨི 18 ~ 25ཙམ་བསློག་སྟེ་ཤལ་རྒྱག་པ། ས་འོག་གི་ལུད་ལ་སྤྱི་ཆིང་རེར་སྟོང་ཁ 22500 ~ 30000ཙམ། ཉིན་འགའི་རྗེས་སུ་ཡང་ཤལ་རྒྱག་པ་བཅས་ཞིང་ས་ཐར་ཐོར་དང་སོབ་སོབ་ཏུ་གྱུར་བར་བྱ་ལ། རྣང་མ་བཟོས་ཏེ་ཆུ་འབུད་སླ་བར་གཏོང་དགོས།

(གཉིས)རྒྱུད་འཕེལ་ཐབས་ཤེས།

1.ས་བོན་ལེན་པ་དང་འདེབས་པ། གུར་གུམ་འདེབས་གསོ་བྱེད་དུས་ས་བོན་དུ་འཛུགས་པའི་ཞིང་ས་དཀར་དགོས། ཐོན་འབབ་ཀྱི་སྔོན་དུ་སྐྱེ་འཚར་རྒྱུན་ལྡན་དང་རྐང་གི་མཐོ་དམའ་ཚད་ལྡན། ཡལ་ག་གྱེས་པ་མང་ལ་མེ་ཏོག་ཆེ་བ། ལི་དམར་ཅན། སྦ་སྐྱིན་དང་ནད་ཀྱིས་མ་གནོད་པའི་རིགས་ས་བོན་དུ་འདེམས་དགོས། འདེབས་གསོའི་སྔོན་དུ་ཁྲིལ་ཚགས་ཀྱིས་ས་བོན་དྲག་འདེབས་བྱས་ཏེ་འབྲུ་ཆེ་ལ་རྒྱས་པ། མདོག་དཀར་པའི་ས་བོན་དེ་འདེབས་དགོས། ཐོན་འབབ་ཀྱི་དུས་ས་བོན་དེ་ཡོངས་སུ་སྨིན་པས་ད་གཟེད་ལེན་དགོས་པ་ཡིན།

2.འདེབས་གསོ། མཚོ་སྔོན་དུ་དབྱིད་དུས་འདེབས་པ་གཙོ་བོ་ཡིན་ལ། ཟླ་3~4བའི་སྐབས་ས་གཞི་ཁྲོས་དུས་འདེབས་གསོའི་མགོ་རྩོམ་དགོས། བར་གསེང་ལ་ལི་སྨི 40དང་རྐང་གསེང་ལ་ལི་སྨི 25ཀྱི་མཚམས་ས་ཁུང་བརྐོ་དགོས། གཏིང་ཚད་ལ་ལི་སྨི 2~4རྗེས་སུ་ས་ཁུང་རེ་རེར་ས་བོན་སྟོང་ཁ 2~3 བཞག་སྟེ་བཙག་བྱེད་ལ་ཆུ་གཏོང་བ། སྤྱི་ཆིང་རེར་ས་བོན་སྟོང་ཁ 45~60འདེབས་དགོས།

(གསུམ)ཞིང་ཁའི་བདག་གཉེར།

1.ལྷིང་བུ་མཐུག་སེལ་དང་ལྷིང་བུ་གསབ་འཛུགས། གུར་གུམ་བཏབ་སྟེ་ཉིན་7 ~10ཙམ་གྱིས་ལྷུ་གུ་སྐྱེས། ལྷུ་གུ་དེ་ལོ་མ 2 ~3ཐོན་དུས་ལྷིང་བུ་མཐུག་སེལ་ཐེངས་དང་པོ་བྱེད། སྐྱེས་ཤུགས་ཞན་པ་རྣམས་དོར་ཏེ་རྗེས་སུ་ལྷིང་བུ་མཐུག་སེལ་ཐེངས་གཉིས་པ་ནི་ལྷུ་གུ་གསེབ་འཕྲལ་ཡིན། ཁྲུང་རེར་རྐང 1 ~2བཞག་སྟེ་ལྷུ་གུ་མེད་སར་ཆར་ཆུ་འབབ་པའི་ཉིན་མོར་ལྷིང་བུ་གསབ་འཛུགས་བྱེད།

2.ཡུར་མ་ཡུར་བ། སྤྱིར་བཏང་ཐེངས 3བྱེད་དགོས་ལ། ལྷིང་བུ་མཐུག་སེལ་ཐེངས་དང་པོ་དང་གཉིས་པ་དེ་དང་མཉམ་དུ་བྱེད། ས་ངོས་སོབ་སོབ་བཟོས་ཏེ་གཏིང་ཚད་ལ་ལི་སྨི 3~6ཐེངས་གསུམ་པ་དེ་སྟོང་རྐང་ཟུམ་པའི་སྔོན་ལ་ས་སྐོན་རྒྱག་པ་དང་མཉམ་དུ་བྱ་དགོས།

3.ལུད་སྐོན་པ། ལུད་ཐེངས་གསུམ་ལ་སྐོན་དགོས་ལ་ལྷིང་བུ་མཐུག་སེལ་དེ་གཉིས་ཀྱི་བར་དུ་བྱ་དགོས། སྤྱི་ཚང་རེ་ལ་ཞིང་ཁྱིམ་གྱི་ལུད་སྟོང་ཁ 30000~37500ལུད་སྐོན་ཐེངས་གཉིས་པ་ལ་སྤྱི་ཚང་རེ་ལིན་སོན་ཨར་ལིན་སྟོང་ཁ 150དང་ཐེངས་གསུམ་པ་དེ་སྟོང་རྐང་ཟུམ་པ་དང་གང་བུ་མངོན་པའི་སྔོན་དུ་བྱ་དགོས། སྤྱི་ཆིང་རེར་ཀོ་ལིན་ཟན་གལ་སྟོང་ཁ 225སྐོན་དགོས།

4.སྙིང་པོ་གཅད་དེ་སྟོང་བཅོས་བྱེད་པ། ཡུར་མ་ཐེངས་གསུམ་ཡུར་ལ་ལུད་བཞག་རྗེས་སྙིང་པོ་རན་ཙམ་བཅད་ཚོག དེས་ཡལ་ག་མང་དུ་གྱེས་པ་དང་གང་བུ་མང་ལ་མེ་ཏོག་ཆེ་བར་ཕན།

5.ཆུ་འབུད་པ་དང་ཆུ་གཏོང་བ། གུར་གུམ་གྱིས་ཚ་བ་དང་ཐན་པ་ཐུབ་ལ་ཞོད་སྐྱོན་མི་འཕྲོད་པས་སྤྱིར་བཏང་ཆུ་གཏོང་མི་དགོས་ལ་ལྷུ་གུའི་དུས་དང་གང་བུ་མངོན་དུས་སུ་ཚ་བས་གདུང་ཞིང་ཐན་པ་བྱུང་ན་ཆུ་གཏོང་བར་མཉམ་འཇོག་དགོས། དེ་བས་མེ་ཏོག་གང་བུ་མང་དུ་འཕེལ་ལ་མེ་ཏོག་གི་བང་རིམ་ཇེ་ཆེར་གྱུར་ཏེ་ཐོན་ཚད་མཐོར་འདེགས་བྱེད། ཆར་དུས་སུ་ངེས་པར་དུ་དུས་ལྟར་ཆུ་འབུད་

དགོས།

(བཞི)ནད་དང་འབུའི་གནོད་པ་དང་དེའི་འགོག་བཅོས།

1.བཙའ་ནད། ལོམ་ལ་གནོད་དེ་ལོམའི་རྒྱབ་ངོས་སུ་བྱུང་བ་མང་། འགོག་བཅོས་ཀྱི་ཐབས་ཤེས། མེ་ཏོག་བླངས་རྗེས་སྔོང་རྐང་དང་ནད་ཅན་གྱི་ལོ་མ་བཏུས་ནས་མེར་བསྲེག དེ་ནས 97%ཅན་གྱི་ས་ཞིག་ན་ལྷབ 300~400ཅན་གྱི་བཞུ་ཁུ་དེ་ཉིན་བཅུའི་བར་ལ་གཏོར་འགྲེམས་ཐེངས་གཅིག་བྱེད། ཐེངས 2~3ལ་ལན་དུ་མར་བྱས་པས། ས་ཞིང་ནང་གི་ནད་འབུ་ཡིས་ཡང་བསྐྱར་གནོད་པ་བྱས་པ······འགོག་ཐུབ།

2.རྩ་བ་རུལ་པའི་ནད། རྩ་བ་རུལ་པའི་ནད་འབུ་ཐོག་པ་ཡིན་ལ། དུས་ནམ་ཡང་བྱུང་སྲིད་པར་ངེས། ལྷག་པར་དུ་ལྷུང་བུའི་དུས་དང་མེ་ཏོག་བཞད་པའི་དུས་སུ་ནད་དེ་ཚབས་ཆེན་འབྱུང་བ་ཡིན། ནད་ཐོག་རྗེས་སྔོང་རྐང་རྙིད་ལ་ཉབ་ཉོབ་ཏུ་གྱུར་ནས་མདོག་སེར་སྐྱ་མདོན་ལ་མཐར་རྙིད་དེ་ཤི་འགྲོ་བ་ཡིན།

3.ནག་ཟལ་ནད། ནད་འབུ་ནི་པེན་ཀྲུ་འབུ་དེ་ཡིན་ལ། ཟླ 4~5བའི་དུས་སུ་འབྱུང་། ནད་ཐོག་ཡོད་པའི་ལོ་མའི་སྟེང་དུ་འཛིང་དབྱིབས་ཅན་གྱི་ཁྲ་ཐིག་བྱུང་ལ་ལྟེ་མཐུན་རི་མོ་མངོན་ཡོད།

འགོག་བཅོས་ཀྱི་ཐབས་ཤེས། ནད་ཅན་གྱི་སྔོང་རྐང་དང་ལོ་མ་དོར་ནས་མཉམ་དུ་མེད་པར་བཟོ་བ། སྐེ་མ་ཅན་གྱི་སྐྱེ་དངོས་རིས་མོས་ཀྱིས་འདེབས་པ། ཆར་བབས་པའི་རྗེས་སུ་མྱུར་དུ་ཆུ་ཀ་བཀོས་ནས་ཆུ་སྲུད་དེ་ཞིང་སའི་གཤེར་ཚད་དམའ་རུ་གཏོང་དགོས། ནད་བྱུང་དུས 70%ཅན་གྱི་ཏེ་སིན་མིན་ཞིན་ལྷབ 600~800ཅན་གྱི་བཞུ་ཁུ་གཏོར་འགྲེམས་བྱེད། ཉིན་བདུན་འགོར་ནས་ཐེངས་གཅིག་ལ་གཏོར་འགྲེམས་བྱེད། རྒྱུན་མཐུན་གྱིས་ཐེངས 2~3བྱ་དགོས།

4.ས་ནད། གུར་གུམ་སྐྱེ་ཡུན་གྱི་མཐའ་མའི་དུས་སུ་བྱུང་བའི་ནད། གཙོ་བོ་

ཡན་ལག་གི་སྡོང་རྐང་དང་མེ་ཏོག་གང་བུའི་རྐང་ཡུ་དང་ཟེའུ་ལ་གནོད།

འགོག་བཅོས་ཀྱི་ཐབས་ཤེས། ནད་མེད་པའི་ས་བོན་འདེབས་ལ་སྣེ་མ་ཅན་གྱི་སྐྱེ་དངོས་དང་རིས་མོས་ཀྱིས་འདེབས་པ། 30%ཅན་གྱི་རྡེ་ཁོན་སྡོང་ཁེ 25དེ་ས་བོན་སྡོང་ཁེ 5དང་བསྲེས་ནས་འདེབས་པ། དེ་ནས 70%ཅན་གྱི་དའི་སེན་མེན་ཞིན་ལྷབ 600~800ཅན་གྱི་བཞུ་ཁུ་དེ་ཉིན་བཅུའི་བར་དུ་ཐེངས་གཅིག་ལ་གཏོར་འགྲེམ་བྱེད། རྒྱུན་མཐུད་དེ་ཐེངས 2~3ལ་བྱེད་དགོས། ཆུ་ཟགས་དེ་ཕྱིར་ཐུད་པར་བྱས་ཏེ་སའི་གཤེར་ཚད་ཇེ་དམའ་རུ་བཏང་བས་ནད་འབུའི་འགོས་ཁྱབ་ཇེ་ཉུང་དུ་གཏོང་ཐུབ།

5.ཁོང་འཇུལ་འབུ། མེ་ཏོག་ལ་གནོད་པ་ཤིན་ཏུ་ཆེ། གལ་ཏེ་འབུ་དེ་ཁོང་དུ་འཇུལ་པས་མེ་ཏོག་ཤི་ལ་ཐོན་ཚད་ལ་གནོད་པ་ཆེན་པོ་འབྱུང་ངེས།

འགོག་བཅོས་ཐབས་ཤེས། མེ་ཏོག་གང་བུ་བཏོན་དུས་ཙ་ཨན་ལིན་འོ་སྨུམ་ཐེངས 2~3གཏོར་འགྲེམས་བྱས་ཏེ་ཁོང་འཇུལ་ནད་འབུ་དེ་གསོད་དགོས། འབུ་ཕྲན་བྱུང་དུས་ལ་ལིག་གོ་ལྷབ 1000ཅན་གྱི་བཞུ་ཁུ་ཐེངས 2~3ལ་གཏོར་འགྲེམས་བྱས་པས་ད་གཟོད་གསོད་ཐུབ།

བཞི། འཚོལ་བསྡུ་དང་ལས་སྦྱོན།

མཚོ་སྔོན་དུ་ཟླ 8~9བའི་སྐབས་ལ་མེ་ཏོག་བཞད། མེ་ཏོག་ཡོངས་སུ་བཞད་དུས་མྱུར་དུ་གུར་གུམ་དེ་འཚོལ་བསྡུ་བྱེད་དགོས། གུར་གུམ་གྱི་སྙིང་དུ་ཚེར་མ་མང་པས་དེར་འཚོལ་བསྡུ་བྱེད་པ་ཅུང་དཀའ། དེ་བས་ལག་པ་མཐུག་པོ་གྱོན་ཏེ་འཚོལ་བསྡུ་བྱེད་པ་དང་། ཡང་ན་ནངས་མོ་ཟིལ་བ་ཡོད་དུས་འཚོལ་བསྡུ་བྱེད་རྒྱུ། དེ་དུས་ཚེར་མ་མཉེན་པས་འཚོལ་བསྡུ་བྱེད་སླ། འཚོལ་བསྡུ་བྱས་པའི་གུར་གུམ་དེ་གྲིབ་མར་བསིལ་སྐམ་བྱེད་དགོས་ལ་ཡང་ན་མེ་འཇམ་པོར་བསྲོས་ཏེ་སྐམ་ནའང་ཆོག དྲོད་ཚད་ལ 45℃མན་ཡིན་དགོས། མ་སྐམ་ན་སྤུངས་གསོག་བྱེད་མི

ཏུང་ཧེ་ཧམ་སྲུ་བརྒྱབ་ནས་ཏུལ་བར་འགྱུར།

སྤྱིར་བཏང་དུ་སྤྱི་ཚིང་རེར་མེ་ཏོག་སྐམ་པོ་སྟོང་ཁེ་ 450~600ཐོན་ཐུབ། ཐོན་ཚད་མཐོ་དུས་སྟོང་ཁེ་ 750ཐོན་ལ་དེ་ལྟར་ས་བོན་ཡང་སྟོང་ཁེ་ 225ཐོན་ངེས་པར་བཤད་བཞིན་ཡོད།